女孩，你要懂得保护自己

套装升级版
社会篇

王昊泽——编著

中国纺织出版社有限公司

内 容 提 要

社会是人生的大课堂，作为即将成为社会人的女孩，由于心理并未成熟，在社会生活中很容易被一些危险因素伤害。每个女孩都要在读书期间养成一些良好习惯，远离那些危害自己、危害社会的人群，找到适合自己的路，实现自己的人生价值，这样才能变得成熟、稳重。

本书针对在现在和未来生活中很容易遭遇到的危险因素进行分析，并给出具体的女孩保护自己的措施，帮助女孩找到未来人生的方向，进而让女孩学会爱惜和保护自己，在青春期积极健康地成长。

图书在版编目（CIP）数据

女孩，你要懂得保护自己：套装升级版. 社会篇 /
王昊泽编著 . -- 北京：中国纺织出版社有限公司，
2023.8
　　ISBN 978-7-5180-9128-7

　　Ⅰ . ①女… 　Ⅱ . ①王… 　Ⅲ . ①女性—安全教育—青少年读物 　Ⅳ . ① X956-49

中国版本图书馆 CIP 数据核字（2021）第 229277 号

责任编辑：刘桐妍　　责任校对：高　涵　　责任印制：储志伟

中国纺织出版社有限公司出版发行
地址：北京市朝阳区百子湾东里A407号楼　邮政编码：100124
销售电话：010—67004422　传真：010—87155801
http://www.c-textilep.com
中国纺织出版社天猫旗舰店
官方微博 http://weibo.com/2119887771
唐山富达印务有限公司印刷　各地新华书店经销
2023年8月第1版第1次印刷
开本：710×1000　1/16　印张：32
字数：414千字　定价：108.00元（全4册）

凡购本书，如有缺页、倒页、脱页，由本社图书营销中心调换

前　言

　　青春期是人生的过渡阶段，是每个女孩心理逐渐成熟、人格趋于健全、培养独立生活能力的阶段。任何一个女孩，到了青春期以后，需要面临的就不只是老师、同学和父母了，还需要和社会打交道，青春期女孩也不可能永远在父母老师的庇佑下成长，每个女孩也要学会面对未来激烈的社会竞争。因此，青春期女孩都要提前学习如何成为一名合格的社会人，这样才能以乐观的心态、真实的本领去迎接未来的人生！

　　青春期女孩虽然已经有了一定的自主意识和独立能力，但缺乏一定的自我保护能力，缺乏一定的自制力，容易被外界的危险因素伤害，容易受不良环境影响，也容易在诱惑面前失去自我。一些女孩甚至会参与赌博、吸毒等活动，每个女孩都要知道，一旦染上这些恶习，青春就会失色，人生也会暗淡。因此，青春期女孩一定要把握和保护好自己，在人生的舞台上，要克服一些自身缺陷，养成一些良好习惯，远离一些危害自己、危害社会的人群，找出实现自己价值的路，这样才能变得成熟、稳重，才能避免被一些不良因素腐蚀、毒害，才能形成独立健康的人格，才能让自己的青春更加多姿多彩又健康美丽！

　　最后，女孩们还要记住：无论如何，父母都是你的依靠，家永远是你的港湾，在社会生活中，当遇到危险自己无法解决时，还可以寻求父母的帮助，这样，你就可以大胆去经历，勇敢去追寻了。

编著者

2022年10月

目 录

① 社会烦恼，提前练习如何成为一名合格的社会人

② 社会比你想得要复杂，女孩千万不要迷失自己

3

对待陌生人，多点防备心才能保护自己

4

网络是把双刃剑，别不小心伤了自己

5

内心强大，女孩最好的防卫武器是自己

6

面对各类突发状况，女孩如何让自己幸免于难

7

无论何时，父母永远都是你最可信的人

1

社会烦恼，提前练习如何成为一名合格的社会人

　　青春期是每个女孩跨入社会的前奏。社会是人生的大课堂，作为即将成为社会人的青春期女孩，心理并未成熟，常常为一些问题感到烦恼，这个时期的女孩一定要把握好自己。

■ 遭遇社会青年的"骚扰"如何是好

小故事

　　一位女生在向民警陈述自己的遭遇时说：

　　"我家住的比较偏僻，就在一周前的一个晚上，我发现有一群小混混对我吹口哨，我吓得赶紧往前跑，那帮人也没跟着我，但这一周来，他们一直在那条路上，还说我是'漂亮妞'，让我陪他们玩玩，我哪敢和他们说话，我说如果骚扰我，我就报警，但他们根本不害怕。后来，他们跟到了学校，故意在教学楼楼下制造声音，整个中午都在吵，还说些难听的话，让我和同学们都不能好好休息，同学们都笑话我，以为我是什么不正经的女孩。更可气的是，他们现在连我家里的座机电话也知道了，还给我妈妈打电话，说要罩着我，让我做他们老大的女朋友，妈妈问我怎么回事，我如实说了，妈妈让我报警，我实在不知道怎么办了。我现在吓得一个人上学都不敢了。"

解决方案

　　不得不说，青春期女孩最容易引起一些社会不良青年的注意甚至跟踪和骚扰等，女孩一定要注意自我安全和防范意识。在被社会青年"骚扰"时，可能不少女孩都会惊慌失措，如果平时掌握了必要的防身知识，在那种情况下可以起到稳定情绪、预防伤害的作用。下面是一些建议：

1.报告老师、学校

被社会青年"骚扰"，女孩不要因为害怕而独自承受，而可以向老师、学校、驻校警察或保安说明并寻求保护。一些社会青年会以所谓的"男朋友"身份到学校骚扰女孩，此时，女生可以出面辩解，并请学校禁止该青年进入学校，从而阻止该青年进入学校或在校园门口强行带走自己。

2.寻求父母保护

女生要把自己的遭遇告诉父母，寻求父母的心理安慰及帮助，若可能的话，让父母陪自己上下学，若不方便的话，也要告知父母该社会青年的一些基本情况，不要隐瞒父母，独自承受。

3.向同学、朋友说明情况，请他们保护

社会青年有可能会在上学、放学路上跟踪、尾随女生，因此女生尽量不要一个人上下学，要与同学一起走。一旦发生意外，同学、朋友可以帮忙阻止、报警、联系家长或老师。

4.尽可能收集、保存证据

女孩要勇敢拿起法律的武器保护自己，收集和保存证据就是其中重要的环节，不论是要追究社会青年的刑事责任、行政责任还是民事责任，都需要证据。因此，收集、保存证据非常重要。如果在被骚扰后有了人身伤害，更应该保留证据。微信记录、QQ聊天记录、受伤后的照片、病历等都是非常重要的证据，朋友、同学等也是非常重要的证人。

5.报警

如果被"骚扰"了且无法处理，女生可以选择报警，并让公安机关出具《受案登记表》，做好详细笔录，并向公安机关提供证据（注意留存备份）。接下来就是公安局的责任了，他们通过调查取证，询问或讯问该社会青年等查明案件事实，然后依据法律规定，对社会青年处以治安处罚或移送检察院追究其刑事责任。

6.到法院起诉，追究其民事责任

社会青年的行为对女生造成侮辱，给女生造成精神痛苦，可以到法院起诉，要求停止侵害、恢复名誉、赔礼道歉等。

事实上，青春期女孩学会采取法律手段及时制止社会青年的"骚扰"是非常重要的。这些社会青年一开始对在校女生"骚扰"时，也是很害怕的，若你不及时制止、一味逃避，他的胆子就越来越大，行为就越来越无所顾忌，可能会从言语骚扰到强制猥亵，最终可能会发生强奸。案例中的社会青年的行为已经越来越放肆，从开始的半路语言轻佻到后来的去学校纠缠，如果女生一直不选择告诉老师和家长，也许他们更肆无忌惮，因此，建议青春期女孩立即拿起法律武器，保护自己！

■ 女孩可以多参加有意义的聚会

小故事

这几天冰冰一直很苦恼，好像有什么心事，没事一回家就数抽屉里那点零花钱，妈妈看到后还以为冰冰想买什么东西，又不好意思跟爸爸妈妈开口。于是，妈妈就问冰冰："冰冰，你需要买什么吗？该买的东西妈妈都会给你买的。"

"不是这事，妈妈，最近我们班要办个活动，需要每人交三十块钱。"

"什么活动？"

　　"其实，也不是什么重要的活动，我都不想去，是班长组织的，说我们马上要升初中三年级了，想办个聚会，可以多交流一下学习心得之类的。"

　　"这是好事啊，应该去呀。"

　　"妈妈，你也知道，我只有两个玩得比较铁的好朋友，就是小丽和丹丹，所谓的聚会，我估计就是在一起吃吃喝喝，哪里真是交流什么心得呀？而且，现在学习这么紧了，这不是浪费时间和金钱以及精力吗？但大家都已经交钱了，我一个人不去，又怕人家说我。"

　　"你考虑得的确挺多，但是你想，既然学习很紧张，你可以把这次聚会当成放松的一次机会呀！妈妈觉得你们班的这次聚会还是有意义的，正是因为大家平时各安其事，不相往来，何不趁这次机会，大家重新认识一下彼此，你说呢，冰冰？"

　　"妈妈说得对，说不定，我还能交到新朋友呢。"小丫头脸上紧皱的眉头一下子舒展开了。

分　析

　　很多青春期的女孩忙于繁忙的功课和三点一线式的生活，每天的生活紧张又千篇一律，慢慢地，和同学疏远了，和朋友疏远了，生活也很枯燥无味，而一些有意义的聚会，青春期女孩可以多参加。它的好处有：

　　（1）参加此类聚会最重要的益处就是能锻炼一个人的交际能力。作为即将成为社会人的青春期女孩，多参加有意义的聚会，能让女孩学会与人交际应酬，锻炼自己说话的能力和为人处世的能力，也能结交不同的人，这对于青春期女孩的智力、人格、性格等方面都有积极的影响。

　　（2）参加一些有意义的聚会，比如同学聚会，还能联络女孩和同学之间的感情，拉近和同学之间的距离，让女孩更受同学的欢迎。女孩一旦到了青春期，就会自动地疏远异性，一般情况下，只生活在自己的小圈子内，实际上，异性之间的适度交往，对于青春期的女孩是很有必要的。

（3）参加聚会也是适当调节学习压力和吐露心事的一个重要方法，毕竟同龄人之间有着太多的相似点，面对每天同样紧张枯燥的学习生活，他们更容易引起共鸣，相互之间的交流能减轻生活和学习的压力，彼此之间的鼓励也会让女孩鼓起勇气和信心，继续努力学习！

因此，女孩参加有意义的聚会是有益处的，当然，这个前提是参加有意义的聚会，那么，通常情况下，哪些聚会是没有意义甚至是有害的呢？

（1）网友之间的聚会。随着网络的盛行，很多青春期女孩喜欢业余时间泡在网上，也就容易认识一些网络朋友，很多青春期女孩更是单纯地认为网络中有纯真的友谊和恋情，甚至与网友一起聚会。其实，网络上存在很多图谋不轨的人，与网友见面是很危险的。青春期女孩对待网络朋友，一定要慎重，更不可单独与网络朋友聚会。

（2）以奢侈消费为前提的聚会。现代校园中，攀比之风盛行，一些女孩三天两头聚在一起，谈论一些不适宜未成年人的话题。首先，这些聚会是无意义甚至是有害身心健康的；其次，以这种方式交往的朋友充其量也只是酒肉朋友，不是真正的益友。

（3）与社会不良人士之间的聚会。社会上有一些黑社会组织，总是喜欢把魔爪伸进学校，因为学生相对单纯，更容易为其所用，而他们惯用的伎俩就是用物质诱惑学生，还打着所谓的交朋友的旗号。青春期的女孩，一定不要参加这样的活动，一旦交友不慎，后果不堪设想。

总之，每个青春期女孩，都可以多参加一些有益于身心发展的聚会，但要避开那些无意义的活动，让自己远离危险禁区！

■ 青春期能参加一些社会活动吗

小故事

　　蕾蕾今年初一了，周末这天早上，蕾蕾央求妈妈带自己去新华书店买学习资料，路上，蕾蕾看到很多和自己同龄的女孩在扫马路，妈妈也看到了，顺势对蕾蕾说："蕾蕾，其实你也可以参加一下这种社会活动。"

　　"我才不去呢，那么脏。再者，我们初中生最主要的任务是学习，干吗管那么多闲事……"蕾蕾很不情愿地说着。

　　"你这孩子，怎么会有这种想法呢？业余时间做一些社会活动，是一种为社会服务的表现，并且，也不会影响学习啊。"蕾蕾被妈妈说了一通后，有点不好意思了，赶紧低着头继续往前走。

　　过了一会，妈妈又对蕾蕾说："蕾蕾，看来妈妈平时只顾着关心你的学习而忽视对你进行综合素质教育了……"

分 析

　　古人云："听其言，观其行。"就是说，通过一个人的言行，可以对他的思想道德和价值取向做出基本的评价和判别。我们的一言一行在某种程度上体现了我们自身的文化素养和道德准则。然而，我们却发现，一些女孩到了十几岁以后，本应该变得懂事，但实际上却变得自私、冷漠。就和事例中的蕾蕾一样，面对"扫街"这样有益的社会活动，反而嫌"脏"，表现一副事不关己的样子。女孩们要知道，青春期是一个人的世界观、人生观形成的关键时期，也是个性品质、社会情感形成的重要时期，待人热忱的女孩才是可爱的女孩，才是受人欢迎的女孩。你若想成为一名合格的社会人，就要了解社会，因此参加一些社会活动，对青春期女孩来说是很有必要的。

事实上，和案例中的蕾蕾一样，不少青春期女孩认为参加社会活动会影响学习。其实不然，女孩学习的知识毕竟是书本的知识，要转化成有益的社会知识，就必须经过实践的验证，青春期女孩参加社会活动好处多多，总结起来有：

（1）可以帮助社会的同时了解社会，同时自己也有获得满足的感觉。对学生树立正确的人生观、价值观很有帮助。亲身体验社会可以锻炼自己的社会实践能力，融入社会生活，有利于身心健康，提高自我价值的实现。

（2）参加公益活动不仅可以陶冶自己的心灵，也可以帮助别人，服务社会，重要的是对于将来毕业后求职很有好处。一些女孩参加过公益活动，说明她们很有爱心、有社会责任心，同时这些公益工作也提高了她们的沟通协调能力，增加了她们的社会经验。这些都可以成为应聘时的优势。

（3）有助于女孩了解社会，了解世界，拓宽视野，增长知识；有助于女孩增强关心社会、热爱祖国的情感；也有助于女孩提高观察问题、分析问题和解决问题的能力。

（4）在无私奉献的过程中既承担了社会责任，又帮助了他人，使自身价值在奉献中得以提升。

（5）带动更多人参加公益活动，服务社会，有利于形成人人互帮互助、相互关爱的社会。

当然，青春期女孩参加社会活动，一定要参加有益于身心发展的活动，比如社会公益活动、技能提升活动，而诸如网友聚会、游戏类活动，则需要根据具体情况进行筛选，不可来者不拒，而对于一些由社会不良青年举办和参加的活动，青春期女孩则不可参加，以免给自己造成麻烦。

另外，参加社会实践，对一个女孩来说，也绝对不是什么形式主义，更不是走过场，你会在活动过程中得到许多的乐趣。真正的知识是对于一种事物发展规律的正确认识和经验。如果你什么社会生活的经验都没有，那么所谓知识只能是书本上的"死"知识，而不是生活中真正的知识。这样的你也无法自立，更别说经受得住社会的洗礼了。

总之，女孩到了青春期后，可以适当参加一些有益于身心发展的社会活动，但女孩要注意保护自己，相信女孩能在这样的活动中提升能力、展现价值，进而为未来进入社会做好准备。

充实自己，青春期女孩别沉迷网络

小故事

一位女大学生，有这样一张作息时间表：13：00，起床，吃中饭；14：00，去网吧玩网络游戏、聊天；17：00，在网吧叫外卖吃晚饭；通宵上网，第二天早上9：00回宿舍休息……这位女大学生几乎把所有的空余时间都拿来上网，并开始拒绝参加同学聚会和活动。大约两个月之后，她发现自己思维跟不上同学的节奏，脑子里想的都是上网的事情，遇到事情首先想到的是找网络中的男朋友解决，她开始感到不适应现实生活，陷入了深深的焦虑之中。

 **分　析**

其实，这样的现象在生活中并不少见，为什么这些女孩对网络如此着迷？原因只有一个——就是精神世界的空虚。沉迷网络的女孩大多处于青春期，沉迷网络其实只是精神世界空虚的一个表现，网络只是一个载体，如果女孩精神世界空虚的话，网络也好，游戏机也好，甚至体育运动、唱歌都有可能让女孩沉迷进去。而沉迷网络就成了她们的首选。对青春期的女孩来说，为了避免这一点，就要学会充盈自己的精神世界，多学知识，才能成为更自信、更坚强、更聪明、更优秀、更健康的女孩，才能彻底改变以往不良行为和习惯，从而树立正确的世界观、人生观。

不得不说，现代社会，互联网在给人们的生活带来方便的同时，也给人们带来一定的毒害，尤其是一些处于学习阶段且自制力不强的女孩们，对她们来说，上网聊天、玩游戏似乎已经成了每日必做的功课。上网无可厚非，但沉迷网络，肯定不是什么好事。如果你也为网络游戏困扰，那么，你可以狠下心来，切断电源，将注意力重新转移到学习上来。

解决方案

为了避免沉溺网络，女孩们，你需要充实自己，精神世界的充足才会让你找到方向。为此，你可以这样做：

1.多读书，爱上阅读

书是人类进步的阶梯，这个道理每个青春期的女孩都懂，可是课业的繁重，加上来自学习上的压力，让她们除了了解课本上的一些知识外，很少有机会接触到她们感兴趣的其他书籍，错过了获取知识的机会。这就需要你有意识地合理安排时间阅读并掌握一些阅读技巧，可以让女孩们有的放矢地阅读，丰富阅读视野。

2.多出去走走

有人说，读万卷书，不如走万里路。其实，哪一样都很重要。女孩的日常读书是一个持续的过程，而女孩对大自然的欣赏、对民俗风情的理解以及对另一环境里的人们的生活状态的认识，都会对女孩未来的生活和职业选择产生深远的影响。

3.努力学习科学文化知识

学习始终是女孩作为学生的首要任务，女孩如果想要进步，想要紧跟时代的步伐，要想超凡脱俗，就必须努力学习。可是女孩的大脑不同于男孩，女孩对于学习的适应性也不同于男孩。研究表明，女孩更擅长有时限规定的任务，她们喜欢用感性来理解所学习的知识，对此女孩要有清醒的认识，以此来锻炼自己的自主学习能力。

4.丰富课余生活

女孩细腻、心灵手巧，女孩可以根据自己的特性培养一个自己的爱好，比如，培养自己的鉴赏能力，听名家的琴曲，这样，虽说不能"琴棋书画"面面俱到，但对于自己的性格修养、丰富自己的精神世界和良好的心态都是有益的。

5.了解到现代网络的利与弊

网络并不是洪水猛兽，女孩在学习和生活中的很多问题可以借助网络来获得答案，因此，没必要将自己与网络隔离开，但同时也要知道网络的弊端，要提升自己对网络的自控力，这才是抵制网络不良诱惑的最好方法。

小贴士

成长期的女孩，正是人生观和价值观的形成期，好奇心强、自制力弱，极易受到异化思想的冲击。网络既是一个信息的宝库，也是一个信息的垃圾场，各种信息混杂、包罗万象，新奇、叛逆而又有趣味性，对女孩的成长极其有害，每个女孩都要有一定的自制力，并丰富自己的精神世界，要懂得沉迷网络的危害，这样你自然就能远离网络带来的弊端，健康向上地成长！

■ 一名合格且优秀的社会人，必须树立社会公德意识

小故事

　　玲玲今年上初中了，小学的时候，她都是由妈妈接送，但从这个学期开始，她告诉妈妈自己可以上学和回家了，不过开始的一段时间，为了安全起见，妈妈还是决定"监督"玲玲一段时间。

　　这天，玲玲妈妈早早地来到学校，站在玲玲所在班级的后门口，看到玲玲和其他同学推推搡搡，然后插到别人前面，再从门口钻出来，看到妈妈站在后门口，玲玲还自鸣得意地说："怎么样，妈妈，我厉害吧？"此时，妈妈赶紧告诉玲玲，这样是极其不礼貌的，也是缺乏社会公德意识的。

　　听了妈妈的话后，玲玲羞愧地低下了头。

分 析

生活中，相信不少女孩有过和玲玲一样的举动——不遵守秩序，其实，这是一种缺乏社会公德意识的一种表现。那么，什么是社会公德意识呢？社会公德是指人类在长期社会生活实践中逐渐积累起来的、为社会公共生活所必需的最简单、最起码的公共生活准则。在我国现代社会中，社会公德的主要内容为：文明礼貌、助人为乐、遵纪守法、服务社会等。

女孩与男孩不一样，她们不调皮好动，安静、乐于与人合作，喜欢甜甜的东西，在对于礼貌以及别人的认可度上要求更高，更喜欢通过一些社会行为来让别人认可自己的价值。而任何一名女孩，要想成为一个合格乃至优秀的社会人，就必须树立社会公德意识。

女孩自从出生开始，到成长为成熟的女性，要经历比男性更多的挑战，且需要经营更多更复杂的关系，比如在家庭中，夫妻关系、婆媳关系、兄弟姐妹关系……作为女孩必须尊重、孝敬老人，对待兄弟姐妹要宽容和帮助，夫妻之间理解和信任，只有在这样的基础上，女孩才可能获得稳定、温暖的家庭幸福，并从中学习到如何关心与信任他人，也才能学会关心爱护别人，因为家庭是社会的一个个小细胞。

解决方案

那么，女孩该怎样树立社会公德意识呢？

1.女孩必须尊敬长辈

女孩见到长辈应主动打招呼，学会使用尊称和礼貌用语，懂得长幼有序；长辈、父母出门或回家要主动站起来，迎送、帮助递包，提醒带齐东西；听长辈讲话时要认真，不东张西望、不插嘴；与长辈谈话时要和气、礼貌，不要高喊大叫；外出或回家时要和家长打招呼，让孩子养成通报的习惯；听从长辈的教导要虚心，并认真按长辈的教导去做，长辈批评时不顶撞、不任性，要养成虚心听取批评意见的习惯。

2.文明礼貌

文明礼貌是中华民族的优秀传统，是人们在日常人际交往中应当共同遵守的道德准则。在女孩与人的互相交往中，和悦的语气、亲切的称呼、诚挚的态度等，会使女孩更加友好、尊重别人，俗话说："良言一句三冬暖，恶语伤人六月寒。"因此，文明的谈吐和行为是女孩具有良好修养的表现，讲文明礼貌能促进女孩和别人之间的团结友爱，是沟通女孩与他人之间情感的道德桥梁。

女孩在日常生活中不要出言不逊、恶语伤人，失礼不道歉，无理凶三分，更不能骑车撞倒人后扬长而去，乘车争先恐后，在公共汽车上霸占老幼病残专座……防微杜渐，是杜绝自己出现不文明行为的最佳方法。

3.遵纪守法

女孩在日常生活中就要了解一些法律常识，不做违法乱纪的事。在日常生活中要坚决杜绝骂人、打人、偷东西、毁坏公物、随地大小便、扔垃圾、墙壁上乱画乱抹、霸道、自私等坏习惯，因为这些恶习日积月累，在女孩长大后，就有可能积习难改，进而危害家庭和社会。

4.要有服务社会的责任心

责任心并不是男孩的专利，女孩也必须有责任心，未来社会，已经把是否能为社会服务作为判定人才的一大标准。一个没有责任心的人，将会在他生活和工作的各种领域内面临同样的命运——不被接纳重用，从而让自己陷入任何集体都不喜欢的"怪圈"之中。

女孩的大部分时间不是在学校就是在家庭，女孩要从家庭开始培养责任心，当女孩的责任心得到培养时，就会主动地帮助他人克服困难，主动地参与集体活动、公益事业，逐步懂得服务社会是每个社会成员的责任。

女孩要培养责任心，就不能一味地待在父母建造的避风港里，女孩也要经历一些生活的历练。首先，女孩自己的事，尽量自己做，不要让父母事事为你代劳，否则会丧失锻炼机会。其次，要有意地参与劳动，这样女孩能收获劳动的果实。青春期的女孩已经有能力去做一些事，这样不仅能体验成功的喜悦，能培养女孩对家庭、对自己的责任心，还能培养独立精神、锻炼顽强的意志，提高心理素质，使自己养成吃苦耐劳的好品质。

总的来说，一个眼里有国家和社会的女孩就不是一个自私、狭隘的女孩，这样的女孩才不会活在自己的小世界里，而会立志对国家和社会作贡献，长大后才会有出息，这才是一名真正的社会人，并且这些优秀的品质会对女孩的一生都大有益处！

女孩进入社会要有独立自主的意识

小故事

小美今年上初中了，学期开始，她就给自己定了一个学习计划——看报纸。每天晚上，她都会将早上爸爸看过的报纸看一遍，遇到不认识的字，她都会记下来，然后查字典，看到喜欢的语句，她也会抄下来。

这天晚上，她在看文摘一栏时，发现了一个错字，编辑将"含辛茹苦"写成了"含辛如苦"。小美清楚地记得前几天老师刚讲过这个成语的含义，于是，她又查了一次词典，发现自己是对的。她拿着报纸过去找爸爸，爸爸看都没看，就直接说："报纸怎么可能会写错，我看是你们老师讲错了。"

"可是，我也查过词典，我是对的。"

这时，妈妈走过来，她接过女儿手中的报纸，看了看："不错不错，乖女儿，你很细心，也很有主见，这个字真的是编辑写错了。"

听了妈妈的夸奖，小美得意地朝爸爸挤了挤眼睛。

 **分 析**

故事中的小美就是个有自己独立思想的女孩。在她发现报纸上有错别字时，她的第一反应就是查词典，在确定了自己是正确的之后，她向爸爸提出来了，尽管爸爸没有理会她，但她敢于质疑的精神得到了妈妈的肯定。

的确，每个人都需要有自主意识，这样才能成为一个独立的生命个体。女性也不例外，现代社会，女性已经不是作为男性的附属品而存在，而是和男性平等地站在一起。但我们不能否认的是，女孩在自主意识和能力方面还有待加强。每个青春期的女孩，自主意识都越来越强，常有一种想要自己做决定的愿望和要求，但长期的家庭教育让她们已经习惯了听从长辈们的意见，久而久之，当她们的这种需求得不到满足，就有可能导致她们产生消极的自我评价，而这一点可能会深植于她们的内心。长大以后，她们可能会缺乏判断和选择的能力，缺乏责任感，凡事依赖他人，缺乏主见。

诗人道格拉斯·马罗奇写道：如果你不能成为山顶上的一株松，就做一丛小树生长在山谷中，但须是溪边最好的一丛小树；如果你不能成为一株大树，就做灌木一丛；如果你不能成为一丛灌木，就做一片绿草，让公路上也有几分欢娱；如果你不能成为一只麝香鹿，就做一条鱼，但须做湖里最好的鱼；如果你不能做一条公路，就做一条小径；如果你不能做太阳，就做一颗星星……

女孩们，自主意识渐强的你一定要有自己的想法，要有自己的原则，当你认为自己的观点是正确的时候，没必要为了讨好而迎合别人，也没必要因为害怕得罪人而对别人的要求来者不拒。

解决方案

任何一个女孩，从现在起，你都要学会培养自己的独立自主意识，因为无论现在还是将来，有想法的女孩才会更受欢迎。具体来说，你需要做到：

1.敢于坚信自己

日常生活和学习中，你的意见难免与他人的不同，此时，如果你认为自己的观点是正确的，那么你就要坚持。未来社会，相信自己正确，你就敢走自己的路，就能不怕失误、不怕失败，在大多数情况下，不敢自信走"小路"的人，通常也难成为创新型人才。

2.敢于打破各种思维定势

如果你想成为一个有创造力的人，不要迷信权威；不要太依赖他人，学会独立思考；摒除观念思维、经验主义等主观定势，不要给自己思维上枷锁。你不仅需要敢于挑战书本的权威，也需要敢于自我否定。

3.独立面对各种难题

正如一位名人所说："所谓成长，就是去接受任何在生命中发生的状况。即使是不幸的、不好的，也要去面对它，解决它，使伤害降至最低。所谓的成长，所谓的智能，所谓的成熟，都不过如此。"这样的你才能独当一面，成为一个自立自强的人。

生活中的女孩们，人际交往中，你若想受人欢迎，你就不能随波

逐流，更不能充当"免费保姆"的角色，别人不会因为你的附和而认同你，相反，你应该有自己的主张，一个人只有坚持自己的主张，有自己独特的个性，才会赢得别人的尊重。

2

社会比你想得要复杂，女孩千万不要迷失自己

　　青春期的女孩正迈向成熟，为走上社会成为独立的社会成员做准备。但是，这个阶段的女孩还未真正长大，也很单纯，很容易在复杂的社会中迷失自己，甚至做出让自己后悔终生的事，对此，每个女孩都要了解一些社会上存在的危险因素，且学习一些保护自己的方法，这样，才能以最佳状态迎接未来人生，才能以一副饱满的热情走向社会！

■ 坚决拒绝毒品，千万不可因好奇而走上绝望之路

15 岁的女孩小紫虽然从小爱玩好动，但学习成绩还算不错。

初二这年，她交了一个男朋友，放学后经常找她的男朋友玩，一次，在游戏厅里，她在男友的带领下，认识了一群稍长几岁的"哥们"。他们掏出一种白色粉末，围坐在那里吸，一副"享受"的样子，一下子就引起了小紫的好奇。当"哥们"怂恿她尝一口时，小紫毫不犹豫地伸出了手。有了第一次，就有了第二次、第三次。后来，为了弄钱吸毒，小紫开始学会说谎，学也没心思上了，甚至骗起低年级同学的钱。

分 析

"吸食毒品犹如玩火"，追求刺激、"试试看"的心理都是轻视了毒品的诱惑力。青春期女孩要认识到，吸毒是美好人生的杀手，对于毒品，一定不能忽视它带来的危害，不要高估自己的意志力，不要跨越雷池一步。出于"好奇""好玩"或不相信毒品的魔力而甘愿做冒险者的女孩最终会自食其果。毒品不仅对自己百害而无一利，对家庭、对社会也是危害无穷。无论从身体上还是心理上，毒品都是摧残人、毁灭人的杀手，一旦染上毒品，就必须面临戒毒的痛苦过程，所以，对于毒品，只有远离它，坚定地说不，才能免除痛苦！

毒品是人类健康乃至幸福的杀手，一旦染上毒品，就意味着步入毁灭和滑向无底深渊，吸毒是通向地狱的绝望之路。吸毒者中绝大多数是青年，这些人

本应是身体处于最佳状态的，但是吸毒后却百病丛生。许多人吸毒后不久身体就垮了，骨瘦如柴、肌泽干枯、疾病伴随白色恶魔而来。并且，吸毒还毁坏家庭幸福，危害心理健康。青春期女孩要坚决抵制毒品，远离毒品。毒品的危害很大一方面来自它给人带来的依赖性。

毒品危害如此之大，为什么青少年还会吸食呢？青少年吸毒的原因是复杂的、多种多样的，有社会的原因、自身的原因，也有生理、心理等诸多原因：

（1）个人好奇心的驱使。青少年身心发育尚未成熟，世界观、人生观尚未形成，思想幼稚，好奇是此年龄段的特有心理，他们对任何事物都存在强烈的好奇心和探索欲望。但是，他们往往缺乏必要的科学文化知识和辨别是非的能力，当听说吸毒后"其乐无穷"时便想试一试，从而一发不可收拾，被毒魔死死缠住不能自拔。

（2）一些不良朋友的怂恿。

（3）精神空虚，拒绝不了毒品的诱惑。青少年阶段是人生的黄金时期，也是人生的"危险期"。这一时期他们的人生观、价值观、世界观尚未定型，在生理上和心理上都不成熟，正在体验着人生最激烈的情绪变化。这一时期最易受外界的影响，一旦遇到生活困难、人际冲突、婚恋失败、升学就业受挫等挫折，就会灰心丧气，精神颓废，心灵空虚。为了弥补空虚的心灵，便去寻找各种刺激，而毒品就是一种可以在短暂时间内给人以强刺激的物品，因此，这些精神空虚的青少年往往会染上毒品，试图在毒品中寻找安慰，忘却烦恼。

解决方案

青少年吸毒主要是由于自身意志力的薄弱，抵制不了毒品的诱惑以及"试试看"的心理，而青春期女孩要以此为戒，从自身做起，主动远离毒品，不和社会上的无业人士打交道，不去酒吧、夜总会等危险场所，不接触有过吸毒经历或者和毒品有接触的人，不要因为一时冲动或为了报复父母就尝试毒品。总之，不给任何毒品侵害自己的机会，一定要做到：

（1）要拒绝毒品，首先要拒绝抽烟。要知道从吸烟到吸毒只一步之遥。几乎所有吸毒的青少年都是从吸烟开始的，吸烟为毒贩提供机会，他们会因青少年的无知好奇，没有防备心而设下种种圈套引诱。因此，广大青少年预防毒害应从不吸烟开始。

（2）遇到挫折也坚决不能当毒品的"俘虏"。遇到挫折千万莫沾毒品来解脱痛苦。一旦吸毒，悔恨终生。

（3）麻醉药品和精神类药物不能滥用。安定片、三唑仑、唉托啡等药品，属国家严格管制药品。精神药品、麻醉药品和海洛因等毒品一样：滥用=吸毒=死亡。

（4）决不与吸毒者交友。

（5）决不能以身试毒，决不尝试第一次。青少年有极强的好奇心，但千万别放任这种好奇。在吸毒问题上，当面临着选择时，很可能由尝试坠入黑暗的深渊，最终断送了年轻的生命。吸毒人员的亲身体会："一日吸毒，永远想毒，终身染毒。"

（6）学会拒绝吸毒的方法。要懂得分辨善恶，遇到坏朋友引诱时，抱定永不吸毒的信念，坚决拒绝。遇吸毒人员迅速离开，并及时向公安机关报告，坚决不与之交往。

小贴士

青春期女孩要热爱生命，树立正确的人生观、世界观，以乐观积极的生活态度迎接挑战。要有一个良好的生活习惯。每天的学习、工作、娱乐和作息要合理安排。凡事有个度，超出这个度不仅损害身心健康，还会给违反社会公德的犯罪分子造成可乘之机。特别是在娱乐场所的活动中，稍有松懈，就可能使自己脱离正常的生活轨道，最终追悔莫及。

■ 助人为乐也要多个"心眼儿"，当心掉进坏人的陷阱

小故事

一天，一名 12 岁的女童茜茜单独走在路上，走着走着碰上一对中年夫妇。中年夫妇说："我们很饿，但身上没钱，能不能请我们吃一碗面。"

茜茜马上掏出身上的零花钱来给他们，他们又说不能收孩子的钱，这样不好。其实，这对夫妻并不是心善，而是要做更大的恶。果然，他们要求茜茜单独带他们去吃面，茜茜又相信了。

茜茜要回家，所以想尽快走，她看到一个面馆说就在这地方吃吧。但是那一对夫妇又说："这店看着很好，肯定挺贵的，我知道前面一家比较便宜，我们还是换一个便宜一点的。"

其实，他们所谓便宜面馆就是他们需要带茜茜去的危险的地方。

结果茜茜又往前面走，到了夫妇想要到的地点。茜茜说还是换一家吧，估计是觉得不对劲。但是中年夫妇就一直把她往里面推，幸好她当时用力挣脱跑了。

后来茜茜听到同学说他们学校有个女生失踪了，她觉得非常后怕。如果自己不够清醒的话，可能自己就遇上这样的事情了。

案例中的茜茜是幸运的，如果她没有用力挣脱，可能已经为坏人谋害了。

相对于成人来说，青春期的女孩还处在学校学习阶段，女孩的世界都是单纯善良的，并且，无论是家长还是老师，经常告诉女孩要善良、乐于助人，在这样的情况下，女孩容易对祈求帮助的人不设防。但其实，女孩们，你要知道，很多时候，那些坏人正是利用你的善良来害你。比如，一些坏人经常利用女孩的同情心，让女孩为他们带路，结果对女孩实施违法犯罪活动。

人贩子利用的就是女孩的善良来实施犯罪，柔弱的女孩难以拒绝他人的请求。面对陌生人女孩会有警惕心，可是面对陌生人的求助，女孩一般没有戒心，不仅透露个人信息，甚至会跟陌生人走。

解决方案

在这类安全问题上，不少女孩可能从小就被家长、老师提醒和教导不要和陌生人说话，不要吃陌生人的食物，不能跟陌生人走，但是面对"求助""搭讪"问题，女孩们却没认识到其中暗藏的危险。在这一问题上，一些警惕性高的女孩可能也会纠结：置之不理吧，万一别人真的需要帮助呢，与乐于助人相矛盾；热心去帮助吧，又怕给坏人可乘之机。

这是一个需要把握分寸的问题。最好的办法是在确保自己安全的前提下给予帮助，这样既帮助了别人，又能保护自己。比如，女孩在面对陌生人问路时，就要马上警觉，因为一个成年人向一个未成年人问路，实在不得不让人觉得奇怪。如果在相对安全的环境中，可以选择在原地告知路况，如果要求带路，女孩应该拒绝，或是向周围熟识的人求助，最好向穿着制服的人求助，如小区的保安、商场里的售货员、马路上的交警、道路两边的店铺工作人员等。

如果心里有些怀疑，你可以这样机智地回答：

"不好意思，我不知道，要不你去问问那里的人。"

"你可以问问我妈妈。"

"交警在那里。"

"那个商店的老板知道在哪里。"

如果是偏僻的地方或是女孩已经感觉到了危险，坚决不能带路，并尽量去人多的地方。

如果有人想要请你"帮忙"，尤其让你离开你目前的位置"帮忙"，即使是很短的距离，也要谨慎，最好带上几个同伴或是告知家长，或者选择拒绝；如果有人和你搭讪，可以选择礼貌性地回答两句，不要说得过多，要知道，良好的人际关系并不是在马路上建立起来的。

■ 女孩切记同情心泛滥容易被人利用

小故事

小高是一名职高毕业生，刚毕业的时候才 18 岁，实习一年后进入现在的这家公司，这是一份来之不易的工作，是她的父母托亲戚朋友帮忙找的，进公司前，很多朋友包括父母都一再地提醒她，做事一定要勤快，对同事要热情，对前辈更要尊重。小高深知自己是经过层层选拔进公司的，对这份工作非常珍惜，因此，父母和朋友的话自然"照单全收"了，她下决心要努力做好。

初来乍到的她，对一切都充满好奇，同时也牢记长辈们的叮咛。小高从小就性格懦弱脾气好。只要同事们说几句好话，她都有求必应，"我要去接孩子，真的麻烦你了。""我今天身体不大舒服，你能帮我值班吗？"于是，小高就慢慢地成了办公室的值班专业户，另外，一些杂活儿，比如，复印文件、搜查资料、买饮料、叫快递……都被小高包了，每天她就在这样的杂事堆里忙碌着。而一直以来，小高的待遇还是实习生的标准，后来几次，她尝试着拒绝同事，但同事们的怨言就来了，更有人说她心计重，与刚来的时候不一样了。

同事们的怨言让小高很郁闷，好像自己就应该被他们差遣似的。现状让她非常失望，更不知道该如何改变别人已形成的看法，给自己一个转变的空间。不得已，她在那里工作了一年半后，不得不提出了辞职，另谋出路。

分　析

从小高的遭遇中，我们发现，职场就是一个浓缩的社会，在这样复杂的环境里，最好还是不要做"滥好人"，一旦你成了"滥好人"，你只有逆来顺受地接受同事的所有要求，成为办公室的勤杂工，你要想改变这种现状的唯一办法就是：辞职、另谋出路。这也是小高后来的选择。

然而，生活中，却不乏这样的女孩，她们心地善良，对别人的要求总是有求必应，她们情愿自己受委屈，情愿自己牺牲，也要满足别人。当自己有困难的时候，也从不求助于他人，她们宁愿背地里哭泣，也要把欢笑留给别人。如果有人不同意，她们会立刻觉得自己的看法是错的。总之，她们最大的特点就是讨好别人，愉悦别人。表面上看，她们是别人眼中的好人，但其实，她们是同情心泛滥，她们害怕因为拒绝别人而影响自己和他人之间的关系，抱着这样的心态，女孩对人毫无防备，对于别人的请求更是来者不拒，到最后才发现，原来别人是挖好了"陷阱"让自己跳，悔之不及。

因此，身为一个未来的社会人，女孩必须记住的是，对他人心怀善意是好事，但同情心泛滥就可能会使我们陷入困境之中。

解决方案

从小高的经历中，我们得出一点结论，与人打交道，即使你心地善良，也要收起泛滥的同情心，只有学会拒绝别人，才能有效地保护自己。可能你会产生疑问，如何拒绝才能不伤害彼此感情呢？以下是几条帮你拒绝的妙招：

1.先承后转法

有时候，直截了当式地拒绝别人，难免会伤害别人的面子、使人下不来台。而先承后转法，是一种避免正面表述，采用间接地主动出击的技巧。

俄国著名钢琴家鲁宾斯坦，有一次在巴黎举行演奏会，获得巨大成功。有一位贵妇人对他说："伟大的钢琴家，我真羡慕你的天赋，可是票房的票已经卖光了。"鲁宾斯坦手中也没有票，又不愿给演奏举办者增添麻烦，当然不想答应她的要求，但是，他没有直接拒绝，因为直接拒绝攻击性太强，锋芒毕露，因此，他采用先承后转法，把拒绝间接化。他平静地答道："遗憾得很，我手上一张票也没有。不过，在大厅里我有一个座位，如果您高兴……"贵妇人非常兴奋地问道："那么，这个位置在哪里？"鲁宾斯坦答道："不难找——就在钢琴后面。"这位贵妇人一听他这么说，就知趣地走开了。为什么呢？因为这个座位是钢琴家自己的。

2.巧妙转移

对方提出甲事情，你则可以换用乙事情去应付，从而巧妙地拒绝对方。

美国华盛顿一位著名的推销商，曾挨家挨户推销闹钟，他叩开了一位主人家的门，说："先生，您应该有个闹钟，每天早晨好叫你起床。"主人回答说："我看不要买闹钟，有我妻子在身边就足够了，你大概不知道，她能到时就'闹'。"

这位主人的拒绝，既幽默风趣，又非常委婉，令推销商再也不忍心开口。

3.以情动人

举个很简单的例子，如果你向人问路，而对方则对你说"不知道"或是直接不理你，你就会感到对方能帮你却有意不帮你；而如果你听到对方这样说，"我没听说过这个地方，也不知道怎么走，真是不好意思"，你就会很感激地觉得他是个好人。这个简单的道理告诉我们，拒绝别人的时候，如果说出一些让人能理解的理由，对方也不会多说什么，甚至会表示感激。因此女孩们，当你发现你不能答应对方的请求时，你可以说出自己拒绝的理由，让对方觉得你真的是尽力了，即使最终没有达到目的，对方也不会怪罪。而且在你的能力范围内无法实现，对方就会主动放弃再求助于你。

4.直接拒绝

这种拒绝方法一般是针对那些无理要求，你大可不必与之大费周章地周旋，这时你对他拒绝的语气毫无疑问必须是坚决而不容商量的。

小贴士

总之，我们需要记住的是，防人之心不可无，有些事情，你拒绝了，你就远离了危险；你接受了，你可能就给自己埋下了祸端。因此，为了保护自己，你必须懂得拒绝别人。

大气为人，女孩不做爱占便宜的小气鬼

小故事

有这样一个故事：

有一家大公司的老板非常看好一位刚从名校毕业的女孩，准备派

她去欧洲培训两年，回来后再委以重任。原因是这名女孩业务方面的知识掌握得很熟练，能力特别出众。老板感觉她很有前途，是个可塑之才，因此决定让她去海外培训。

但就在女孩即将启程去欧洲的前几天，老板偶然发现她利用公司的电脑上网聊天，收发私人邮件，而且下载一些与工作不相关的内容。老板一连好几天都留意该员工的举动，发现该女孩有爱占公司小便宜、投机取巧的行为，于是很快做出决定，改变了送她去海外培训的计划。

分　析

这名年轻的女孩自身条件很优越，能力也很出众，本应拥有一个良好的前程。可惜由于她行为上的"出轨"——爱占便宜，使老板对她的看法有了一个180度的大转弯，她的形象在老板眼中一落千丈，大好前程从此与她无缘。因为在老板眼里，一个爱占便宜、小心眼的人，眼里只有自己的利益，连起码的公司准则都无法自觉遵守，又怎么可能成为一名出色的员工，怎么能对一个企业高度负责呢？

每一个即将成为社会人的青春期女孩，也要从这个故事中获得启示，未来，你也要步入职场，也要参与社交，无论与谁打交道，都切忌爱占便宜，因为谁也不愿意与一个自私小气的人打交道。并且，女孩要明白，天下不会掉馅饼，那些看起来颇具诱惑力的"小便宜"，其实可能隐藏了巨大的危机，只有不被小利益迷惑，才能远离危险。

然而，我们不得不承认的是，在我们的生活中，就是有一些爱占便宜的女孩，她们自私自利，什么都先考虑到自己，从小到大在家里只知道向大人索取，不知道帮大人分忧，走向社会后也会只想让他人照顾她们，不知道主动去关心照顾他人，一旦自己的愿望得不到满足，就会无比气愤甚至于走向极端。这样的人，从个人来讲是不受社会欢迎的，在集体中缺乏沟通、缺乏谦让，最终势必不利于整个社会的和谐与发展。

解决方案

事实上，女孩天生是优秀的交际家，女孩的情商天生就很高。情商，现在越来越被人们重视，人际交往能力在当今社会中更是起着重要的作用。随着社会的进步，现在女孩的成长环境越来越优越，生活内容也非常丰富，这使女孩有了更多在外表现的可能，可是作为女孩的你，该怎样更加顺利地融入新的团体之中，从而做到学习好、能力强，同时人缘也好呢？你首先要做到的就是戒除自私、主动付出，有付出才会有收获。具体来说，你需要做到的是：

1.学会主动让出物质，让自己变得慷慨

遇到行乞者，你会施舍吗？学校组织的捐款活动，你会参加吗？你可能会想，为什么要付出？钱可以给自己买玩具、可以买衣服等，付出了就没有了。但在面对他人需要帮助时，我们不应只考虑自己的物质，应主动帮助别人，不自私的人才会赢得大家的喜爱。

2.不仅要学会在物质上付出，更要懂得关心他人

对待朋友，不要总是苛求朋友在金钱物质上的付出，交往中尽量主动地给予知心好友各种帮助，主动地在精神上和物质上帮助他人，有助于以心换心，取得对方的信任，巩固友谊关系。尤其当别人有困难时，更应该鼎力相助，患难中知真心，这样做最能取得朋友的信赖和加强友好情谊。

3.学会体验爱，学会给予爱

其实，这才是学会付出和给予的最终目的。什么是爱？父母对你的养育之恩是一种爱，他人对你的一次帮助也是爱的行动，学会感恩，你就能体验并懂得爱。有了对爱心的认识以后，必须采取行动，行动是关键的一步，应教给孩子相

应的方式，例如：别人生病了，应去看望他；同学摔倒了，应把他扶起来。

小贴士

　　我们每个人都是一个独立的自我，但同时，也生活在一定的社会集体中，我们的身边还有朋友，还有共事者，还有很多人，我们不可能脱离集体而存在。为此，我们在向社会、他人索取的同时，也要学会奉献、懂得感恩！青少年阶段的女孩们，青春期是人格砥砺和品质形成时期，每一个这个阶段的女孩若想获得他人的支持，赢得友谊，就必须从现在起，学会给予，因为一味地索取，只会让你的朋友离你而去。

■ 识别各类传销骗局，自觉远离和抵制传销

小故事

　　某天，某市打击传销领导小组办公室成员与教育局在某中学校园合力举办了一次中学生反传销活动，向该市青少年学生宣传防范校园传销知识，增强学生法制意识和抵制校园传销能力，帮助学校净化校园学习环境，保障青少年学生健康成长。

　　在这次活动中，有不少女生主动申请当志愿者，为全校学生发放防范校园传销宣传材料，其中还有一名女生作为学生代表在会上发表了演讲，讲述了传销对于青少年的危害，让学生们认清传销的违法犯罪性质、欺诈本质和严重危害，自觉远离和抵制传销。

分 析

不得不说，现在的传销组织已经将魔爪伸入纯净的校园，尤其是单纯感性的青春期女孩。为此，每个青春期女孩都要做到知法、懂法、守法，增强学生对传销的免疫力。

那么，什么是传销呢？传销是指组织者通过发展人员或者要求被发展人员以交纳一定费用为条件取得加入资格等方式非法获得财富的行为。传销的本质是"庞氏骗局"，即以后来者的钱增加前面人的收益。

新型传销：不限制人身自由，不收身份证手机，不集体上大课，而是以资本运作为旗号拉人骗钱，利用开豪车、穿金戴银等，用金钱吸引，让你的亲朋好友加入，最后让你达到血本无归的地步。

1998年4月21日，国家全面禁止传销；2017年8月，教育部、公安部等四部门印发通知，要求严厉打击、依法取缔传销组织，如打着"创业、就业"的幌子，以"招聘""介绍工作"为名，诱骗求职人员参加的各类传销组织。

传销主要有以下三方面的危害：

1.严重扰乱市场经济秩序

传销涉及地区广、人员多、资金大，有的还伴有非法集资、制售假冒伪劣商品、侵害消费者权益等大量违法行为，诱骗了大量社会人力资源，吸纳了大量社会资金，破坏了市场经济的健康和谐发展。

2.扰乱社会治安秩序，严重影响群众的正常生活秩序和生命财产安全

传销违法活动具有很强的继发性，由此引发了大量刑事案件以及扰乱社会治安秩序案件。据统计，2006年，全国由传销引发的杀人、抢劫等暴力刑事案件100多起，其他治安案件660多起。同时，因传销引起的夫妻反目、父子相向，甚至家破人亡的惨剧时有发生，给不少家庭造成巨大伤害，动摇社会稳定的基础。

3.危害国家安全和政治稳定

被骗参与传销者多为城市退休、下岗或无业人员、农民等，在校学生、少数民族群众等被骗参与传销的情况也日益突出。传销组织者对参与人员反复"洗脑"，进行精神控制，唆使参与人员阻挠、对抗执法部门，围攻、打伤工商、公安执法人员的事件时有发生，对抗性日益加剧，而且不断引发群体性事件。传销不但极大损害群众利益，还进一步激化社会矛盾，危害国家安全和社会稳定。

解决方案

在被传销危害的群体中，有很大一部分是在校学生，而其中也不乏青春期女孩，青春期女孩更单纯、感性，更容易被传销人员"洗脑"，因此，青春期女孩自觉抵制和远离传销更迫在眉睫。以下是女孩可以学习的预防传销的措施：

（1）树立正确的人生观、价值观和择业观，加强科学理论知识的学习，戒除急功近利、投机暴富的心态，立足个人实际，诚信做人，诚实劳动，勤劳致富，自觉抵御传销歪理邪说的诱惑。

（2）认真学习《禁止传销条例》等有关法律法规和国家的方针政策，增强对传销本质、形式和欺骗性、危害性、违法性的认识和了解，不断提高识别能力，增强防范意识，防止不学法、不懂法而误入传销陷阱。

（3）加强同学间的交流与沟通，在择业、就业过程中相互提醒，相互关心，携手抵制传销。对亲朋好友和同学游说外地"有份高薪工作"时应保持高度警觉，以免上当受骗。一旦发现周围同学误入歧途，应想方设法劝导，使其尽快解脱。

（4）发现传销违法犯罪活动的迹象和嫌疑，应向学校或当地公安、工商部门举报，防止其继续危害社会。

如果女孩已经被骗入传销组织，那么，你必须学会保护自己，再从长计议如何脱身，以下是几点建议：

（1）你要保持冷静，切勿急躁失去理智，闹着要离开，搞传销的人都非常多，你若办傻事，肯定会吃亏的。

（2）上课时，就别听他们讲课，他讲他的，你想你的。但别闹课堂，因为他们人多。

（3）每天都有去上课的机会，在路上会有人押送你，在路上时，你要留意周围的环境及过往人群，有机会就溜，看着警车或警务人员是机会，把他们拦下来，看到医院、律师事务所、银行就往里跑，这样你就安全了。

（4）在传销窝里时，也要按时吃饭，按时睡觉，别饿坏自己，保存实力，才有出逃的希望。

 小贴士

　　女孩要时刻铭记，天上不会掉馅饼，一些金光闪闪的机会背后可能隐藏着无尽的黑暗。青春期的女孩一定要练就一双慧眼，辨别传销行为，学会利用正确手段与法律武器抵制传销行为。

青春期女孩决不参与任何形式的赌博活动

小故事

　　有一位叫娜娜的初二女生，从小父母娇惯，上了中学后经常赌博，一共欠了3000元赌债，对没有经济收入的初中生来说，根本无力偿还这笔不小的赌债，而且，她根本不敢把这件事情告诉父母。债主却

接连不断地逼她还债，有一次债主见她还不能还债，就举着刀来威胁她，她拔腿就跑，债主见她逃走更是恼羞成怒，追了上去抓住她，并一刀刺了下去，才十几岁的小生命就这样因为无法偿还赌债被杀害了。

 **分　析**

娜娜的案例告诉青春期的女孩，一定要远离赌博，赌博不仅危害身心健康，还会导致犯罪甚至丧失生命，是各种祸事的根源。

赌博是一种用财物作注争输赢的行为，是一种十分常见的不良行为。虽然我国刑法第303条明文规定了"赌博罪"，禁止任何以营利为目的的赌博行为，但是，在青少年中，这种不良行为还是具有很高的发生率。

对青春期女孩来说，赌博是一种不良的诱惑，这是有一定的心理原因的：

（1）好奇心的驱使，对一件新的事物禁不起诱惑，对新事物有好奇心。

（2）对情绪不能很好的控制，自控能力差，容易走向极端。

（3）一种满足心理，总是希望自己的愿望能够得到满足，越是得不到的东西越是想要。不愿意让别人的意志强加在自己头上。

青少年赌博按赌博地点可分为校园赌博和校外赌博，目前，校外赌博大有向校内赌博转换的趋势。赌博害人害己，青春期女孩要头脑清醒，坚决反对校园赌博。

校园赌博一般是在课间休息、中午休息、自习课等时间发生，还有些学生甚至在课堂上用隐蔽的方式进行，如递条子、打手势等。在一些管理不太严格、校风涣散的学校，学生校内赌博比较盛行。很多青少年出于好奇，恰好在别人的赌博过程中，因为缺少赌友，让青少年来"补缺"。青少年参加这种赌博活动，最初可能是被动的，内心也是不情愿的，但是如果多次被迫参与并且学会了赌博的方法，就有可能形成"赌瘾"，成为参加赌博活动的"常客"。对于此，青春期女孩要坚决反对，校园赌博如不遏止和反对的话，长此以往，赌博成风，便会严重影响学习和生活的环境。

青春期女孩身心发展还尚未完善，要坚决远离赌博，赌博对青春期女孩身心的健康成长构成严重威胁：

（1）赌博易使中学生产生贪欲，久而久之会使他们的人生观、价值观发生扭曲。

（2）浪费学习和休息的时间，以至于严重影响学习，成绩落后，甚至造成留级、退学。

（3）毒害中学生的心灵，赌博活动易使中学生产生好逸恶劳、尔虞我诈、投机侥幸等不良的心理品质。赌博导致心理素质下降，道德品质也会下降，社会责任感、耻辱感、自尊心都会受到严重削弱。再有，赌博会使青少年把人们之间的关系看成赤裸裸的金钱关系，逐渐成为自私自利、注重金钱、见利忘义的人。更严重的还会导致违法犯罪，现实生活中就有许多青少年因为赌博而引发的暴力犯罪。

（4）对身体健康成长不利，由于赌博活动的结果与金钱、财物的得失密切相关，所以迫使参与者要全力以赴，精神高度紧张，精力消耗大。经常参与赌博活动会诱发严重的失眠、精神衰弱、记忆力下降等症状。

（5）赌博习惯较难改，长大后可能成为赌棍或职业赌徒。而且，经常赌博还会沾上吸烟、饮酒、偷窃、说谎、打架等坏习惯。因此，赌博对中学生是有百害无一利的。

大量事例证明，参与赌博的青少年都会有不同程度的学习成绩下降，而且陷入赌博活动的程度越深，学习成绩下降得就越严重。因此，女孩应远离赌博，不要让自己的青春染上赌博的污点！

总之，青春期的女孩决不能参与任何形式的赌博活动。青春期女孩一旦赌博，就为犯罪埋下了一颗不定时炸弹，远离了赌博，就远离了犯罪的一个重要诱发因素，才能拥有健康的青春！

3

对待陌生人，多点防备心才能保护自己

　　女孩到了青春期后，开始逐渐脱离父母的保护而独自上学、放学，开始有自己的社交，此时，女孩难免就要接触一些陌生人。面对陌生人，女孩固然应该心怀善意，但也不要放松警惕，因为很多居心不良的人往往是利用了女孩单纯善良的特点，对女孩实施伤害，女孩始终要记住"害人之心不可有，防人之心不可无"，多点防备心，女孩才能保护好自己，也才能独立面对未来人生中的风雨。

■ 学会应对陌生人是女孩自我成长的最重要的一步

小故事

　　周末的一天，12岁的圆圆在楼下逗邻居家狗，一个陌生人走过来说："小美女，你也喜欢狗狗啊，我家也有一条呢，要不要去我家看看。"圆圆不愿意去，这位叔叔又说："你爸爸和我是好朋友，他一会儿也来。"圆圆点点头。正当陌生人要抱圆圆时，妈妈在楼上从窗户中探出头来喊："圆圆，快回家吃饭了。"听到妈妈的叫声，陌生人赶紧走开了。圆圆跑回家告诉妈妈这件事时，妈妈非常吃惊地说："圆圆，你差点上当受骗了，好险啊！"圆圆不解地问："这是怎么回事啊？"

分 析

　　生活中，可能不少青春期女孩都遇到了这样的情况：陌生人以各种名义与你说话，其实都暗藏危机，女孩如果对陌生人毫无防备之心，很有可能让自己陷入危险境地。

　　不得不说，社会越来越复杂，人生越来越艰辛，未成年的女孩天生娇弱，更面临许多不可预料的复杂局面。父母和老师可以为女孩创设尽量安全舒适的生活环境，却不能一生都围在女孩的身边。离开父母和家庭，女孩能不能很好地独立生活，能不能识别社会上一些不利于自身成长的因素，这是每个女孩都要考虑的问题，且需要在年少时就训练自己的自我保护意识和能力，我们可以说，学会应对陌生人是青春期女孩自我成长的最重要的一步。

 **解决方案**

以下几个方面就是女孩们可以学习和培养的应对陌生人的能力：

1.无论如何，不要轻信陌生人

女孩的单纯和幼稚往往是某些人利用的工具，如"我是你爸爸的朋友""我是你妈妈的同事"等，这样一说，女孩就容易把对爸爸妈妈的那种信任转移到陌生人身上，轻易地听从别人的话。对此，女孩们要记住，无论在家里还是在外边，遇见自称爸爸妈妈同事或朋友的人，只要父母不在身边，告诉他们自己不认识他们，然后离开，不要再理他们，也不要听他们的解释。

2.谢绝陌生人的礼物

女孩比男孩更感性。一些青春期女孩对诱人的食物、漂亮的衣服等缺乏自制力，很容易被坏人诱惑。女孩要明白，无论多么诱人的东西，只要不是自己的，不经过爸爸妈妈同意，就不能接受，陌生人不会无缘无故地送给自己东西，自己也不能随便接受别人的礼物。当陌生人硬要给时，可以简单而坚决地拒绝他！

3.拒绝陌生人的请求

为了获取女孩的信任，有些心怀不轨的人往往想尽办法让女孩上钩。有人向女孩"求救"，等孩子相信自己后再进一步行动。青春期女孩，当有陌生人请求帮助的时候，让他们去找大人、去找警察。这不是禁止助人为乐的行为，不是推卸责任，而是为自身安全再提供一层保障，更加智慧地帮助他人。

4.培养一定的应变能力

在紧急状况下，女孩们有没有一定的应变能力，关系到女孩的安全问题，最好是在平时就注意训练和培养，比如，女孩们可以问自己这样一些问题，"雨下得很大，要是有陌生人邀请我搭他的车回家，我该怎么办？""要是陌生人叫我的名字，并说爷爷受伤了，由他来学校接我回家，我该怎么办？""要是在放学回家的路上有人跟着我，我该怎么办？"通过这样的训练和培养，能帮助女孩了解到陌生人朝自己走来或感到危险逼近自己时应当怎么办。这种信息增强了女孩自我防护的意识，同时也使女孩在日常生活中遇到没有危害的陌生人时不必感到恐惧。

小贴士

女孩要知道，我们固然倡导互助友爱、互相信任的人际环境，然而，尚处于成长阶段的女孩还不具备清晰的分辨能力，不能做好足够的自我防卫，一旦有任何危险，女孩是必然的受害者。女孩要平安地生活和成长，就要学会拒绝一切伤害，学会怀疑、学会拒绝，这是应对陌生人必需的几项素质。女孩脆弱的身体和心灵不应经受这一类巨大的挫伤和打击。

■ 青春期女孩要学会应对这些常见危险情况

小故事

今年，已经上初一的宁宁可以自己回家、不用父母接送了。

这天傍晚，宁宁一放学就跟小姐妹道了别往家赶，快到家的时候，她想走一条小路，因为这条小路正好对着小区的后门，可以省不少时间。刚拐进胡同，宁宁就发现后面好像有个人，宁宁走得快，对方也快，宁宁放慢脚步，他也放慢脚步。宁宁心想，可能是遇到坏人了，于是，她按响了口袋里的手机音乐键，然后假装接电话："妈，你就在胡同口啊？我马上到，一会儿去吃小吃。"听到宁宁这么说，对方才掉头走了，看到对方走了，宁宁重重地舒了一口气。

分　析

这则案例中的宁宁是幸运的，也是聪明的，面对坏人跟踪，她灵活应对、机智逃脱，没有给坏人伤害自己的机会。

解决方案

女孩在平时就要训练自己应对陌生人的能力，尤其是遇到危险时，能为自己避免不少伤害，在遇到以下情形时应如此应对：

1.遇到陌生人请吃东西怎么办

一定要有礼貌地拒绝陌生人给你吃的任何食物，因为里面可能添加了有害的东西，让你不知不觉地就被坏人带走，而爸爸妈妈很可能就永远找不到你了。在拒绝了陌生人的东西后，一定要马上远离他，跑到安全的、自己认识的人身边去。

2.不认识的同龄人邀请你去玩怎么办

不管对方年龄比你大还是小，也不管他是不是有困难需要你帮助，一定不能跟他走。特别要注意的是那些拿着物质或者金钱来诱惑你的人，如果真的想去玩的话，一定要告诉家人，征得同意并且有自己的家人带着才可以去。如果是加入到陌生青少年的圈子里玩，大家一起追追打打，也不能跑到偏僻的地方，一定要保证万一有什么事情，可以找到熟悉的人来帮忙。

3.陌生人请你领路怎么办

如果陌生人要你领路，一定要马上拒绝，可以建议他走到路口去问警察保安，或者其他大人。你一定不能离开熟悉的人的视线，如果陌生人再纠缠你，你可以大声呼喊，引起别人的注意。

4.一个人在家，发现有陌生人敲门怎么办

可以把家里的电视音量调高，让人以为家里有大人。同时马上给爸爸妈妈打电话，不要轻易相信所谓的电工、煤气工、快递员，或者声称是爸爸妈妈同事的人，在爸爸妈妈回来之前，不要给任何人开门。

不仅如此，在日常生活中我们还要记住几点守则：

（1）有人要强行带自己走的时候，大声喊救命并迅速逃离这个人。观察周围是否有认识的人，跑到人多的安全地带寻求帮助。

（2）在明亮的地方和同学、朋友一起玩。

（3）当有陌生人问名字、住址和电话时，决不告诉他。

（4）认识的人要带自己走也不能走，要先得到爸爸妈妈的同意。

（5）一个人在家的时候一定要锁好门。

（6）一个人在家的时候，无论谁来敲门都装作家里没有人。

（7）每天发生的事情都跟爸爸、妈妈说。

另外，除了家里比较亲近的人以外，遇到陌生人，绝对不能告诉别人自己的真实年龄、出生日期和平时的习惯，就算小区里面经常碰面的也最好不要说得那么详细，一般不是居心不良的人也不会打听得那么详细。这可以避免万一人贩子出狠招，比如在公共场合的时候，滔滔不绝地说出你的详细信息，结果造成别人的误会，从而失去众援。女孩在出门的时候碰到有人问路一定不要理，就算理也要提高警惕，因为人都有犯糊涂的时候，你的一个疏忽可能就进了对方的圈套。

太多的悲惨事例告诉女孩们，关于人身安全的事情，半点不能侥幸，有时可能只是一念之差，一时疏忽，造成的后果却是无法挽回的。

■ 提高警惕，当心陌生人给的食物和饮料

小故事

　　一位心理咨询师收到了一份来自一名高中女生的邮件，她在邮件中诉说了自己的苦恼：

　　前几天去参加朋友在 KTV 的聚会，由于很晚才到，当我推门进去的时候，就看到连同朋友在内的一些人已经玩起来了，他们有玩游戏的，有唱歌的，我就找了个位置坐下了。

　　后来，有一个陌生人说给我泡一杯咖啡提神，由于都是朋友带过来的人（陌生人），我没有怀疑，接过来一饮而尽。不一会儿，我就感觉不对劲，浑身不舒服，马上打电话给另外一个好朋友，让她过来接我。回家的路上，我头晕脑胀、干呕，还流鼻涕，腿也开始麻了，意识已经开始模糊了。

　　到家后，我在床上不舒服，翻来覆去地睡不着，到第二天早上 7 点才入睡。中午起来喝了点水，吃了一点粥，但大脑还是发晕的。我现在可以肯定是有人在咖啡里放了东西，但不知道是什么。老师，请问我该怎么办？现在我要怎么做才能让身体好一点？我到底要怎么办？我现在很怕，不敢跟家人去讲，最害怕的是身体出什么问题。

　　听完这名女生的描述，这位心理咨询师的第一反应是，这女生真是心大，到了这种环境下，还能坐下来一起玩耍，一点防备意识都没有，可见青春期女孩对于陌生人的防备意识还有待提高。

 分 析

　　这一案例告诉所有女孩，无论是在什么场所，不要喝陌生人的饮料，更不要吃陌生人给的食物，你不知道对方是什么人，也不清楚他是不是有不可告人的目的。这个世界不可怕，但也没那么安全，女生如果不懂得保护自己，悔恨的泪水再多也是没有意义的。

　　事实上，相对于男孩来说，女孩更喜欢吃一些小零食、喜欢喝奶茶饮料，许多不法分子正是利用女孩们的这一特点，对她们进行哄骗。万一食物里有什么有毒物质，女孩吃了被迷晕拐卖、性侵，更有甚者还有可能会危及女孩的生命安全。

　　事实上，在很多家庭中，在女孩很小的时候，父母就千叮咛万嘱咐说："千万不要吃陌生人给的食物。"女孩们也很听话，只要父母不点头，她们是不会轻易收下陌生人的食物和饮料的，但是，随着女孩的长大，女孩似乎忘记了父母的忠告，而这就给女孩的安全埋下了隐患。比如，曾经有个女孩，高考成绩优异，父母允许女儿独自远行，女孩在火车上随便吃喝别人给的东西，结果被迷晕，导致身上物品和钱财全部被盗走。

解决方案

　　可见，女孩要学会提高警惕，不随便吃喝陌生人的东西，进而远离危险。

　　一些女孩们可能会说，如果别人真的是出于善意而赠送食物饮料呢？

　　女孩可以这样判定：如果在场的都是陌生人，那么，所有陌生人给的食物都不要吃。女孩可以这样委婉拒绝对方："谢谢，但是我不能收下这些食物。"实在是盛情难却时，可以说："谢谢，我留着回家再吃吧！"

　　如果陌生人强迫你吃东西、喝饮料，那么，你应该保持镇静，大声地呼

044

喊并且及时报警。你不要怕，你可以大声地喊："干什么，住手，你在干什么？"当你这么喊出来的时候，一定会引起周围人的关注。那周围人的眼光会对对方形成压力，进而使对方有所忌惮。

的确，女孩到了十几岁后，难免就要进入社会，就要和陌生人打交道，女孩不可能完全避免与陌生人接触，但也要小心为上，尤其是陌生人给的食物、饮料不要食用，以免给自己造成不必要的伤害。

■ 被陌生人搭讪，一定要提高警惕

小故事

周末一天，高中女生小杨和自己的闺蜜在大学城的一家咖啡店休息时，遇到一名男性前来搭讪。

小杨被搭讪，难免心中窃喜，但她还是礼貌地拒绝了这位男士的索要微信要求。

随便聊了几句后，这名男士便离开了，小杨也没有将此事放在心上，直到几天后，她的同学和朋友都在互联网上看到了小杨的视频。

小杨非常气愤，因为搭讪者并没有告知她，他在录像，最重要的是，他没有经过自己的同意，就把视频放到了公共平台。小杨给该视频账号留言，要求他立刻删除此视频，同时向平台举报了该账号。几天以后小杨发现该账号被平台封禁了。

小杨的经历并不是个例。一位叫小乐的女孩在北京逛街，也被人搭讪偷拍。

小乐说她在回家的时候，她的朋友给她发了视频，她才意识到可能被人拍了，而且视频所配的文案还让人很不舒服。

后来有记者跟踪调查了这些事件，记者发现，在短视频网站上以搭讪为主题的账号，搭讪者均为男性，搭讪对象以年轻女性居多，搭讪内容均为交朋友、要微信号等。

记者在众多的搭讪视频中发现，不少这样的账号，甚至将魔爪伸到了未成年女生身上。而这些搭讪视频账号的最终目的只有一个，就是盈利。

 分 析

很明显，案例中的小杨和小乐都是被陌生人搭讪而被侵犯隐私权，不得不说，这值得女孩们引起重视，女孩要记住，突然在街上被搭讪，感到意外的同时也要提高警惕，因为整个过程可能被偷拍并制作成视频传到网上，成为偷拍者的谋利工具。

然而，这还只是对女孩伤害较低的一种骗局，更有一些不法分子通过搭讪引起女孩的好奇心和好感，对女孩实施性侵和人身伤害。

一些不法分子还会利用女孩的善心，在路上或者封闭的环境向女孩求援，比如问路，此时女孩更要记住，"害人之心不可有，防人之心不可无"。人性的复杂很难尽数读懂，看似无害简单的请求背后，可能是一张恶毒残忍的面孔。

另外，坏人畏惧于公共场所的开放和光明，极有可能利用你的善良，将你诱骗至封闭空间，实施他的罪恶之举。

请不要用自己的直觉去判断一个人的好坏。也许你认为自己已经长大了，

有了辨识能力，但你还是要记住，不要轻易相信陌生人，尤其是不要用直觉去相信对方是个好人。

在电影《素媛》中，讲述的就是这样一个故事：在一个下雨天的早晨，8岁活泼可爱的素媛，遇见一个喝醉酒的大叔。大叔问素媛："能带叔叔一起打伞吗？"善良的素媛，不忍心这位陌生的叔叔淋雨，想都没有想，就答应了。然而也因为她的轻易相信，给自己带来了一辈子都无法摆脱的伤害——素媛被醉汉拖到废弃的工厂，进行了残忍的性侵。

事情的结果更令人辛酸，一些人说是素媛的错。8岁的素媛到底做错了什么？错在了太善良？如果没有伤害，很多人会夸素媛善良，的确，女孩要善良，要经常帮助有困难的人。但善良是需要底线的，如果善良会危及你的生命，你宁愿不要善良。因为，真正需要帮助的成人可以求助于大人，他们大可不必将目光锁定于力量微薄的未成年少女身上。乐于助人是好的品质，但女孩要记住，当你遇到一个成年人向你寻求帮助时，不要轻易释放善良。

米列曾说过："越是善良的人，越察觉不出别人的居心不良。"善良的女孩，可能还不明白这世间的善恶，但女孩记住一点，当有人向更弱小的你求助时，一定要拒绝。

此时，一些女孩可能会问："那我还能一个人出门吗？"一个人出门当然可以，但如果是荒无人烟的地方，或者黑漆漆的夜晚，请尽量不要一个人出门。而且，就算是光天化日下，当有人请求你进入一个封闭陌生的环境中，哪怕仅仅是举手之劳的小事，也不要轻易答应。提防这样的坏人，拒绝这样的请求，是保护自己的最好方法。

小贴士

女孩们，外出时，尤其是陌生的环境，若有陌生的男性搭讪，不要理睬，要注意那些不怀好意的尾随者，必要时采取躲避措施。而对于那些总是探询你个人隐私，过分迎合奉承讨好你，以及对你的目光和举止有异的男性，应引起警觉，尽量避免与其单独相处，给对方留下"下手"的机会。

■ 独自在家时，不要随便给陌生人开门

星期天，爸爸妈妈去加班了，只有 12 岁的小宁在家做作业。

"咚咚咚，咚咚咚……"上午十点的时候，家里突然有人来敲门，小宁从门镜里往外看，发现是个陌生人。

她正准备开门，突然想起来爸爸妈妈出门时叮嘱过的话："如果有你不认识的人敲门，你不要出声，也不要给他开门。"

于是，小宁就没有出声。不一会儿，陌生人就离开了。

爸爸妈妈回来后，小宁把陌生人敲门的事告诉了他们。爸爸妈妈很欣慰，女儿的自我保护意识很强。

 ◆ 分 析 ◆

女孩虽然在逐渐长大，但她们毕竟还是孩子，她们也很单纯，如果不懂得保护自己、随便给陌生人开门，那么，很有可能发生一些意外状况，要知道，

在面对危险时，女孩始终处于弱势，很容易成为受侵害的对象。所以，女孩一定要记住一个人在家的时候，不要给陌生人开门。

另外，除了伪装成修水表、修电表和送快递的，这些坏人还可以伪装成各种查表的、修理的，比如查电表、查水表、查煤气、修煤气、修马桶、修下水管道等；各种送东西的，比如快递、信件、报纸、杂志、牛奶、水等；各种可能存在关联的人，比如邻居、爸爸妈妈的朋友、老师、亲戚等，都存在可能性。

的确，生活中，作为成年人的父母，他们不可能24小时都和孩子在家，而女孩一个人在家的时候，难免会遇到陌生人来访的情况。为了安全起见，女孩一定要认识到，无论敲门的是谁，只要是陌生人，就千万不要给他人开门。这样，女孩才能有高度的警觉性，从而有效地保障自己生命和家中财产的安全。

相对于年幼的孩子来说，十几岁的女孩已经有了一定的自我保护意识和保护能力，但女孩善良、感性，是很多坏人"下手"的对象，为了保证女孩的安全，在家不给陌生人开门是女孩们需要学习的第一课。

解决方案

每个女孩，在平时就要给自己打好这样的"预防针"，这样在遇到陌生人时大脑中的应急机制就会开启，就会保持高度的警惕，从而最大程度地防止危险的发生。

为此，当女孩家中有陌生人敲门时，需要明白几点：

（1）平时在家，如果有陌生人来敲门，女孩可以先透过门镜，问清情况，也可以给父母打电话，确保安全后再开门。

（2）无论对方有什么样的借口，比如说是父母的朋友、同事，或是远房的亲戚、查水表的、维修工人、查户口的、送礼品的，或是他手上有好吃的等，都不要相信，更不要开门。

（3）如果陌生人执意不肯离开，可以给父母打电话告知父母，或是到阳台上大声呼救，从而把陌生人吓跑。

（4）一个人在家一定要把防盗门锁好，不要随便开防盗门。

（5）学习隔门问答的技巧，不要让陌生人知道父母不在家，甚至可以谎称父母正在睡觉或就在楼下，等等。

（6）如果坏人以为家中没人而撬门进来时，不要反抗，也不要呼喊，要冷静。否则可能会让只想偷点钱的坏人不知所措，从而做出对自身不利的极端行为来。

总的来说，家里没有大人时，女孩不要给任何人开门，无论是谁都不可以，包括自称是爸爸妈妈的朋友、邻居、亲戚，都不可以开门，因为他们都很有可能是伪装的坏人。最好的办法就是不出声不说话，这样坏人就不知道只有你一个人在家了。青春期女孩，你要知道，这个社会太复杂，戴面具的人太多，谁也不知道面具的背后到底是一个好人还是一个坏人，不要给陌生人开门，才能保证自己的安全。

■ 女孩乘坐电梯时如何防色狼

小故事

19 岁的女孩叫小张，她是一名夜校学生，晚上学习完赶车回家已经 11 点了，小张家在 17 层，23 时 16 分左右，她一个人进了电梯，刚进电梯还没来得及按下按钮,立马跟进来一个陌生男子,身高一米七,身穿黄色 T 恤、红色短裤、拖鞋，按下 5 楼的按钮后，黄色 T 恤男站到了小张的左边。

到了 5 楼，电梯门缓缓打开，这时黄色 T 恤男准备走出电梯，突然，他右手伸到小张臀部，用力抓了一把，小张立马躲闪，黄色 T 恤男一溜烟跑了出去，往楼梯方向逃走了。

惊慌未定的小张，不敢追上去，到家后立马打了电话报警，片区派出所接警后立刻展开调查。

同部电梯，第二天，接到了同样的报警电话。这一次受害的姑娘姓朱，也住在小张所住的小区内，而且，出事的地点还是同一幢楼，同一部电梯。

后来民警调取了监控发现，作案的还是那个黄色 T 恤男。

当天凌晨 1 时左右，身穿白色长裙的小朱进了电梯，黄色 T 恤男装作若无其事地跟了进去，先按好了楼层，再站到小朱的身后。小朱毫不知情该"猥琐男"接下来要干的事，只见电梯到了 5 楼，开门的瞬间，"猥琐男"猛抓了一下小朱的臀部，便立马逃走。小朱还大胆地追了上去，但是由于"猥琐男"动作迅速，早就不见了人影。

三天以后，片区民警终于在该小区抓获了该男子，民警将其带回所内调查后得知，该男子梁某，24 岁，是本地人，无业，独自在该小区居住，黄某承认自己是个自制力比较差的人，已经多次在电梯内对十七八岁的女孩实施猥亵，且专门挑夜深的时候。后经过民警的批评教育，梁某也认识到了自己的错误。梁某因强制猥亵他人被处以行政拘留七日的行政处罚。

解决方案

在电梯这样的封闭空间里，女孩独自乘坐电梯，很容易给犯罪分子可乘之机，尤其单身女性，更是色狼的下手对象，那么，女孩如何在电梯里防色狼呢？以下是几点建议：

尽量避免深夜独自一人乘坐电梯回家。回家前，可以通知家人或朋友接一下。

若独自一人乘坐电梯，进电梯前仔细观察周围情况，特别要防范一同乘坐电梯的陌生男子，不要与其随便搭话。

若陌生男子尾随进梯，与他保持距离，不要背朝对方，时刻保持警惕。1.2米是人与人之间的安全距离，除非是你特别信任、熟悉或者亲近的人，否则无论是说话还是其他的交往，逾越了这个距离，你都会感到不适。而在电梯狭小的空间内，一旦有人刻意接近或远小于安全距离，则要提高警惕了！

女孩可以假意给家人打一个电话，"爸爸，我在电梯里面"以警告对方。

色狼一般不会直接扑上来，而是先慢慢试探，这时候女孩不要恐惧，更不要忍耐，而要果断地警告色狼，"再靠近就按报警铃"。

如果色狼罢手则可，如果色狼仍然不罢手，就按下报警铃，并按下电梯就近每一个楼层。在电梯这个狭小的空间里与歹徒四角周旋，不要让歹徒抓住你，也可利用手中的包当武器。一旦电梯停下来，立刻逃出电梯，报警。

4

网络是把双刃剑，别不小心伤了自己

　　现代社会，随着信息技术的发展，网络为我们的生活带来了很大的便捷，但也为很多成长中孩子的身心发展带来不少困扰，其中也包括青春期的女孩。对青春期的女孩来说，网络是利还是弊，关键在于青春期女孩自己如何把握，是否能运用冷静而客观的态度面对网络。学会健康上网，不但可以掌握计算机和网络应用技能，还可以拓宽视野，但青春期的女孩好奇心强，渴望知识，面对游戏、网络聊天、网购及网络上花花绿绿的虚拟世界，常缺乏冷静而客观的态度。对此，你一定要学习足够的网络知识，学习在网络中保护自己，从而让网络真的为你所用。

■ 健康上网，不能沉迷网络

　　一位母亲在朋友的推荐下，找到了一位心理咨询师，希望这位老师能给她帮助。她是这样阐述自己的问题的：

　　我女儿莉莉今年 15 岁，正在读寄宿初中，今年三年级了。小学的时候，莉莉的学习成绩一直是班上前几名，在初一上学期之前，性格也很活泼，但初一下学期突然回家不爱说话了，迷上了上网，后来一放学就自己待在屋里，不管什么时候都要关上门，作业也不做。她现在整天不上课，不是上网就是在宿舍里睡觉，父母、老师的话都听不进去，上个学期考试好几门不及格。除了上网她什么爱好也没有，我曾试着带她一起锻炼、郊游、摄影、逛书店，但她哪儿也不去，周末回家后就是睡觉。原来我们以为是青春期的表现，但已经快三年了，也不见好转，我都急死了，我还希望她能考上一个好的高中呢，我也不知道怎样才能改变她。您能告诉我怎么办吗？

🏆 分　析

　　现实生活中，可能不少女孩都和案例中的莉莉一样沉溺于网络。的确，网络是个大家关心的话题，青少年已经成为上网的一大主力军，其中就有女孩，她们在网上相当活跃。她们能在网上查询大量感兴趣的信息，喜欢浏览网页，并敢于向权威人士提问。除此之外，她们也开始进入聊天室，与其他人分享经验和兴趣。

　　网络的作用自不必说，主要是传播信息，作为学生还可以交流心得，获取知识。但青春期的女孩们要明白，不能沉迷网络，沉迷网络会对你们的身体、智力、心理方面产生消极的影响。

　　1.身体素质方面

　　那些经常沉迷于网络的女孩们，运动场上没有了她们的身影，公园里没有她们的身影，她们由于长期待在网吧，造成情绪低落、疲乏无力、食欲不振、焦躁不安、血压升高、神经功能紊乱、睡眠障碍等，缺少锻炼更是让她们身体素质变差。

　　2.心理素质方面

　　长期上网会导致女孩不愿与人交往，逐渐导致性格孤僻，也就是人们常说的"网络孤独症"，也有一些女孩，把所有的精神娱乐都放在网络上，并开始"网恋"，认识一些社会不良人士，陷入这些情感纠葛中，严重的甚至出现精神障碍、自杀等情况。

　　3.智力素质方面

　　网络是多功能的，很多青春期女孩上网并不是为了学习，而是玩网络游戏和聊天。于是，她们会逐渐失去学习的兴趣，开始迷恋网络，她们正常的学习、生活秩序遭受破坏，学习时无精打采，学习成绩下降，有的甚至厌学、逃学、辍学。

解决方案

　　因此，青春期的女孩们，一定要学会有规律、有目的地上网，学习才是青春期的主要任务，网络只是一个获得信息的渠道，不能沉迷于此。

　　为此，在上网上，你需要这样克制自己：

　　1.要严格控制自己的上网时间

　　长时间注视电脑屏幕会导致视力下降，导致近视；显示器产生的电磁辐射也会直接伤害孩子的身体；大脑由于处于长时间的紧张工作状态，会变得麻木、混沌；颈椎、脊柱等部位会因弯曲、久坐不动而变形、疼痛。除此之外，还会对其学习、生活产生不良影响。所以应做到自制，严格控制自己的上网时间，一般应控制在每天1小时为宜。

2.要随时注意自己上网浏览的内容

网络上黄色、黑客等站点会对自制能力较差的人产生误导作用，为此，如果你自制力不足，你可以让家长在电脑上安装网络过滤软件，并请求父母监督，让他们帮你查看上网的历史记录及收藏信息，发现问题要及时采取对策。

3.要安全上网，不要透露个人信息

坚决不要把个人及家庭信息暴露在网络中，不要将个人账号、生日、住址、工作单位等信息暴露出去。

多去上一些启发性强，有关自然科学文化知识的网站，并学会查找一些有趣的信息。

未成年少女毕竟自制力有限，面对网络的各种诱惑，很多大人都难以抵制，更何况她们，对此，你最好请求家长的监督和引导，让网络成为你获取知识和信息的有用的工具！

■ 收到陌生人添加好友的请求，一定要当心

小故事

有这样一则新闻：

某县公安局通过网络技术手段，深挖扩线，成功抓获一名以让未

056

成年少女"发裸照"为由实施敲诈勒索的男子。

这天，警局来了一位中年妇女，带着一名十几岁的女孩，中年妇女行色匆匆，神情慌张地来到派出所报案，称其女儿被一名微信好友以"发裸照"为由敲诈勒索，女孩躲躲闪闪，在交流案件过程中，女孩情绪激动，一度哽咽。

由于案情重大，接报后，警局领导高度重视，立即安排民警开展调查取证工作。民警通过安抚受害人情绪，询问事情真相，原来受害人的微信在前几天收到"附近的人"的添加申请，同意了添加好友，二人相谈甚欢。

在该男子的软磨硬泡之下，受害女孩答应与男子见面，谁知男子又各种花言巧语骗女孩开了房，在发生完性关系后，该男子趁受害人不备，暗中拍下受害人的裸照。事后，男子多次以"发裸照到网上"为由敲诈勒索受害女孩，受害女孩是一名学生，并没有什么钱，身上仅存的几千元压岁钱被骗光，男子依然不依不饶，受害女孩不堪其扰，将事情告诉了妈妈，便报警处理。

了解到事情真相后，民警立即通过受害人微信，将计就计，试图以"给钱"为由将该男子约出，但是该男子反侦查能力很强，一而再地变换"交钱"地点，随后民警转变侦查思路，依托"电子眼"进行技术追踪，一波三折后，民警终于在某居民楼将该男子抓获。

在审讯中，该男子始终强调只是向该女孩借钱，并未实施敲诈勒索行为，案件侦查暂时无法进一步突破。

次日，办案民警发现该男子的微信大有"文章"，微信联系人上存有大量陌生女性好友，其中有很多是未成年女孩，经查，该男子在此前通过同样的手段已经成功敲诈勒索了好几名女性，办案民警抓紧时间联系上掌握的几名受害女性，通过做思想工作，让她们放下思想包袱，配合公安机关调查取证。

最后，在民警的努力下，整个案件水落石出，这是一桩通过"裸照"和"套取手机通讯录信息"来威胁敲诈勒索的案件，最终在事实证据面前，犯罪嫌疑人潘某供认不讳，供述其从6月开始利用微信等各种途径添加不同年龄的女性为好友，其中有很多是未成年女孩，然后利用她们在发生性关系后不敢声张的心理弱点，敲诈勒索女性财物的犯罪事实。

分 析

这一案件告诉生活中的所有女孩们，在使用"微信""漂流瓶"等新型交友工具时，交友一定要谨慎。在网络设置中注意保护个人隐私，遇陌生人搭讪时尽量不要搭理，要洁身自好，对于陌生人的无理要求，一律拒绝，如果被人敲诈勒索，保持冷静，放下思想包袱，立即报警。

在新型的网络犯罪案件中，很多犯罪分子都是利用添加好友的方式，且他们的目标很多是未成年少女，因为未成年少女心性单纯，对陌生人防备心不足，添加后除了见面、性侵等伤害女孩，可能还有一些是诈骗分子，他们自称"行情分析师、投资理财专家、指导老师"等，他们会以微信、QQ、抖音等社交软件加好友的方式，将网友拉入"投资理财""股票财经""福彩分析"等QQ、微信群，引导开展"炒虚拟货币、外汇、原油、赌博、博彩"等活动，利用后台控盘骗取钱财！

解决方案

无论如何，女孩在上网时都要注意这样一些保护自己的方式：

（1）日常要注意保护好我们的个人信息，参加问卷调查、扫码送礼活动时要小心，不要连接不需密码的免费Wi-Fi，不轻易晒快递单、火车票、机票，防止泄露个人信息。

（2）不熟悉的昵称或头像添加你为好友时不要轻易通过，谨防被骗。

（3）如有好友通过微信、QQ等社交软件向你借钱，务必通过电话等方式联系本人进行核实。

■ 不要沉溺于各类网络游戏中

小故事

曾经有一篇报道，讲述一个15岁的少女迷恋上网，沉迷网络游戏的经历。

这名少女生长在一个很幸福的家庭，家里的长辈，尤其是爷爷奶奶很疼爱她。所有同龄人拥有的电脑、手机、游戏机……长辈都给她买了。

她也一直是个很听话的孩子，但不知道为什么，到了初二的时候，她突然爱上了网络游戏，平时一放学就钻到网吧，要不去同学家通宵打游戏，家长知道这样不是办法，便跟她聊几句，谁知道，女孩不但不听，反而变本加厉，甚至偷钱去网吧上网，一气之下爸爸打了她一巴掌，从没被父母如此训斥过的她便负气离家出走了。

无奈之下的父母只好报警，幸好最后，警察在隔壁市的一间网吧找到了她。

现实生活中，玩网游已经不是男孩们的专利了，女孩们也喜欢玩，甚至有不少女孩沉迷网络游戏。不得不说，现代社会，互联网的盛行，在给人们的生活带来便捷的同时，也毒害了不少不懂得上网节制的人们，尤其是心智尚未成熟的青春期孩子，也包括女孩。

对青春期的女孩来说，最重要的就是学习，然而，玩却成了学习的天敌，的确，我们都知道，在人的天性里，都是追求快乐而逃避痛苦的，而人们获取快乐的一个重要的方法便是"玩"，在玩的过程中，人的身心能得到放松，人们能忘却很多现实生活中的烦恼。但一味地追求玩乐只会让我们逐渐失去自控能力和斗志，让我们的行为偏离正确的轨道，久而久之，我们离自己的目标只会越来越远。古人云"玩物丧志"，大致也就是这个道理。

对于不少女孩来说，上网聊天、玩游戏似乎已经成了每日必做的功课，上网无可厚非，但沉迷网络，肯定不是什么好事。如果女孩也为网络游戏困扰，那么，女孩可以狠下心来，切断电源，将注意力重新转移到学习上来。

作为女孩，要想有个灿烂的未来，就必须静下心来学习，就要学会自控，控制自己的"玩"心，剔除自己的享乐主义心理。事实上，那些成功者之所以成功，并不是因为他们喜欢吃苦，而是因为他们深知只有磨炼自己的意志，才能让自己保持奋斗的激情，才能不断进步。

因此，无论何时，女孩们，都要控制自己的"玩"心，享乐只会让我们不断沉沦，闲暇时我们不妨多花点时间看书、学习，不断地充实自己，才能在未来激烈的社会竞争中立于不败之地。

解决方案

的确，青春期阶段的女孩是爱玩的，但一味玩乐的人内心必然是空虚的，真正内心的快乐其实并不是玩乐能带来的，而是努力充实自己的心灵。当然，如果你是一个爱玩，尤其是爱玩网络游戏的女孩，那么，从现在开始学会自控、纠正自己的玩乐心理并不晚，这需要你做到：

1.自我心理建设，提升自制力

控制自己往往是在自己理性的时候，而不想控制自己往往是在感性的时候。所以矫正自己玩乐心态的最好方法就是一个理性心理建设的过程。当然，对于玩乐，没有人能够完全避免，所以只能改善。以下是两种心理建设的方法：

（1）替代法。当你想玩游戏的时候，可以通过运动、唱歌、看书等来转移对游戏的注意力，当你沉浸在其中的时候，游戏对你的诱惑也许就慢慢消减了。

（2）比较法。你可以在内心做一个比较：此时"玩"与"不玩"会有什么区别？玩游戏可能会耽误你的学习和工作，影响你的休息。但"不玩"，你会节约出很多时间从事其他事情，相比较而言，哪一选择更明智？很明显是后者。长期的心理建设会逐渐降低你对游戏的欲望。

2.把电脑放在家里的"公共场所"

你可以把电脑放在家里的"公共场所"，如客厅或公用的书房等，这是帮助自己安全上网最简单的方法。

3.当你已经有网瘾时，不妨求助于周围人的监督

调查发现，喜欢网络游戏的女孩很聪明，而且动手能力强，但是长期下去却有可能导致她们的智力水平降低。因此，女孩们，如果你也是这样，一定要立即转移自己的注意力，可以多搞一些科技活动，充分发挥自己的特长，循序渐进地把求知欲和好奇心引向健康轨道。

总之，青春期女孩，即使你是个爱玩游戏的人，你也要控制自己，毕竟一个人不可能二十四小时都工作或者学习，因此，你最好学会循序渐进地调整，你可以为自己制订一些小计划，比如限制玩游戏的时间，但无论如何，你一定要完成。如果你完成不了，那你一定要找出原因，改善自己的自控能力。

■ 社交软件上的定位功能一定要慎用

小故事

　　19 岁的小敏万万没有想到，自己微信朋友圈里的定位功能，竟差点给自己招来了杀身之祸。

　　小敏是一名大专学生，兼职做一些摄影绘画工作，她经常在自己的微博和微信上分享自己的作品，并在抖音上开通了账号，小敏本身身材容貌姣好，加上颇具才气，很快，就收获了一众粉丝，不少网友也来找她买画。

　　国庆节的时候，小敏在云南旅游，男子马某通过微信搜索"附近的人"请求加她为好友，小敏以为马某要向她买画，便通过了他的好友申请。

　　12 月的时候，马某就在微信上告诉小敏，他要来西安找她玩，小敏没有理睬。但 24 日一大早，马某就发微信告诉小敏，说他已经到了西安，要与小敏一起过圣诞节，询问她现在在哪儿。接着，小敏又收到了马某的定位地图，显示其已经在小敏宿舍附近。

　　小敏没有搭理，晚上照常出门吃晚饭。小敏到宿舍楼一楼时，一名男子当面喊了声"赵小敏"，小敏下意识回应。该男子就是马某，小敏问他是如何找到她的，马某说随便走走逛逛就找到了。

　　第二天，小敏出门又看到马某，他在小敏宿舍门口守了一个晚上。马某随后一直跟着小敏去了饭店和咖啡馆，又在其逛超市时突然强行抱住她。小敏大声挣扎让其离远一点。马某离去，小敏这时报警。回到家门口时发现马某又等在门口，马某下跪求小敏跟他回家。警察来了后劝马某不要强人所难，马某离开。

此后，马某又回到小敏所在宿舍门口等着，小敏都不敢出宿舍门，第二日下午顶不住饥饿，让哥哥来接她去吃饭。学校停车场内，小敏哥哥准备开车，小敏在另一头看到了马某，他突然从怀里拿出了菜刀向她跑来。小敏惊吓过度摔倒在地，马某趁机拿刀砍她。小敏虽然一直在躲，但不幸，胳膊上、肩膀上都被砍伤，幸亏不严重，这时小敏哥哥赶紧上前制止马某，并报警。

警察调查后发现，原来小敏之所以被歹徒找到，是因为她开了手机定位功能，因为在网上卖画，小敏为了做生意，其微信"附近的人"功能一直开着，也会与买家进行线上与线下沟通，并且在朋友圈发布状态时经常会发布定位。因此，马某能获悉小敏家的位置，再加上小敏平时在网络上发布的真人照片，使马某在她宿舍附近找到了她。

解决方案

的确，现代社会，随着信息技术的发达、手机越来越智能，手机上形形色色的功能方便了生活也带了隐患。定位功能让生活有迹可循，也有可能便利不法分子行凶作恶。那么，除了手机定位功能以外，女孩在使用手机时，还有哪些功能一定要慎用？

1.微信、支付宝"免密支付"功能要慎用

近日，有消费者发现，在一些购票APP上购买机票时，只填写一个手机短信验证码就可以完成交易。虽然免密支付客观上方便了消费者，但也增加了被盗刷的风险。

2.慎开USB调试功能

手机开启USB调试模式会产生重大风险，手机一旦开启USB调试模式，就相当于给电脑上的软件开了个后门，你的锁屏密码、绑定账号等很容易被各种应用随意调用，一般不要开启。

3.苹果手机别记录"我常去哪"

苹果手机中有"常去地点"功能，可用地图记录经常去的位置。如有不法分子"惦记"上你，暴露了你的日常活动信息，也就相当于向不法分子敞开了大门。

4.微信别打开"附近的人"功能

同理，打开微信"附近的人"功能也可定位你的位置。

5.安装软件少点"允许"

安装应用后，应检查对应用开放的权限，读取通讯录、读取短信通话记录等敏感权限尽量关闭。手机安装游戏等软件时，常被要求"使用你的位置"，如果你点击了"允许"，这些应用便可把手机信息上传到互联网云服务器，一旦资料泄露，别人就可能知道你的位置、家在哪里，一定要小心！

总之，青春期的女孩们，平时在使用手机软件时，定位功能不要长期开启。其次不要乱下载第三方软件，安装软件过程也应注意安装提示，尤其是涉及读取隐私信息时！除此之外，不要随便在社交平台使用定位功能晒照片以及姓名、家庭住址等。总之，个人信息关乎自身安全，需要时刻注意！

■ 女孩不要沉溺于网络聊天

　　上了初一后，妈妈给婷婷买了个手机，这样能方便联系父母和老师，拿到手机后的婷婷开心极了，赶紧下载了各种软件，其中就有微信，微信简直太有趣了，能跟很多认识的、不认识的人聊天，这不，最近婷婷就迷上了微信聊天，但孩子毕竟是孩子，对什么产生兴趣之后，就一门心思扑在上面，吃饭的时候，妈妈叫了几次都没反应。

　　晚上吃完饭，妈妈把女儿叫到身边。

　　"婷婷，你这个年纪，的确爱玩，这当然没错，但是你发现没，你最近玩微信已经有点影响学习了。"

　　"是吗？"

　　"是啊，你看，你以前十点之前就能上床睡觉，可是现在要熬到十二点才能完成作业，上次测验成绩也是大幅度下滑啊！"

　　"是啊，这倒是。可是，你们不也是天天用微信聊天吗？"

　　"你说得对，爸爸妈妈也要减少玩手机的时间，要不，你看这样好吗？以后每天晚上你回来，饭前的时间你玩会儿手机聊聊天，但晚饭后，我们可就要各自工作和学习了，你看怎么样？另外，我觉得以后上网呢，还是尽量多以学习为主，你说是吗？"

　　"妈妈，你真是太厉害了，好，我答应你，另外，这次期中考试你就看好吧，我一定考个好成绩给您看看！"

 **分　析**

　　生活中的女孩们，你不但要佩服这位妈妈的教育方法，更应该向婷婷学习，网络聊天可以，但是不能沉迷其中、影响学习。

　　现代社会，随着人们对信息的重视程度越来越高，对互联网信息的掌握程度越深，似乎就走在了时代潮流之前，这种观点在少男少女们中更为明显，"上网聊天"似乎是一种时尚的社交方式。据调查显示，在少女中，每十位同学中平均有八至九位上网聊过天。这一数据使我们不得不去了解青春期女孩上网聊天是"功大于过"还是"过大于功"。

　　家长们普遍认为中学生上网只会影响学习成绩，把孩子带到坏处去，甚至可能腐蚀孩子们纯洁的心灵，根本毫无利处可言。许多的前例向我们证实了这一观点：西安某校的学生王某本是一个品学兼优的好学生，由于迷上聊天，整天沉迷在网吧中，甚至几次彻夜不归，所以成绩一再下滑导致辍学。

　　这样还算是较轻程度的，更大的危害是由于聊天而引起的一系列的社会犯罪，比如说女孩因遇网友而被骗，或受到严重的身体伤害。

　　但上网聊天一定是洪水猛兽吗？女孩在成长的过程中常常会遇到许多问题，如生理上或心理上的困惑。由于内心保守她们不敢与家长交谈，所以不能得到一些及时的、正确的办法，但在网上，因为其虚拟性，可以随便地交谈，把平时放在心中的话说出来，也有助于女孩的心理发展。另外，如果能交到有益的网友，你可能会得到许多好处，正确地处理你的某些问题。

　　因此，从以上综合来说，上网聊天是"好"大于"坏"，还是"坏"大于"好"，这不是一定的，"好""坏"根本没有一个严格的标准，只是看女孩聊天的程度，沉迷其中，才会对女孩的身心产生严重影响。

　　网络的作用自不必说，主要是传播信息，作为学生，女孩还可以交流心得，获得知识。但女孩们，你们要明白，如果沉迷于网络聊天，长此以往，会依赖网络，沉迷于虚拟世界。如果电脑那头的网友是一位益友还好，可以做你的倾听者，可以在精神上给你安慰和鼓励。否则的话，会给你带来麻烦，导致你看不清周围的环境，不适应现实生活的人际关系。所以，还是不要沉迷网络聊天。尤其现在这个浮躁的社会，很多居心不良的人都是利用网络在虚拟世界里进行欺骗，做的都是见不得光的事。我们看一些法制节目会经常看到一些人因为网络聊天，被网友骗财骗色，后悔一生。

　　总的来说，网络的作用在现代社会中已经无可代替，但同时，它也毒害了这些成长期的女孩们，对女孩来说，网络聊天可以交流心得、学习知识，但一定要把控自己，不可沉迷其中。

■ 青春期女孩要防止网络购物的陷阱

小故事

　　张丽是一名高中女生，她从小学到高中成绩都名列前茅，家境不是很好。上了高中后，她突然觉得自己与周围的一切格格不入：同学也瞧不起她，嫌她寒酸，土里土气的，因此她没有一个知心朋友。渐渐地，张丽开始不平衡起来——自己成绩又好，长相也可以，但就是没有钱。于是她总是编着各种谎话去向同学借钱网购，买衣服、鞋子，别人穿名牌，她买更贵的。她在学校被人评为了"校花"，但是成绩却一落千丈，而她因为向同学和社会上的一些人借钱，经常受到那些不法青年的骚扰。有一天，爸爸妈妈接到高利贷电话，才开始查看她的网购账单，看到数额高达到数万元，吓了一跳。

 分 析

现代社会，由于受社会和媒体影视娱乐的影响，很多女孩开始有了一种虚荣心，把自己摆在成人的位置，开始注意流行因素，让自己尽量与流行"接轨"，以免"落伍"。其中，重要的一项流行活动就是网购。然而，十几岁的少女一般处在学校学习的阶段，没有收入，如果不控制自己的网购行为，往往会给自己造成巨大的经济负担，一些女孩甚至因此走上了错误的道路。

另外，除了网购成瘾带来的经济风险外，网络购物中还存在一定的陷阱，总结起来有：

1.低价诱惑

在网站上，如果许多产品以市场价的半价甚至更低的价格出现，这时就要提高警惕性，想想为什么它会这么便宜，特别是名牌产品，因为知名品牌产品除了二手货或次品货，正规渠道进货的名牌是不可能和市场价相差那么远的。

2.高额奖品

有些不法网站、网页，往往利用巨额奖金或奖品诱惑吸引消费者浏览网页，并购买其产品。

3.虚假广告

有些网站提供的产品说明夸大甚至虚假宣传，消费者点击进入之后，购买到的实物与网上看到的样品不一致。

4.骗个人信息

网上购物时不要轻易向卖家泄露个人详细资料，在设置账户密码时尽量不要简单地使用自己的个人身份信息。遇到类似电话核实的，一定要问明对方身

份再视情形配合。

5.网络钓鱼盗信息

不要随意打开聊天工具中发送过来的陌生网址，不要打开陌生邮件和邮件中的附件，及时更新杀毒软件。一旦遇到需要输入账号、密码的环节，交易前一定要仔细核实网址是否准确无误，再进行填写。

解决方案

女孩在网络购物时要注意：

1.链接要安全

在提交任何关于你自己的敏感信息或私人信息之前，尤其是你的银行卡号，一定要确认数据已经加密，并且是通过安全链接传输的。

2.保护你的密码

不要使用任何容易破解的信息作为你的密码，比如你的生日、电话号码等。你的密码最好是一串比较独特的组合，至少包含数字、区分大小写的字母或其他符号。

3.保护自己的隐私

尽量少暴露你的私人信息，填在线表格时要格外小心，不是必填的信息就不要主动提供。永远不要透露父母的姓名这样的信息，有人可能会使用它来非法窃取你的账号。

4.再检查一遍订单

在发送购物订单之前，再慎重地检查一遍。输入错误（比如把2写成了22）会导致很严重的后果。另外，你必须确定你看到的价格正是该物品当前的价格，而不是你上次访问该站点时浏览器保存在你计算机中的临时网页文件上的过时价格。

5.估计送货日期

销售商应该会告诉你一个大概的送货日期。如果超过送货日期几天后，商品仍未送到，可提出退款。

6.提出控诉

如果你在网上购物过程中碰到了问题，你应该立即通知这个商务公司。在他们的站点上找到免费服务的电话号码、邮件地址或指向客户服务的链接。如果该公司自己不解决有关的问题，你就应该与有关主管部门联系了。

总之，青春期女孩缺乏一定的购买能力和网购经验，对网络购物的陷阱缺乏辨别能力，因此，网购一定要适度，且注意识别，小心上当。

5

内心强大，女孩最好的防卫武器是自己

　　作为青春期女孩，在遇到危险和灾害时，因为其性别和认知问题，其自我保护的能力往往不如男性和成年人，但无论发生什么，女孩都不要怯懦、害怕，一旦恐惧，就有可能自乱阵脚，让事态恶化下去，最好的方法是冷静下来，思考出最佳的解决方法。另外，女孩更要懂得求助于人，很多情况下，学习如何求救也能让自己避免灾难的发生。

■ 内心强大，是保护自己的最有力武器

小故事

　　一天晚上，丹丹全家看电视，电视上播报了一则新闻：某家着火了，爸爸妈妈不在家，10岁的姐姐带着2岁的弟弟机智从火灾中逃生。

　　看完新闻后，妈妈对丹丹语重心长地说："丹丹，作为女孩子，妈妈并不奢望你多优秀，也不要求你温柔、漂亮，妈妈最希望的是遇到危险时你能内心强大，能冷静应对，而不是只知道哭，爸爸妈妈早晚都要离开你，你也迟早要独自面对风雨。"

　　"我知道，妈妈，一个10岁的小女孩，在遇到这样的情况下都能够临危不乱，从容面对，还能救出弟弟，我已经15岁了，我肯定也能做到。"

分 析

　　的确，甜美、温柔、沉静、细腻、善良、纯洁永远是和女孩联系在一起的，不少女孩也都希望自己成为拥有这样标签的女性，这无可厚非，但女孩最重要的是先学会如何保护自己，其中重要的一点就是训练自己强大的内心。一个人在遇到突发事件时是否表现得冷静、果敢，也是其是否成熟的一种表现。

　　不得不说，身心尚未成熟、社会经验不足的女孩，在面对侵害行为、自然

灾害和意外伤害时，往往因处于被动地位而受到侵害。也有一些女孩有自我保护的意识，因为不懂得如何保护自己而采取蛮干的措施，结果造成了更严重的伤害。

 **解决方案**

有勇气、敢作为的女孩能够做到临危不乱，在面对困难时往往表现得沉着冷静。临事之时，从容不迫，面不改色，尤非庸常之辈所能及。这种能力是通过后天的教育培养出来的。具体说来，女孩可以这样培养：

1.承认困难的存在

每一个女孩，在遇到问题的最初阶段，可能会不知所措，也有可能因害怕困难，产生抵触情绪，而丧失了自己解决问题的机会。但这是一个女孩由孩子向成人成长的一个不可缺少的阶段，所以女孩要想成为一个独立的社会人，首先就应该学会冷静下来，有勇气，有独立解决问题的能力，要善于在失败中总结教训，在成功中积累经验。

2.开阔眼界，见得多自然能气定神闲

见过大世面，凡事都能够从宽处、大处着眼，自然能够在顺势时不骄，逆势时不馁。当女孩经历了各种各样的事情，有了一定的处事经验，自然也就拥有了处理突发事件的能力。

3.从小事上培养

女孩可以从做一些力所能及的事情开始，比如给邻居送东西，吃饭前摆放好碗筷，到商店或菜市场买东西，接听家里的来电，到物业公司报修，开学自己报到等，锻炼自己的交往能力。这样，你会发现自己能够做许多事情，即使当你遇到难题时或者不如意时，你也能保持镇定，冷静地分析问题，想办法解决问题或保护自己。

 073

4.积极参加心理训练，提高各项心理素质

进行模拟训练，设置各种可能遇到的情况，进行有针对性的心理训练，形成对危险情境的心理准备，这些训练能有效地战胜紧张和不安等不良情绪，提高心理适应和平衡性，增强信心和勇气，以无畏的精神克服恐惧心理。

5.敢于求助他人

如果解决问题的难度已经超过了你的能力范围，你就应该学会求助于人，这不是软弱，而是一种机智。而且，就女孩的性别特征来说，在遇到危险的情况下，你的力量是有限的，此时，求助也是最好的方式。

举个很简单的例子，对那些动手动脚的坏人，你首先应该警告他们，如果他们没有"收兵"的意思，你可以向周围群众揭露其丑恶行径，以引起周围群众对坏人的斥责和愤慨，从而得到大家的帮助。如果坏人继续为所欲为，就要马上报警，如果无法报警，就要马上高声呼救，但报警时，避免离开人群，切勿在街上的电话亭打电话求助，尤其在僻静的路上，以免在电话亭内被坏人抓住。

☀ 小贴士

任何一个成长期的女孩都应该明白，父母是你的保护伞，但他们不可能随时随地地呵护你，你有必要学会一些自我保护的本领，这样，在面对一些突发的事故和侵害时，你才更容易得到社会、学校和家庭等方面的保护；当这些保护不能及时到位的时候，你也会尽自己所能，用智慧和法律保护自己的合法权益。

■　关键时刻记得拨打 110、120、119 求救

　　我们先来看下面一个真实的故事：

　　2020 年的一天，某小区一住户家中突发火灾，求救于消防部门。根据现场监控显示，家中长辈不在家，只有 18 岁的女儿和 10 岁的儿子，女孩在发现火灾初期时，并未第一时间拨打"119"进行报警，而是事先拨打了妈妈的电话！紧接着又拨通了同学的电话，仍未及时拨打报警电话，然而从起火到接到报警，时间间隔超过 6 分钟，不幸的是，因为火势较猛，消防救援人员赶到时，女孩和弟弟已经重度昏迷。

分　析　◆

　　案例中的悲剧来源于女孩不懂得及时拨打119报警电话求助，耽误了最佳的救火时机，这一案例告诫所有成长期的女孩，意外来临时一定要冷静，在自己能力不足时，一定要打电话求助，其中最重要的三个求助电话就是110、120、119，当然，这三个电话不是随便拨打的，需要记住一些步骤，才能在最短时间内获得帮助，具体来说：

解决方案

1.拨打110步骤及方法

首先要有一部能拨出去的手机或一部有插线的座机。接着，一般报警会接通两种电话：一种是县级以上公安机关的接警平台，统筹接警然后分区下派。一种是各个派出所或警所队值班电话。

正常情况下建议大家保存或记录自己所在地的管辖派出所电话（一个可能看起来和派出所没关联的座机号码），这是报警最直接的方式。电话直接接到所在辖区的值班室，进而转入下一步根据相关情况指派派出所出警程序，这一过程省去了通过110接警平台再转给相关辖区派出所队的过程，在出警时效上会有所提升。

然后就是打电话报警的电话环节，打110或者各派出所队的值班电话都一样。无论是刮风下雨还是打雷闪电，都一定要清楚地讲出报警内容，这包括具体地址和简要现场情况，简单来讲和小学生的作文一样，"时间、地点、人物、事件"，时间可以知道事件的缓急程度，地点可以确定事发位置，人物可以确定事发规模，事件可以预设处置方案。

举个例子：喂，110吗？现在在横横区竖竖街圈圈大楼楼下的叉叉饭店里有三四个人拿酒瓶打架，有个人头流了很多血，快来！这一句话简要地把时间地点人物事件讲明了，接警人就知道要派多少警力带什么装备，到哪个位置去，人员受伤情况，是否通知救护车。

现实情况中很多人非常紧张，恨不得喘口气对方就知道自己的全部意思，举个反面例子：是110吗？我这里有人打架……再着急，说不出所以然也没用。

报警最重要的是讲清楚事发的地点和警情类型，地点应以标志性的地点、建筑、标志物等为宜，忌只讲某某门牌号等看似精确实则模糊的标的。

事件的简要情况能让警察在出警之前对事件有个预判并带上足够警力及装备，对及时有效处置起很大作用。总之报警十分忌讳讲的都是自己懂的，但别人无法快速理解的内容，要克服紧张、恐惧等情绪，正确简短表达才能起到最高效的反应。

最后一点警示，虽然110报警平台已经从原来单纯的刑事案件110"匪警"电话转变为现今的类似服务平台，现在的公安机关奉行着"有警必接、有难必帮、有险必救，有求必应"的承诺，但是日趋增多的无效警情占用了过多公安资源，因此110也不能随便拨打。

2.呼叫120

呼叫120时，首要问题是说清楚病人所在地址，以便救护车能在最快时间内到达现场。如果病人在住宅小区，最好说清楚在城市的哪个区，哪条路几号，什么小区，几栋几单元几楼几号。有的小区分一期二期等，要说清楚。如果小区有多个入口，请告知离哪个门较近。如果本地有名称类似的小区，也要注意告知区分；如果在城市街道，在报清楚街道名的同时，请说清楚在道路的哪一段和哪个方向。如果在立交桥或者高架桥，还得说清楚在第几层。如果在高速路，还得加上离出入口有多远的信息；如果在医院、学校或者公共场所，得报清楚是哪栋楼，到几号门接车；如果在一个陌生的地方，最好请当地人来打120，也可以使用智能手机的定位功能知道自己所在的位置。

拨打120的另一个重要任务是说清楚发生了什么事情。对于普通公众，最好陈述事故类型或者病人的主要症状，如车祸、外伤、胸痛、昏迷、抽搐、呼吸困难等，而不要告知你怀疑的疾病诊断；如果遇到车祸、事故或者群殴等情况，最好说清楚是什么事故，是什么车撞什么车，多少人受伤等，并记得同时拨打110；如果突发情况时，你大脑一片空白而不知道该说些什么，只需听清楚并回答调度员的问题即可，不用抢着说话，或者重复说着同样的话。

3.呼叫119

（1）要讲清楚起火单位、村镇名称和所处区县、街巷、门牌号码。

（2）要讲清什么物品着火、火势大小如何、有无爆炸物品和化学危险品、是否有人员被围困。

（3）要讲清报警人的姓名、单位及使用的电话号码。

（4）清楚、简洁地回答消防队的询问。

总的来说，当意外来临时，女孩都要学习如何自保，而学习如何拨打以上三个求助电话，是女孩提升自我保护能力的前提和基础。

■ 遇到突发状况，必须保持镇定

小故事

一位妈妈在自己的微博上分享了女儿的一次经历：

我的女儿芳芳今年 13 岁了，正在读小学六年级。周末的时候，她和同学约好去离家比较远的电影院看电影。虽然心里很忐忑，我还是答应了她的请求。毕竟，不管我多么疼爱她、无微不至地照顾她，她终究还是要离开父母的身边，独自一个人面对生活。从女儿出门开始，我的心里就忐忑不安。虽然我很想冲出去跟在女儿身后，当一个超级侦探，但是理智还是战胜了感情，我整整一个下午都心神不宁地在家里徘徊。

傍晚五点半，楼梯里传来熟悉的脚步声，我的心终于落回肚子里。看得出来，对于这次独自探险的经历，女儿非常兴奋。还没等坐稳，她就迫不及待地向我汇报下午的情况。她们是四个女孩，都是同班同学。在电影院汇合之后，有个男性坐到了她们身边。男性和她们搭讪：

"小姑娘们，就你们自己来看电影吗？"一个小姑娘警觉地反问道："关你什么事？你的票是在这里吗？"看到小姑娘们警惕性这么高，男性马上调转话题，开始问："我之前看过这部电影的介绍，你们喜欢女主角吗？"这时，小姑娘全都提高了警惕，其中一个小姑娘问女儿："小芳，你爸爸怎么还没来？是不是找不到这个厅啊。你打电话问问他到哪里了，他这个大警察，可是说好今天当我们的保镖的。"听说有个警察爸爸要来，那个男性赶紧灰溜溜地走开了。几个姑娘相视而笑，一边吃着爆米花，一边喝着可乐，开开心心地看完了电影。

我当然知道小芳的爸爸不会去陪伴他们看电影。他是个警察，每天都忙忙碌碌的，有的时候一连几天都见不到人影，哪里会有闲情逸致陪伴女儿看电影呢。不过，对于孩子们的灵机一动，用警察爸爸吓退居心叵测的男性，我还是很赞赏的。我问女儿："当时，你们害怕吗？"女儿不好意思地笑了笑，坦白说："其实，我们还是挺害怕的。不过，我们不能表现出害怕的样子，否则坏人就有机可乘了。我们只有伴装镇静，把假的说得跟真的一样，并且毫不畏惧，坏人才会被吓跑。"看来，女儿长大了，已经有了小小的智慧，应对突发的情况。

分　析

每个青春期的女孩在成长的过程中，都会遇到一些突发状况，尤其是当遇到坏人的时候，我们要保持镇定，实在害怕也要伴装镇定不要慌乱，才能想出妙计吓退坏人，保障自身的安全。女孩们，突发情况是形形色色的，有的时候是遇到坏人，有的时候是碰到意外事故，不管属于哪种情况，保持镇定都是首先要做到的。

生活中，每个人都会遇到突发情况。这些情况带给我们的或者是惊喜，或者是惊吓。然而，不管是惊喜还是惊吓，我们都只能面对，不能退缩。相对于男孩来说，女孩往往更感性、缺乏理智，一些女孩在遇到突发变故的时候，吓得失魂落魄，导致无法及时做出处理，情况反而会变得更加糟糕。很多事情一经发生，就像倒出去的水一样无法收回来，所以，我们必须学会面对。

解决方案

在遭遇突发状况的时候，最重要的就是镇定。可能一些女孩会说，一些突发的情况特别惨烈，例如车祸，脑海中马上就会一片空白，如何还能保持镇定呢！与其大哭大闹大喊大叫，让自己更加失魂落魄，不知所措，不如强作镇定，或者假装镇定。也许有人觉得假装镇定是骗人的。殊不知，假装镇定也要装出镇定的样子，不能大哭大叫，不能六神无主，即使心里百爪挠心，也要装作很平静很理智的样子。这样的伪装不是为了欺骗别人，而是为了帮助我们保持表面的镇定。真正做到这一点之后，你会惊喜地发现，你真的镇定下来了。这就像是很多人为了控制自己愤怒的情绪，在遇到任何事情的时候，都会要求自己等待三分钟之后再做出反应。曾经有心理学家研究证实，如果人在遇到突发情况的时候情绪过于激动，智商就会瞬间降低。因此，假装镇定，在帮助我们控制情绪的同时，也能帮助我们保持理智。

当然，青春期的女孩毕竟不是成人，在遇到突发状况时，必定也有一定的情绪，比如慌张、害怕，此时，最好先告诉自己冷静下来，这样能帮助自己舒缓情绪，恢复理智。很多时候，情绪是有感染性的，一个人失去理智，会做出很多错误的决定，而保持镇定，能避免这些问题。

借助外力，关键时刻也要学会及时求助于人

小故事

　　13岁的菲菲是个独来独往的女孩，她不喜欢别人来麻烦她，也不喜欢麻烦别人，所以她没什么朋友，妈妈看到女儿孤僻的个性很担心，为了让女儿训练出保护自己的能力，也为了让女儿知道关键时刻要懂得求助的道理，妈妈把从手机上看到的一个故事转发给了女儿，这个故事来自2006年2月的《环球时报》，故事内容是这样的：

　　有个小男孩叫萨契利，这天，他的妈妈开车带着他和他仅八个月大的弟弟去另外一个地方，就在某条公路上，不幸的事情发生了。

　　当时，他的母亲在车上找手机，但因为一时疏忽，车子一下子失控了，汽车的左侧撞到了树上，车窗全都被撞碎，坐在驾驶位置上的妈妈一下子就晕了过去，头上鲜血直流。这时的小萨契利害怕极了，但他还是很快冷静下来，爬到车后座，解开弟弟身上的安全带，然后抱起弟弟从车里爬了出来。

　　后来，他居然一个人步行走了将近1公里，敲了3户人家的门。后来，到第三户的时候，有一个叫南希的人给他开了门。当南希打开家门时，她被眼前的景象惊呆了，一个才1米高的小男孩，光着脚，满脸恐惧，手上抱着一个正在哭泣婴儿，还没等南希反应过来，男孩冲着她大喊："我妈妈在公路下面，求您快去救她。"听完男孩的讲述，南希跳上车前去援救。消防人员也随后赶到。男孩妈妈被送往哥伦比亚医疗中心重症监护室。在昏迷了10天后，她终于睁开眼睛说话了。

　　菲菲看完这篇故事后，似乎明白了什么，如果不是小男孩临危不

乱，然后求助于南希，那么，他们全家都无法避免这一灾难了。

分 析

同样，生活中的女孩们也要有所领悟，相对于成年女性和男性来说，青春期的女孩缺乏一定的自保能力，力量也是有限的，在遇到危险时如果懂得善于借助外力，那么，就能避免很多更严重的情况发生。学会求助于人不是软弱，而是一种智慧机智的表现，一个人在遇到突发事件时是否表现得冷静、果敢，也是其是否成熟的一种表现。

有人说，天有不测风云，大人遇到危险或许都有一定的处理能力，但有的女孩因为性别、年纪及认知问题，自保能力不足，因此一定要懂得求助于人。那么，在遇到突发事件时，女孩该怎么求助于人呢？

解决方案

1.求助于最近的人

在遇到危险时，最快速的方式就是求助于身边的人，因为他们能给你提供最直接的帮助。比如，在学校参加体育活动，你受伤了，那么，最简单的方法便是让你的同学把你送到医务室或者医院；如果你的钱包、电话被偷了，你可以求助附近的路人，让他们帮你打个电话回家等。

2.求助你的亲人

有时候，你求助于最近的人，对方不一定会为你提供帮助，但你的亲人绝对不会置你于不顾。因此，遇到难以处理的问题，给父母打电话，他们绝对会在第一时间赶到。

3.寻找周围一切可以求助的工具

比如，你溺水了，你大声喊救命，但未必有人听得见，此时，你可以吹口哨、挥舞自己的颜色鲜艳的衣服等。

小贴士

女孩们要有一定的社会阅历和知识积累，凡事都能够从宽处、大处着眼，自然能够顺势时不骄，逆势时不馁。当女孩经历了各种各样的事情，有了一定的处事经验，自然也就拥有了处理突发事件的能力，也就能做到保护自己、不让自己受伤害了。

■ 女孩有必要了解一下什么是"正当防卫"

小故事

安安是一名法律系大一学生，她喜欢这一专业，因为在她看来，知法懂法是保护自己的最佳手段。

最近，她就运用法律手段为自己的宿舍小姐妹婷婷处理了一件棘手的事。

事情是这样的：

一天，婷婷接到了陌生人的电话，大意是，婷婷将对方打了，对方要将婷婷告上法庭。婷婷是个胆小的女孩，一听慌了，不知道怎么办好，安安问："到底怎么回事，你说出来我们一起想办法。"

"事情是这样的，寒假的时候，我们不是各自回老家了吗？我坐的是汽车，没想到隔壁座位是个色狼，车上就对我动手动脚的，我一直躲，可是下车后还是跟着我，在汽车站后面的巷子里，他想强暴我，我顺手抄起地上的一块砖头就砸了过去，然后他头上就流血了，我以为这事儿过去了，谁知道对方还去验了伤，说我殴打他，这下可怎么办？"

"你怕什么，你这是典型的正当防卫啊。你不保护自己难道眼看着自己失身？"

"对啊，但是这个不好界定吧，毕竟婷婷没有证据。"另一个舍友插嘴道。

"这个你们就不知道了吧，刑法第 20 条里可有明文规定的……"

分 析

的确，每个女孩在遭遇危害时，都可以采取正当防卫的方法来反抗和保护自己，那么，什么是正当防卫呢？

正当防卫，是指为了使国家、公共利益、本人或者他人的人身、财产和其他权利免受正在进行的不法侵害，而采取的制止不法侵害并对不法侵害人造成损害的行为。成立正当防卫必须满足以下要件：

（1）有实际的不法侵害存在，这是正当防卫的前提条件。不法侵害行为是指违反法律并具有社会危害性的行为，既包括构成犯罪的严重不法行为，也包括尚未构成犯罪的违反治安管理处罚条例之类的不法行为，而且这种不法侵害是客观的、现实的。如果实际上不存在不法侵害，但行为人自以为存在不法侵害而实施防卫行为的，不是正当防卫，而是属于假想防卫。

（2）不法侵害必须正在进行。指不法侵害人已经着手实施侵害行为且侵害行为尚未结束。不法侵害行为开始和存续的时间，就是行为人实施正当防卫的时间。

（3）目的是使国家、公共利益、本人或者他人的人身、财产和其他权利免受不法侵害。不具有防卫合法权益目的而实施的貌似正当防卫的行为，如防卫挑拨，即故意挑逗、引诱对方实施不法侵害，然后以正当防卫为借口加害于对方的行为，不是正当防卫情况，而是犯罪行为。

（4）防卫行为必须针对不法侵害人进行，是正当防卫的对象条件，正当防卫必须对准目标，针对不法侵害者本人。

（5）防卫行为没有明显超过必要限度，造成重大损害，是正当防卫的行为和结果限度要件。所谓必要限度是指有效地制止不法侵害所必需的防卫强度。

防卫明显超过必要限度，造成重大损害的行为，是防卫过当。明显超过必要限度是指一般人都能认识到其防卫强度超过了正当防卫所必需的强度。重大损害是指防卫人明显超过必要限度的防卫行为造成不法侵害人或者其他人人身伤亡，或者造成其他能够避免的严重损害。防卫过当应当负刑事责任。

防卫过当没有独立的罪状，也没有独立的法定刑，法律规定按行为人触犯的有关条文和罪名确定刑事责任，但是应当减轻或免除处罚。

无限防卫权：为了鼓励公民积极同犯罪作斗争，有效地制止严重暴力犯罪，维护合法权益，我国刑法第20条第3款规定：对正在进行行凶、杀人、抢劫、强奸、绑架和其他严重危及人身安全的暴力犯罪，采取防卫行为，造成不法侵害人伤亡的，不属于防卫过当，不负刑事责任。

对于无责任能力的人实施的不法侵害行为，虽客观上造成损害，但不是非法行为，应尽可能躲避，只有万不得已情况下，才能实施一定的损害行为来制止不法侵害，但其性质不属于正当防卫，应属于紧急避险行为。

对动物的侵害：动物是无主的，其加害不属于不法侵害，不属于正当防卫；动物是有主的，或是国家保护的珍贵动物，其加害行为可以实施"紧急避险"行为；如果动物的加害是其主人或他人故意利用，应属于正当防卫。

互殴案件一般不存在正当防卫，双方都有伤害的故意，有两种情况可能有正当防卫：一方放弃斗殴逃避，另一方不肯罢休，逃避一方有正当防卫的权利；在斗殴过程中，一方行为的性质发生急剧变化，另一方存在正当防卫的权利。如开始是动手动脚，另一方突然掏出刀来。

因此，对于案例中所说的婷婷的行为属于正当防卫，不必担心对方的问责。

■ 常见求救信号要记清，关键时刻可保命

小故事

某天晚上，青青一家在看电视，电视播放了一则新闻：

由两三个女孩组成的驴友队伍进山探险，谁知在山中迷路，找不到方向。其中有一个学化学的女孩运用自己所学的知识制造出了小型烟花，并在夜晚成功放出，烟花显示出 SOS 的字样，进而引起了附近护林员的注意，进而将其成功救出。

在看完新闻后，青青说："这个女孩真聪明，这都能想到。"

"是啊，所以说，女孩还是要多学一些自保的知识，比如求救信号，那名女孩正是利用了自己的知识，救了大家一命。"妈妈颇有感悟地说。

分 析

的确，作为青春期女孩，多学习一些求救知识，是必备的自保方法，尤其是在野外，生存环境非常恶劣，各种灾难会不期而至。对野外生存者来说，及时了解自己所面临的困境，通知别人，求得救援，是非常重要的。遇险求救时，要通过各种方式与别人取得联系。发出的信号要足以引起人们的注意。要根据自身的情况和周围的环境条件，发出不同的求救信号。一般情况下，重复三次的行动都象征寻求援助。

解决方案

1.烟火信号

火光作为联络信号是非常有效的。遇险时可根据自身的情况发出信号。为保证其可靠程度，白天可在火堆上放些苔藓、青嫩树枝、树皮等使之产生浓烟；晚上可放些干柴，使火烧旺，使火升高。

燃放三堆火焰是国际通行的求救信号，将火堆摆成三角形，每堆之间的间隔相等最为理想，这样安排也方便点燃。如果燃料稀缺或者自己伤势严重，或者由于饥饿，过度虚弱，凑不够三堆火焰，那么因陋就简点燃一堆也行。

不可让所有的信号火种整天燃烧，但应随时准备妥当，使燃料保持干燥，一旦有任何飞机路过，就尽快点燃求助。火堆的燃料要易于燃烧，点燃后要能快速燃烧，因为有些机会转瞬即逝。白桦树皮就是十分理想的燃料。可以利用汽油，但不可将汽油倾倒于火堆上。用一些布料做灯芯带，在汽油中浸泡，然后放在燃料堆上，将汽油罐移至安全地点后再点燃。点燃之后如果需补充燃料，添加汽油前要确保添加在没有火花或余烬的燃料中。

在白天，烟雾是良好的定位器，所以火堆上要添加散发烟雾的材料。浓烟升空后与周围环境形成强烈对比，易受人注意。

在夜间或深绿色的丛林中亮色浓烟十分醒目。添加绿草、树叶、苔藓和蕨类植物都会产生浓烟。任何潮湿的东西都会产生烟雾，潮湿的草席、坐垫可熏烧很长时间，同时飞虫也难以逼近伤人。

黑色烟雾在雪地或沙漠中最醒目，橡胶和汽油可产生黑烟。如果受到空气条件限制，烟雾只能近地表飘动，可以加大火势，这样暖气流上升势头更猛，会携带烟雾到相当的高度。

2.地面求救标志

在比较开阔的地面，如草地、沙滩上可以制作地面标志，与空中取得联系。有几个单词大家一定要记住：SOS（求救）、SENO（送出）、HELP（帮助）、LOST（迷失）、WATER（水）、INJURY（受伤）。

3.体示信号

当搜索飞机较近时，可用肢体语言表达遇险者的意思。

4.旗语信号

把一面旗子或一块色泽亮艳的布料系在木棒上，持棒运动时，在左侧长划，右侧短划，加大动作的幅度，做"8"字形运动。如果双方距离较近，不必做"8"字形运动，一个简单的划行动作就可以，在左侧长划一次，在右边短划一次，前者应比后者用时稍长。

5.声音信号

如隔得较近，可大声呼喊，三声短三声长，再三声短。间隔1分钟之后再重复。

6.反光信号

利用阳光和一个反射镜即可射出信号光。任何明亮的材料都可加以利用，如罐头盒盖、玻璃、一片金属铂片，有面镜子当然更加理想。持续的反射将规律性地产生一条长线和一个圆点，这是摩斯密码的一种。即使你不懂摩斯密码，随意反照，也可以引人注目。

　　无论如何，至少应掌握SOS代码。即使距离相当遥远也能察觉到一条反射光线信号，甚至你并不知晓欲联络目标的位置时也能被察觉到，所以值得多多试探，而其做法只是举手之劳。注意环视天空，如果有飞机靠近，就快速反射出信号光。这种光线或许会使营救人员目眩，所以一旦确定自己已被发现，应立刻停止反射光线。

6

面对各类突发状况，女孩如何让自己幸免于难

　　生活中，我们总是会遇到这样那样的突发情况，这对于青春期的女孩来说也不例外，每个女孩都要训练自己的应急应变能力，应变能力是思维能力的一种，思维的力量是巨大的，一个人在遇到问题时是否有较好的应变能力，与其思维能力是分不开的，女孩遇到突发状况不仅要勇敢、镇定，更要快速动脑，寻找最佳解决方法，只有这样，女孩才能沉着冷静面对突如其来的安全威胁，让自己幸免于难。

■ 女孩要记住，生命安全永远是第一位的

有这样一则新闻：

某市一中学三年级三班因为学生在教室玩蜡烛，而导致火灾，当时全班学生都在最短时间撤出来了，但其中一位女生因为保护自己的课本而不幸被烧伤。

事后，老师对同学们说："同学们，我希望大家能记住，无论何时，生命安全高于一切，张莹莹同学保护书本的精神固然可贵，但我们并不提倡，因为没有生命安全，一切无从谈起。"

同学们都若有所思。

分 析 ◆

的确，这位老师所说的话是正确的，无论是男孩女孩，在遭遇意外时，都必须把保证生命安全放在第一位。生命是一曲优美的交响曲，是一篇华丽经典的诗章，是一次历尽挫折与艰险的远航。我们歌颂生命，因为生命是宝贵的，它属于我们每个人且只有一次；我们热爱生命，因为生命是美好的，它令我们的人生焕发出耀眼光芒。健康、平安是生活赐给每一个懂得它意义的人的最好礼物。

每个女孩，都不可能在父母的庇佑下过一辈子，都要学会保护自己，尤其是保障生命安全。的确，对女孩来说，由于缺乏一定的自我认识，女孩学习一

些安全知识更为重要，因为很多危险都是在不经意间发生的。

解决方案

那么，具体来说，女孩该如何保障自己的生命安全呢？

1.避免遭遇暴力侵害

一些青春期女孩可能会遭到同龄人欺负，或者稍大一些的女孩甚至会被一些社会"小混混"恐吓、勒索，甚至早前一些新闻上报道老师虐待青少年的事件都让我们不得不重视女孩遭受暴力对待的问题。

青春期女孩也是孩子，对于危险的意识不强，女孩有必要提前学习一些保护自己的技巧，不要等悲剧发生了才意识到安全教育的重要性。女孩可以在平时观看一些安全教育视频，一边看一边思考，女孩始终要记住，生命安全是第一位的，遇到类似被恐吓勒索的情况决不能逞强，钱是小事，要尽量避免自己受伤害。

另外，女孩还要记住，避免单独出门，尽量避免人少的巷子、网吧这些人流复杂的地方，如果感觉有危险，应撒腿就跑，去到人多的地方寻求大人的帮忙。女孩也容易在放学的路上遭遇坏人，因此女孩上学放学最好与顺路的同学结伴而行。如果遭到暴力侵害，要记住坏人的样子，事后应该及时报警。

2.学会分辨诱拐的坏人

一些女孩缺乏独立的思想和意识，分辨能力低，她们很难分清陌生人和坏人之间有什么不同。一些女孩可能经常被教育"不喝陌生人给的饮料，不吃陌生人的糖果""不与陌生人说话"，但是我们往往忽视了女孩是否能够了解谁才是"陌生人"。

因此，女孩们需要认识到，你需要记住的并不是不要和陌生人接触，而是要学会分辨陌生人。

常见的5类拐骗坏人分别是：向你求助的大人、给你看宠物照片的大人、叫你名字的陌生人、告诉你家里有紧急情况的大人、想给你拍照的大人，女孩要意识到，当有这5类"居心叵测"的大人向你接近，就立刻跑开，不要听他们说话，更不要跟着他们走。

女孩要记住，不要轻信陌生人、学会拒绝陌生人的诱惑，而且即使是曾经见过的人，女孩也不要轻信。女孩可以这样做，如果有陌生的叔叔过来搭讪并主动提出要送你回家，可以骗他说自己做警察的爸爸正赶过来接自己，用警察的名义吓跑坏人，以撒谎的方式来学会聪明地保护自己。

3.交通规则要遵守

不遵守交通规则，很容易就会有安全事故，因此女孩必须切记遵守交规。对于青春期的女孩，社会认知意识已经提高，女孩在逛街时可以在马路上简单地评价自己和他人的行为，判断这些行为的对与错。这样，女孩不仅有了交通规则意识，同时也能在实践中加深对规则的认识。

4.增强火灾、地震的自我保护意识

虽然说火灾、地震这些危害不常发生，但是还是要有忧患意识，为了健康和安全，青春期女孩应该学习一些必要的安全常识以及处理突发事件的方法，注意培养自己的自我保护能力及良好的应急心态。

小贴士

任何一个青春期女孩都必须知道，遇到危险应该先跑。因为你还是孩子，你本就弱小，完全不需要保护任何人，需要做的只是保护自己。女孩遇到危险自己先跑，还能有机会去找到专业的人救助，能够帮助其他人的机会更多，这才是真正意义上的勇敢。

■ 在公共场所遇到小偷怎么办

小故事

　　琴琴今年刚上初二，就在今年夏天的一天，她在书店做了一件善事。

　　这天是周末，妈妈带琴琴去书店买课外学习资料。中午吃完饭，琴琴和妈妈坐公交去了书店。到了书店后，书店里的冷气开得很足，温度很舒服，琴琴和妈妈商量在书店多待一段时间。随后，琴琴和妈妈就各逛各的了。

　　突然，琴琴看到有个男人一直贴着一位女士移动，刚开始，琴琴以为他们认识，但后来听到那位女士打电话说自己是一个人来逛书店的，琴琴觉得有点奇怪。

　　果然，在那位女士聚精会神地看一本书时，那个男人将手伸进了女士的背包，拿走了一个钱包。琴琴赶紧大叫："大家抓小偷，就是他，穿黑色 T 恤的那个男人。"

　　"小丫头片子，你胡说八道什么呢？"很明显，对方紧张起来了。

　　"你不要抵赖了，大家要是不信的话，可以让店员把刚才的监控视频调出来看看，另外，那个阿姨的钱包是长款的，你的裤子口袋似乎装不下吧。"琴琴在说这句话的时候，大家瞟了一下男人，发现他的裤子口袋果然露出半截钱包。

　　"这是我……我老婆的钱包。"

　　"是吗？那你说说里面都有什么东西？"

　　男人这下子不知道说什么好了，而此时，这位被偷的女士说："其实，我的钱包里没有现金，只有一张照片。"

　　此时，男人哑口无言了，后来，不到几分钟的时间，警察就过来了。

 分　析

　　故事中的琴琴是个机灵的女孩，在书店，她一下子就看到了人群中的小偷，但是，她并没有直接指出来，而是在对方已经拿到罪证后才喊抓小偷，此时，对方已经无法抵赖了。生活中的青春期女孩们，也要向故事中的琴琴学习，在公交车或者公共场所遇到小偷，最好不要着急指出，因为对方会反驳，可以等抓到对方偷盗证据时再出手，如果只有自己一个人，不要反抗以及惊恐地大叫，那样会刺激小偷做出极端行为。只有保住人的生命安全是最主要的，财产的损失同人的生命是无法比拟的。

　　不得不说，人多拥挤的地方，是小偷经常出没的地方，那么，当女孩在上学或者放学的路上，遇到小偷时该怎么办呢？

解决方案

　　以下是青春期女孩们需要掌握的如何处理这类事件的几点建议，需要女孩学习和训练：

　　（1）要远离小偷，设法引起别人的注意，并记住小偷的相貌特征。必要时可寻求司机和保安人员的帮助，抓住小偷。如果发现小偷身上带有刀或者其他凶器，切勿逞强，要见机行事，注意保护好自己，一定要在保证自己人身安全的前提下再警示别人。

　　（2）乘车时，要尽量往车里走，不要停留在上下车门口。多留神，躲开

可疑的人。盗贼一般会在拥挤的车门口有意制造混乱，趁机盗窃。

（3）外出时，不要大意，钱物应分散放在贴身的几个衣袋里，不要放在身后或外露的口袋里。常用的零钱要放在方便的口袋内。

（4）随身携带的包要看管好。贵重的物品不要离开自己的视线，包最好放在身前。

（5）在车上不要睡觉或长时间聊天。

（6）一旦遭遇到偷盗，千万别慌，不要冲动地与之争斗，以免不必要的伤害。如果在人多的地方可以大声求助，如果一个人在僻静的地方，要以保障自己安全为重，但要记住对方的体貌特征以方便报警。

■ 女孩遭遇食物中毒，如何自救

小故事

某天下午课间时间，某中学三年级三班一位叫小轩的女孩突然腹痛，女孩疼痛难忍，额头直冒冷汗，先是坐在椅子上捂住肚子，过了会儿，直接倒在了地上，周围同学吓坏了，乱作一团。

她的同桌是一位叫小平的女孩，她的妈妈是县医院的医生，看到小轩的情况，她问小轩："你刚吃的零食是什么？"

小轩用力指了指自己的抽屉，小平赶紧翻出来，发现是一包辣条，再看看保质日期，都过期很久了，她赶紧对周围的同学说："张维，你去找老师，让老师来，周宏，你用你的手机赶紧打120，小轩应该是吃了过期食品，食物中毒了。"

很快，同学们都散开了，120也很快来了，经医生诊断，这名叫小轩的女孩确实是食物中毒，所幸送医院及时，只需要进行催吐，事后，老师在班上表扬了小平，夸赞她是一个机智、勇敢和冷静的好学生。

分 析

病从口入，食品的安全也会影响到个人的身体健康，食物中毒是一种十分危险的情况。青春期的女孩如果遭遇食物中毒，在无人帮助的情况下，要学会自救，才能降低毒素，减轻对身体的伤害。

食物中毒是指因食物中的有毒物质而引起身体的不良反应，一般包括细菌性（如大肠杆菌）、化学性（如农药）、动植物性（如河豚、扁豆）和真菌性（毒蘑菇）四种。食物中毒，有单人中毒，也有群体中毒，其症状以恶心、呕吐、腹痛、腹泻为主，往往伴有发烧。吐泻严重的，还可能发生脱水、酸中毒，甚至休克、昏迷等症状。

现代社会，随着人们生活水平的提高，各种新奇食物层出不穷，尤其是零食，女孩相对于男孩来说，更喜欢吃零食，也更容易因为误食而导致食物中毒。女孩如果懂得食物的知识，在食物中毒时知道一些自救措施，就能有效减轻对身体的伤害。

女孩一旦出现上吐、下泻、腹痛等食物中毒症状，首先应立即停止食用可疑食物，同时，立即拨打120急救电话呼救。在急救车来到之前，可以采取以下自救措施：

1.首先进行催吐

食物中毒后，首先可以进行催吐，催吐能缓解中毒，其原理就是在食物中毒症状出现的时候尽量将有毒性的食物排出体外，而呕吐是非常快的一种方法，可以有效减少身体对毒素的吸收从而保障生命安全。

比如，如果是刚中毒不久，可先用手指、筷子等刺激其舌根部催吐，或让中毒者大量饮用温开水并反复自行催吐，以减少毒素的吸收。如经大量温水催吐后，呕吐物已为较澄清液体时，可适量饮用牛奶以保护胃黏膜。但如在呕吐物中发现血性液体，应想到可能出现胃、食道或咽部出血，此时应停止催吐。

2.导泻

如果在食物中毒2~3小时以后，在精神状况还不错的情况下，可以服用泻药，将毒素排出体外。可以用大黄、番泻叶煎服或用开水冲服，都能达到导泻的目的。

3.理性观察食物中毒的状况和症状

如果是轻微的食物中毒，会伴随一些症状，比如腹痛或呕吐，此时，应该要注意观察并且多喝开水，在开水中加入一些盐可以有效地排除体内的水分从而带出体内的毒素。

4.服用绿豆汤和牛奶

绿豆是很好的排毒的食物，在短时间内服用绿豆汤可以迅速将身体毒素排出，也可以服用新鲜的牛奶改善中毒的情况。

另外，为了利于后期医生帮助病人找到中毒原因，在催吐或者排泄后，可以保留一些呕吐物或排泄物标本，方便医生尽快确诊和及时救治。

以上几方面简单又实用，要想避免食物中毒的出现，还应该掌握较多的饮食知识，注意饮食卫生。

解决方案

那么，青春期女孩如何预防食物中毒呢？以下是女孩可以记住的几点措施：

（1）挑选食材和食物要注意，不要购买和食用有毒的食物，如毒蘑菇、发芽土豆、变质发霉的肉制品等。

（2）瓜果、蔬菜生吃时要洗净、消毒。

（3）肉类食物要煮熟，防止外熟内生。烹调好的食物要尽快食用，冷藏食物要在7℃以下，经储存的熟食，食用前要彻底加热。

（4）生食与熟食要分开放，不能用切生食的刀具、砧板再切熟食。生、熟食物要分开存放。

（5）饭前、便后要洗手，避免感染。

（6）不吃腐败变质的食物。

（7）存放食物要防范昆虫、鼠类和其他动物。

（8）按照低温冷藏的要求储存食物，控制微生物的繁殖。

（9）到饭店就餐时要选择达到卫生许可标准的餐饮单位，不在无证排档就餐。

（10）不买毛蚶、泥蚶、魁蚶、炝蚶等违禁生食水产品。

（11）不随意采捕食用不熟悉、不认识的动物、植物（野蘑菇、野果、野菜等）。

（12）不要到无证摊贩处买食品。不买无商标或无出厂日期、无生产单位、无保质期限等标签的罐头食品和其他包装食品。

预防食物中毒的主要办法是注意个人卫生及食品卫生。低温存放的食物，食用前严格消毒、彻底加热，不食用有毒的、变质的食物和经化学物品污染过的食品。一旦出现上吐下泻、腹痛等食物中毒症状时，千万不要慌张，学会在食物中毒时的初步自救办法，在进行有效的自救措施后，及时就医可以减轻中毒的严重性。

■ 女孩遭遇溺水，自救方法有哪些

　　每年夏天，丹丹都和几个小姐妹去体育馆游泳，其中有个叫娜娜的女孩，因为溺过水，这几年再也不游泳了，不过，幸亏当时有丹丹在，才幸免于溺亡。

　　娜娜确实很擅长水性，但是因为在下水前吃了好几根雪糕，游泳的时候突然脚抽筋，丹丹和娜娜在同一个水域，发现娜娜的不对劲后，迅速游过去，将娜娜拽上岸。

　　溺水是青春期孩子的"头号安全杀手"。如果青春期女孩游泳时，泳技不佳、安全意识差，在意外发生时往往会酿成悲剧。所以青春期女孩有必要学习一堂安全教育课，那么，女孩在溺水时如何自救呢？

解决方案

1.不会游泳者的自救

（1）落水后不要心慌意乱，一定要保持头脑清醒。

（2）冷静地采取头顶向后，口向上方，将口鼻露出水面，此时就能进行呼吸。

（3）呼吸要浅，吸气宜深，尽可能使身体浮于水面，以等待他人抢救。

（4）切记：千万不能将手上举或拼命挣扎，因为这样反而容易使人下沉。

2.会游泳者的自救

（1）一般是因小腿腓肠肌痉挛而致溺水，应心平静气，及时呼叫援救。

（2）将自己身体抱成一团，浮上水面。

（3）深吸一口气，把脸浸入水中，将痉挛（抽筋）下肢的拇指用力向前上方拉，使拇指跷起来，持续用力，直到剧痛消失，抽筋自然也就停止。

（4）一次发作之后，同一部位可能再次抽筋，所以对疼痛处要充分按摩，而后慢慢向岸上游去，上岸后最好再按摩和热敷患处。

（5）如果手腕肌肉抽筋，自己可将手指上下屈伸，并采取仰面位，以两足游泳。

3.预防溺水

（1）女孩可以游泳，但是不要独自一人外出游泳，不要到不知水情或比较危险且易发生溺水伤亡事故的地方去游泳。

（2）要清楚自己的身体健康状况。四肢易抽筋者不宜参加游泳或不要到深水区游泳。下水前先活动身体，适应水温再下水游泳。

（3）游泳时若小腿或脚部抽筋：千万不要惊慌，可用力蹬腿或做跳跃动作，或用力按摩、拉扯抽筋部位，同时呼叫同伴救助。

（4）下水后不能逞能，不要贸然跳水和潜泳，不能互相打闹，不要在急流和旋涡处游泳，不要酒后游泳。游泳过程中如果觉得身体不舒服，立即上岸休息或呼救。

面对溺水，女孩自救应该注意几点：

（1）遇到意外要沉着镇静，不要惊慌，应当一面呼唤他人相助，一面设法自救。

（2）游泳发生抽筋时，如果离岸边很近，应立即出水，到岸上进行按摩；如果离岸边较远，可以采取仰游姿势，仰浮在水面上尽量对抽筋的肢体进行牵引、按摩，以求缓解；如果自行救治不见效，就应尽量利用未抽筋的肢体划水靠岸。

（3）一手划水，一手解开水草，然后仰泳从原路游回。

（4）游泳时陷入旋涡，可以吸气后潜入水下，并用力向外游，待游出旋涡中心再浮出水面。

（5）游泳时如果出现体力不支、过度疲劳的情况，应停止游动，仰浮在水面上恢复体力，待体力恢复后及时返回岸上。

一些女孩可能会问，游泳圈能防止溺水吗？其实，一般的充气式游泳圈只是一种水上充气玩具，与救生圈是有区别的，容易出现侧翻等情况，并不能防止溺水。所以，游泳圈只适合戏水用，不能作为救生设施。

另外，无论是游泳圈还是正规的救生设施，在游泳之前，都要仔细检查清楚，看看是否存在裂缝、充气不充足之类的问题。游泳圈的尺寸也应注意，大小应该刚刚好扣住腋窝，不要太过于松动，以减少玩水时从泳圈里脱出的风险。

■ 遇到车祸，女孩如何应急处理

小故事

前不久，在某市发生一起交通惨剧，当时正是放学时间，一名少女在放学回家路上，被一辆小汽车撞倒并从身上碾过。同行的还有几个女孩，但几个女孩只知道哭，开车的也是一名二十来岁的女孩，第一时间不是停车叫救护车，而是跟剩下的几个女孩周旋，称是女孩自己撞上来的，就这样，十几分钟过去了，女孩错过了最佳的送医时间，葬送了生命。

分 析

这样的惨剧并不是偶然现象，在我们的生活中时有发生，一方面原因来自父母监督的缺乏，另外一方面是女孩自身安全意识的淡薄。比如，有的女孩认为自己的速度快，快速穿过马路没什么危险，即使有机动车，反正驾驶员会刹车的。其实不然，先不说驾驶员不注意或者刹车失灵等意外因素，即使发现情况紧急制动，由于惯性作用，刹车后车还会向前滑行一段路。还有的女孩喜欢在汽车前、后急穿马路，这也是很危险的。驾驶员眼睛看不到的地方，被称为"视线死角"。要是在车前车后驾驶员眼睛看不到的"视线死角"内急穿马路，尽管车速很慢，也会造成车祸。很多交通事故就是因为行人乱穿马路造成的，血的教训应该引以为戒。

每个女孩都要注意交通安全，尤其是在上学和放学的路上，正是车流量和人流量高峰期，只有遵守交通规则，才能有效避免交通事故的发生，当然，意外毕竟是意外，有时候即便在安全范围内，依然可能出现交通事故。

解决方案

每个青春期女孩，在日常的生活中都要学习如何处理交通事故，因为只有处理及时、方法正确，才能有效避免更大伤害的发生。为此，一旦发生车祸，不要惊慌失措，而应该沉着、镇定、有条不紊地做好下面几件事：

1.及时报案

在你没有受伤或伤势较轻的情况下，要立即用通信工具报告当地的公安交通部门或附近的值勤民警，然后站在现场路边比较安全的地方等候民警来处理现场。

2.抢救伤者

积极设法抢救车祸中的受伤人员。实行人道主义帮助是每个公民的义务。但在抢救伤员时要用正确的止血、固定、包扎、运送等方法。做简单处理后，立即拦截过往车辆将重伤者送附近医院抢救。如没有抢救知识，可打急救电话120，待急救中心来抢救。

3.保护现场

协助民警做好现场保护工作，这是每个公民的义务。现场存在着大量的痕迹和物证，对于查清车祸原因和认定责任都有着重要的意义。保护现场的方法有照相、录像、标画被移动的人、车和物体。

4.记下证人和车号

在现场将见证人记录下来转告公安交通管理的有关人员，以备事后访问。记下肇事车号是为了防止肇事者驾车逃逸，一旦逃逸，也能通过车号查出肇事者。

另外，女孩需要记住几点行路安全法则：

1.首先要认识并掌握各种交通信号灯的含义

绿灯亮时能通过，而红灯时不准通过，但转弯的车辆不准妨碍直行车辆和行人通过。

红灯亮时，不准通过，但行人如果已经进入斑马线则可以通过，车辆则需要等待行人走出斑马线。

黄灯闪烁时，须在确保安全原则下通行。

2.过马路时，要养成看交通信号灯的好习惯

在过马路时，还要注意看两侧的车辆，不要在斑马线上嬉戏打闹和奔跑，

也不要斜穿或突然改变行路方向。不要在护栏和隔离带附近攀爬和跳跃，过天桥和地下街道时要注意看来往的行人。走路要专心，不能东张西望，看书看报或因想事、聊天而忘记观察路面情况。路边停有车辆的时候，要注意避开，免得汽车突然启动或打开车门碰伤。不能在马路上踢球、溜旱冰、跳皮筋、做游戏或追逐打闹，更不要扒车、追车、站在路中间强行拦车或者抛物击车。雾天、雨天走路更要小心，最好穿上颜色鲜艳（最好是黄色）的衣服、雨衣，打鲜艳的伞。晚上上街，要选择有路灯的地段，特别注意来往车辆和路面情况，以防发生意外事故或不慎掉入修路挖的坑里及各种无盖的井里。

3.骑车安全

按照交通部门的规定，不满12周岁的儿童，不准骑自行车、三轮车和推拉各种人力车上街。满12岁后骑车上街必须遵守交通规则。骑自行车上街走慢车道，不能进入机动车行驶的快车道，也不能在人行道上骑自行车。在没有划分机动车、非机动车道的路段，要尽量靠右行驶，不能逆行，也不能到路中间去骑。

骑车要直行，不能忽左忽右地拐来拐去，转弯时不能抢行、猛拐，要提前放慢速度，看清左右及后方，并要打出明确的手势，表示转弯的方向，超车时不能影响被超车辆的行驶。骑车经过交叉路口，要减速慢行，注意来往车辆，遇到路口红灯时，要及早刹车，不能越过路口的停车线。

两人或多人一起骑车上街时，不要并行，更不能互相攀扶，不要你追我赶地玩闹，或相互开玩笑。骑车时，不能撒把来显示自己骑车技术，也不能图省力和好奇，去攀扶机动车辆。

4.乘汽车安全

坐公共汽车时，要遵守秩序，在指定地点依次候车，等车停稳后先下后上，不要拥挤，不能在车还没停稳时就抢先上下车，否则很容易造成摔伤或撞伤。乘车时，不能向车外乱扔杂物，也不能把头、胳膊或身体任何部位伸出车外，不能携带鞭炮、汽油等易燃、易爆物品上车。

7

无论何时，父母永远都是你最可信的人

　　随着年龄的增长，每个女孩都要经历青春期，青春期是花季也是雨季，青春期的女孩无论是在学习、人际还是社会交往等方面，都有可能遇到这样那样的问题、困惑，乃至遭遇一些伤害，此时，女孩需要最值得信任的人给予帮助、指导和保护。为此，每个女孩都要记住，父母永远是你的依靠，家也永远是你心灵的归属，无论发生什么，都可以告诉父母，可以寻求父母的帮助，相信父母能给你最好的意见。

■ 女孩要记住，父母永远是你的依靠

　　小丫生活在一个幸福美满的家庭，家里的经济条件优越。父母的文化程度虽然不高，但在教育子女方面还是有自己的一套方法，特别是她的母亲，和女儿就像朋友。

　　小学时，小丫总喜欢把学校里的事情告诉母亲，和母亲说说悄悄话，家庭的民主氛围很浓郁。可是，自从进了中学，小丫在家的话渐渐少了，一到家就把房间门一关，半天也不出来。母亲想要和她聊聊天，说说话，她总是借故离开。她的母亲感觉纳闷，难道是女儿长大了，想要拥有自己的心灵空间？后来，又有新的情况出现了，好几个晚上，小丫总会接到同学的电话，而且一聊就是半天，还得避开父母的视线范围。小丫的家离学校很近，步行到校只需十分钟时间，平时她都是七点左右才出门，可是近来她都是一大清早就出门，母亲问起原因，她说和同学约好了早点到校早读，还强调是老师要求的。她的母亲感到女儿不对劲，但又束手无策，迷茫无助。后来母亲到学校咨询了老师，从老师那里了解到，近来经常有高年级的同学来找小丫，而且上下学的路上总有一个男孩子与她同行。母亲似乎明白了，可能小丫在思想情感方面产生了波动，出现了早恋倾向。

　　母亲虽然和老师取得了联系，但是没有找小丫谈话，更没有说教，事情过去大概一个月以后，有天晚上，小丫红着脸对母亲说："如果喜欢一个人，却不被喜欢怎么办？"

　　母亲说："那就不是爱情，爱情是双向的。"小丫似乎明白了什么，

母亲也没有多问，但从那天晚上后，家里没有接到电话了，到了这学
期期末，小丫进步了十个名次。

分 析 ◆

　　人活于世，都需要一种归属感，人们强烈地希望自己归属于某一组织或者
个人。而对于一个女性，最初的需求是感受到来自生育了她的父母的爱。随着
她不断成长、与社会的接触逐渐增多，她的归属感就更强烈，但在与人交往的
过程中不免受到伤害，比如被人不留情面地批评，使她感觉被人排斥、压力过
大或者精神极度疲劳。女孩你要记住，你也有一个和小丫妈妈一样的母亲，父
母永远是你的依靠，永远是你的港湾。

　　女孩和男孩天生不一样，男孩在受伤时，大可以一笑了之，而女孩则需要
安慰，需要用心庇护。女孩在失意、落魄的时候，需要有人安慰，否则，她就
可能到别的地方寻求他人帮助并获得归属感。她可能去向那些根本不想取悦她
的人寻求庇护，并可能通过危险的非法方式获得乐趣和身份，那么，后果将不
堪设想，很多女孩离家出走、误入歧途就是因为得不到父母的认同和慰藉。

解决方案 ◆

　　那么，当女孩受伤时，该如何从家中获得归属感呢？

　　1.和父母保持交流

　　交流沟通能力在促进人们社交健康、情感健康和个人成功方面起着关键作
用。如果女孩拒绝与父母交流，不但会造成亲子隔阂、让父母不信任你，还得
不到好的心理疏导。

女孩在生活中受挫的时候，需要父母的鼓励，这样能帮助女孩减轻和消除受挫感。女孩主动和父母沟通，父母会接纳你的感受，你也能获得父母的鼓励和支持。

2.寻求父母的庇护

青春期女孩，如果你正处于困难时期、筋疲力尽无法继续佯装坚强时，你需要一个藏身之所，某个地方，某个人，成为你最后的庇护所。

在这里，你能展示真实的自我；在这里，至少在很短的一段时间，没有人要你负责任，你能被无条件地接受；在这里，你可以真正放松下来，因为你知道，有人愿意暂时分担你一时的负担，让你得到解脱，做你坚强的后盾。

父母显而易见应该是女孩最后的庇护所，女孩此时可以卸下防备，与父母保持亲近，在父母身边撒撒娇，你会获得真正的放松，你也能恢复信心。

3.压力过大时可以咨询父母的意见

压力不仅仅困扰着成年人，事实上，女孩面临着双重的压力。一方面，她要承受来自自身生活中的事件，比如欺凌、学业压力和交友问题的压力。另一方面，她还受到心事重重、缺乏忍耐的父母所面临压力的间接影响。面对压力，她们可能比成年人更加迷茫而不知所措。

一位母亲说："我过去认为我女儿挺好的。尽管她孤独了些，但她看起来生活得不错。我的生活也还行。我们之间交谈不多。后来，在准备中考的时候，她开始逃避一切事情。如今她不学习，整天关在家里，也不说话。我们的生活真的是一团糟。"

这个女孩的表现就是压力过大造成的，青春期女孩，如果你也总是难过或者郁郁寡欢，离群索居或者不愿与人交往，睡眠不安，注意力不集中，或者过分依附他人，这时，你可能正感到痛苦难过，你需要找父母好好沟通，父母能给你指导意见和慰藉，相信你能获得安全感。

 小贴士

女孩生来就有一种娇弱的特质，正如花儿一样，需要父母的精心呵

护。女孩获得足够的爱，才会理解爱的内涵，才会积极健康、乐观向上地成长，女孩有了父母坚强的精神后盾，成长才有了保障，才能免于伤害，绽放青春光彩！

■ 父爱如山，爸爸永远是最爱你的男人

小故事

　　一位 15 岁女孩在自己的日记中写道：

　　"今天中午就炒菜的事又和爸爸起了争执，其实这种争执在很多时候都是一触即发了，我想究其根本，还是和爸爸的性格合不来的缘故。孩童的时候，我就很不喜欢爸爸的性格，日记中不知道顶撞了爸爸多少回。现在长大了，发现还是不喜欢他的个性——孤僻、固执、不合群，自命清高。"

分 析

　　女孩和妈妈可以很愉快地相处，一起买菜、做饭，谈论很多难以启齿的事，但与爸爸的关系似乎没有那么亲密，其实很大的原因在于女孩自身没有理解爸爸在自己生命中的角色多么重要。女孩始终要明白，父爱如山，在未来你可能要结婚成家，有心爱的丈夫，但最爱你的，永远是你的父亲。

 **解决方案**

学会与父亲友好相处，你能学习到很多方面，比如：

1.学习到正确的择偶标准

青春期女孩开始关注异性，但涉世未深的女孩在父亲的教导下，能对男性有个全面的认识和了解。父亲是女孩遇到的第一位男性，因为处于这个重要的位置，父亲能为女孩树立起一种男性的标准，而这个标准比从其他任何人那儿得来的都具有权威性。女孩常常希望别的男孩像父亲对待自己那样来对待她。在父亲和女孩相处的过程中，父亲能让女孩懂得男人的深沉和广博、荣誉与正义、价值与意义。

当父亲真诚地面对女孩，真实地表现出自己的男子汉气质时，女孩将学会尊重男性，平等地对待男性。与此同时，她们也将学会青睐那些尊重她、平等地对待她的男性，而避开那些有恐吓、暴力和虐待倾向的男性。正如那句老话所说的："女儿长大，嫁夫如父。"

一位成年的女子在自己的日记里这样写道：我的父亲是我衡量男性的标准，父亲是最可爱、最合人意、最值得尊敬、最有责任感、最有教养的……他是我所认识的人中最伟大的男人。我希望我未来的伴侣能像父亲那样伟大。

这位成年女子的父亲是成功的，父亲给了她一个有责任感的、坚强的男子汉的榜样，使她不至于在男性的世界里迷失。

对女孩来说，父亲的影响是巨大的，但这种影响究竟是正面的还是负面的，很多时候形成于女孩的青春期，并且，这种影响往往取决于父亲本身。在女孩的人生之路上，父亲能够指引她对男性怀有正确的认识；也有可能错误地引导她，令她在与男性相处时困惑迷惘，不知所措。

2.学会与父亲相处

通过与父亲相处，女孩也能学习到如何与人相处。更确切地说， 是如何与异性相处。

一位妈妈发现10岁的女儿正在跟爸爸讨论《孙子兵法》，她不由得想到女儿的未来：将来女儿带回家的小伙子一定也会对古代文化津津乐道，这位妈妈的想法并非没有道理。果不其然，这个女孩的交友圈子中很多都是对历史和古代文化有浓厚兴趣的人，而更加不可思议的是，当女孩20岁的时候，带回家的果然是一个文学青年。

调查表明，女孩和异性交往的能力与父亲有关，如果说母女的亲密关系带给女孩满足的体验和情感的支持，那么父亲与女孩的关系，则使女孩初步懂得了怎样与异性相处，以及如何维持与异性间的关系。

3.学会理解父亲

"女儿是妈妈的贴身小棉袄""女儿大了自然就会和爸爸疏远"，这是我们常常能听到的描述女孩与父母之间关系的话。生活中，我们更能发现，母亲给予女儿的是无条件的爱，表达的机会也更多，但是爸爸则不同，他只有在女孩取得成绩的时候才把爱作为一种奖励给她。

青春期女孩，心思会更加细腻敏锐，也许会对不善表达的父亲心存看法，但女孩要知道，爸爸始终是爱你的，学会与父亲友好相处，你能得到父亲的关注和鼓励，你也会变得自信、乐观，做任何事情都充满积极向上的动力。

父亲是一家之主，因此，在女孩心目中，爸爸是权威的象征。得到父亲的关注，女孩能找到自我认同的感觉，尤其是来自很有权威的爸爸的关注，让敏感的女孩儿快乐、幸福地度过她的青春期！

不过，在一些家庭中，我们也发现，爸爸之所以不能和女儿和睦相处，很多时候是不能理解女儿，随着年龄的增长，就更加不能理解年轻女孩的想法。作为女儿，应该多从爸爸的角度考虑，先试着理解，然后尽量让爸爸接受你的思想，让他从思想上与时俱进，不断地学习新事物，接纳新思想，不倚老卖老。

■ 女孩，请耐心听听妈妈的"唠叨"

小故事

有位中学女生在日记里这样写：

"以前妈妈在我眼里好烦。我不是挑她的毛病，就是责怪她的唠叨，可妈妈却从不骂我。记得还在小学五年级的期末考试的前一个星期，妈妈耐心地帮我复习课文内容。可我厌倦妈妈的多管闲事，竟然在不知不觉中睡着了。过了不久，我从睡梦中醒来，刚想责怪妈妈为什么不叫醒我，却看到妈妈满脸汗水，在吃力地给我扇扇子，我刚到嘴边的话又咽了下去。不久后，我在这次期末考试中得了一等奖。当我捧着奖状回到家时，我看到妈妈布满皱纹的脸上露出了笑容。

"从此，妈妈更加重视我的学习，但我却自以为是，不要妈妈给我复习，还说自己能考好，不需要她操心。结果六年级考试我一落千丈，从高峰掉到了深谷，只考到了十二名。妈妈得知后更急了。

"她经常在晚上教育我，还说一定得听她的，我不听也得听，她给我灌输学习、做人方面有关的知识。比如告诉我不要偷窃，上课积极回答问题……给我精神上带来了沉重的压力，我感觉妈妈真的更烦了。

"不过有次妈妈的唠叨却给我帮了一个大忙，有次小姐妹叫我去参加一个生日聚会，是在 KTV 唱歌，这是我第一次去 KTV，我很害怕，妈妈说，可以去，但一定要保护自己，走的时候还塞给我一个东西，我一看是防狼喷雾，我说：'老妈，你真啰唆，走了。'我将防狼喷雾顺势塞到了包里，那次聚会的人太多了，我没喝酒。中途我去卫生间的时候，有个中年男人竟然半路截住我，我害怕极了，他对我动手动脚，我当时马上想到了包里的喷雾，对着他就喷了一下，然后跑出了KTV，一口气跑回家，回家后我将这件事告诉了妈妈，妈妈没有担心，反而大笑起来，说我做得很对。

"这件事以后，我才发现，很多事情妈妈是对的，我也理解了妈妈的唠叨是一种爱，这种爱使我改正了以前的缺点，得到了同学们的赞赏，得到了老师的表扬，为我的前途打开了一条理想的道路。我为有这样一个妈妈而感到自豪。妈妈，我爱你！"

 分　析

每个青春期的女孩身体里都流淌着叛逆的血，都觉得父母尤其是妈妈很"唠叨"，总是在耳边没完没了地说，一会儿对自己的穿着指指点点，一会儿不让自己看电视，一会儿让自己不要和什么人交朋友，甚至细化到每天出门叮嘱注意安全，虽然妈妈都是在关心她们，但是在女孩看来，有的时候真觉得这样很烦，或许有的女孩会对妈妈的"唠叨"不理睬，也有的女孩顶撞妈妈甚至会跟妈妈争吵起来，她们总是打着"需要理解"的大旗为自己争取更多的自由的空间，希望妈妈可以少说一点，给自己片刻的安静。

但作为女儿的你是否想过，妈妈唠叨虽然是烦了点，话虽然多了点，可是这都是出于对孩子的关心，都希望你在学习和生活中多做正确的决定，少走一些弯路，都是希望你能免于伤害，希望你健康成长。毕竟她是你的母亲，对于她的"唠叨"，作为子女的你也应该理解，而不是反感，为了不听妈妈的"唠叨"，和妈妈争吵、顶撞妈妈更是不成熟的做法。一个成熟的人，至少懂得尊重、理解周围的人。

解决方案

如果为妈妈着想，面对妈妈的"唠叨"，如果她的话是正确的，你就应该听取，毕竟妈妈是过来人，很多事情比你有经验，看问题的眼光也比你长远。而如果她的"唠叨"是不正确或者是片面的观点，你可以采取一个正确的、适当的方式和她进行沟通。总之，你应当理解你的妈妈，即使不理解也应该学会去理解她，因为这时候你已经需要一份责任感，如果你连父母对你的真心尚无法去公正地判断，而误解了他们的意图，这是缺乏孝心的表现。

所以，青春期的女孩应该记住：妈妈对你的唠叨，都是为你好，是在保护你，可怜天下父母心，你要理解，并努力证明自己，让父母放心，你的努力与父母的期望是一致的，你今天的努力是为自己走进社会积累知识资本。

当然，如果你认为妈妈的看法确实是错误的，你可以劝妈妈停止"唠叨"，坐下来和她交交心，要尊重父母，互相理解，心平气和地平等交流。要知道，和睦的家庭是保证你提高学习质量的重要因素！

■ 尊重和理解父母，和父母做朋友

小故事

在某中学的一次家长会上，很多家长纷纷提出，男孩子有脾气不奇怪，为什么女孩子也突然变得脾气坏了呢？父母的话根本听不进去，甚至还公然和父母对抗。

"女儿上小学时很懂事、乖巧，叫她做什么就做什么。自从上了初中就跟变了一个人似的，老说我唠叨，多说一句就厌烦我，摔门走开。我为她做了这么多，她还不领情！"

"女儿13岁，年前还是个很听话的孩子，过完春节就不行了，学习成绩急剧下降，偷着上网吧，跟不好的孩子玩，作业也不做。我现在处处监督她，可是越管她越不听，很逆反，老跟我顶嘴，和我对着干。求她也不是，打又打不得，骂也骂不得。我没招了！"

分　析

这样的场景，或许很多家长都遇到过。很多父母感叹："我让她往东，她就是往西。""我说的话，她就没有听过。"的确，青春期的女孩，常常会产生逆反心理。逆反心理是指人们彼此之间为了维护自尊，而对对方的要求采取相反的态度和言行的一种心理状态。

解决方案

那么，你该怎样和父母相处呢？

1.和父母做朋友

想和父母做朋友，首先要做的就是把自己的心态调整一下。或许在你内心中，父母就是父母，就是你的领导，其实不然，只是你平时不常跟家人沟通，彼此间其实并不了解，所以你会觉得有点陌生而不敢和父母沟通。放开自己的心，不管如何，父母始终是父母，再怎么样也不会伤害你，如果对自己没有信心的话，可以先找一些无聊的事情和父母说一下，比方说今天天气很好、心情也好等，观察一下父母的态度再决定是否要和父母说。但是你要先把自己的想法改变一下。你和父母是平等的，他们为你安排只是为你好。

儿女和父母之间的话题和想法总是有一定的距离的，一般来说，开放的父母会选择和自己的儿女做朋友，以期达到更好的家庭氛围或者更好的教育目的。但是如果儿女想和自己的父母做朋友，就好像是下属想和上级做朋友一样，有些父母会想可能儿女有什么目的，或者是作为家长，一旦和自己的儿女做了朋友，可能以后在很多方面就有点不太好意思说了，会影响到父母的权利和地位。所以，青春期的女孩要在行动上证明，你已经能独立生活和思考，让父母发现你长大了，他们也就能放开双手，让你独立行走，以朋友的身份平等地和你交流想法。

2.多沟通

当你和父母产生意见分歧时，尽量控制好自己的情绪，不激化矛盾，试着换位思考。有些时候我们的父母处理事情的方式的确不太正确，但从父母的角度考虑的话，你就会发现他们这些做法的出发点都是为了你好。世上只有父母对儿女的关心帮助是不求任何回报的，想到这些，自然也就能理解了。

☀ 小贴士

青春期的女孩们，你今天的努力是为自己走进社会积累知识资本，你的努力与父母的期望是一致的。有话和父母交流，也可以劝父母停止唠叨，坐下来交交心，要尊重父母，互相理解，心平气和地平等交流。让父母可以为你少操心，父母就很知足了，和睦的家庭是保证你提高学习质量的重要因素！

参考文献

[1]周舒予.女孩，你要学会保护自己[M].北京：北京理工大学出版社，
 2015.

[2]默娜·B.舒尔.如何培养孩子的社会能力[M]. 刘荣杰，译.北京：北京联
 合出版公司，2018.

[3]向阳.女儿，你要学会保护自己[M].北京：台海出版社，2018.

[4]子晨.致青春期女孩[M].北京：北京理工大学出版社，2016.

女孩，你要懂得保护自己

套装升级版 身体篇

王昊泽 —— 编著

中国纺织出版社有限公司

内 容 提 要

　　未成年的少女在成长过程中，无论是身体还是心智都尚未成熟、思想单纯，稍不注意就很容易成为受害者——遭遇性骚扰、坐黑车失联、受到校园霸凌、被网友骗财骗色……每个家长都希望自己的孩子能够远离这些伤害和危险。

　　本书旨在保护成长期的女孩，从生活中女孩身体安全可能存在的隐患出发，给女孩们悉心的指导，让女孩学会呵护和保护自己的身体，学会防患于未然，并懂得应对各种安全紧急情况，从而提升自我保护的意识、掌握各种自保技巧，保证自己的人身安全，让自己轻松健康地度过成长时期。

图书在版编目（CIP）数据

　　女孩，你要懂得保护自己：套装升级版.身体篇／王昊泽编著.-- 北京：中国纺织出版社有限公司，2023.8
　　ISBN 978-7-5180-9128-7

　　Ⅰ.①女… Ⅱ.①王… Ⅲ.①女性—安全教育—青少年读物 Ⅳ.① X956-49

　　中国版本图书馆 CIP 数据核字（2021）第 229275 号

责任编辑：刘桐妍　　责任校对：高　涵　　责任印制：储志伟

中国纺织出版社有限公司出版发行
地址：北京市朝阳区百子湾东里A407号楼　邮政编码：100124
销售电话：010—67004422　传真：010—87155801
http://www.c-textilep.com
中国纺织出版社天猫旗舰店
官方微博 http://weibo.com/2119887771
唐山富达印务有限公司印刷　各地新华书店经销
2023年8月第1版第1次印刷
开本：710×1000　1/16　印张：32
字数：414千字　定价：108.00元（全4册）

前　言

生活中的女孩们，在成长的过程中，你总会遇到这样那样的问题，不知你是否思考过，对你来说最重要的东西是什么？是爱情？幸福？生命？还是事业？金钱？答案因人而异，但毋庸置疑，我们都会认同生命安全的重要性。安全对于我们每个人来说都是如此重要：安全是一切努力的前提和基础，不然我们做什么都是徒劳的，凡事只有在确保安全的前提下，才能到达成功的彼岸，才能享受到成功的喜悦，才能收获幸福人生，否则一切无从谈起。

从小到大，我们每个人追求的东西有很多——优异的学习成绩、美丽的外貌、出众的才华等，但在这些我们追求的东西中，最重要也容易被人忽略的反而是最为平凡的生命安全问题，而只有当那"万一"发生在自己身上时，我们才会注意到：对于每一个独立的个体来说，对于一个家庭来说，对于深爱我们的亲人朋友来说，这个"万一"就是"一万"。因此，"注重安全，珍惜生命"应当是我们需要时刻牢记在心的常识。

对成长期的女孩来说也是如此，出于生理构造的差异，女孩相较男孩更脆弱，也更容易受伤害，尤其是到了青春期后，少女更是很多违法犯罪分子下手的对象。近几年来，遭遇性骚扰、坐黑车失联、见网友被骗的现象时有发生，提高女孩的自我保护意识和自我保护能力迫在眉睫，也成为全社会关注的问题。

女孩们，你永远要明白，无论何时，都要将生命健康摆放在人生中最为重要的位置，也许在没有出现意外的时候，这只是一个不起眼的小问题，但如果不保护自己而发生危险，那么，就有可能演变成人生的悲剧，亲爱的女孩，我们需要学会很好地保护自己。

亲爱的女孩，你早晚要脱离父母和学校步入社会，在此之前，你应该阅读本书，学会保护自己。本书立足于当下在女孩身上发生的各种安全问题，给出了详尽的防护措施，希望你能静下心来品读，为自己的安全保驾护航。

编著者

2022年10月

目　录

3

照顾好身体，你可以快乐地度过青春期

4

懵懂的情愫很美好，但"涩苹果"真的不好吃

科技时代，女孩需要在隐私防护上多下功夫

远离潜在的伤害，拥有防患于未然的能力

1

了解自己，女孩要拥有自我保护的意识

    每个女孩都要经历成长的过程，尤其是到了十几岁以后，更是面临着身体的急速发展，随之而来的是人格的塑造，但对社会还未形成一个比较深入全面的认识，对来自自身和周围的不良因素并没有清醒的判断能力。此时，每个女孩都要了解自己，都要在生活中形成自我保护的意识，不要让自己受伤害，这样才能让自己健康、快乐地成长！

■ 女孩，请你守护好自己的身体

　　有一则新闻：一个叫梦梦的女孩，刚上高二，看着一些同学都交了男朋友，无人追求的她选择了网恋，她在网上认识了一个网名叫"旋风小子"的男孩，在相识了两个月以后，两人选择在一家电影院见面，当梦梦见到"旋风小子"的时候，完全被他帅气的外表迷住了。可是，接下来发生的事情让梦梦一辈子都无法忘记，梦梦被他带到一家宾馆，梦梦还没来得及反抗，就被强奸了，出于羞耻心，梦梦一直不敢说，惶惶不可终日，成绩也一落千丈。

分　析

　　这是很典型的女孩遭到身体伤害的案例，女孩不懂得保护自己，带来的不仅是身体的伤害，还有心灵的创伤，甚至会带来一辈子的阴影。

　　对女孩来说，最重要的莫过于一个健康的身体，这是女孩快乐成长、拥有灿烂未来的前提。然而，在我们的生活中，女孩身体遭到伤害的事件频频发生，要么是身体受伤，要么是遭到性骚扰乃至性侵害。据调查，在强奸案中，受侵害对象主要是25岁以下的女性，而14岁以下的幼女也占相当大的比例，所以女孩学会保护自己的身体已刻不容缓。

　　而我们总结出来的女孩被强暴原因大概有以下几种：

　　第一种，年轻女孩，涉世未深，单纯可爱，容易被坏人欺骗和钻空子。

第二种，虚荣心强，穿着暴露，令一般人羡慕，但也会导致坏人关注。

第三种，女孩主动和异性交往，在不快和争吵里，容易陷入被动。

第四种，女孩陷入早恋的泥潭中，男生的性观念比较开放，女孩为了维护感情，不得不迁就男生。

第五种，同网友约会，容易发生强暴案件。

综上所述，女孩遭受身体伤害的情况是很多的，每个女孩都要加强自我保护意识，提高自我修养，不随波逐流。

解决方案

以下是给女孩的一些自我保护的忠告：

第一，女孩需要学习什么是性侵犯和受到性侵犯怎么办，女孩要懂得，自己的身体任何人都无权抚摸或伤害，受到侵犯应向信赖的成年人和警察求助。

第二，女孩晚上外出时，应结伴而行。尤其是年幼女孩外出时，一定要让家长接送。

第三，女孩外出要注意周围动静，不要和陌生人搭腔，如有人盯梢或纠缠，尽快向大庭广众之处靠近，必要时可呼叫。

第四，女孩外出，应随时与家长联系，未得家长许可，不可在别人家夜宿。

第五，应该避免单独和男性在封闭的环境中会面，尤其是到男性的家里去。在外不可随便享用陌生人给的饮料或食品，谨防有麻醉药物；拒绝男性提供的色情影视录像和书刊图片，预防其图谋不轨。

第六，独自在家，注意关门，拒绝陌生人进屋。对自称是服务维修的人员，也告知他等家长回来再说。

第七，晚上单独在家睡觉，如果觉得屋里有响声，发觉有陌生人进入室内，不要束手无策，更不要钻到被窝里蒙着头，应果断开灯尖叫求救。

第八，受到了性侵害，要尽快告诉家长或报警，切不可因害羞、胆怯而延误时间丧失证据，让疑犯逍遥法外。

第九，必须具备一些防卫能力：

1.超强的防范意识

未成年少女体力有限，社会经验较少，不要轻信陌生人的许诺。对熟悉的男性也应保持交往距离，掌握活动的合适地点和方式。

2.冷静的分析能力

很多人一旦遭遇危机，脑子里面就是一团乱麻，根本理不清头绪，脑子可以说是暂时死机了，没办法思考，只能跟着感觉和情绪去做事，可是这样的做法是很容易坏事的。遇事应沉着冷静，能够很快就针对事情做出一些判断，想出一些对策应对，依靠自己强大的分析能力，沉着冷静地找到解决问题的办法，顺利度过危机。

3.灵敏的反应能力

指的是女孩对自身遭遇的本质属性快速做出判断的能力。女孩一旦发现异常，就要迅速判断该情景或对方是否对自己构成威胁，以及该如何脱离危机。

4.顽强的忍耐能力

要想达到自我保护和防卫成功的目的，必须具备顽强的忍耐能力，绝不能由于肉体、精神受到伤害而失去反抗的信心。如果女孩具有极强的忍受严重伤害和痛苦的能力，就会给罪犯精神上造成巨大压力，行为上造成诸多障碍，使罪犯的目的难以得逞。

5.顽强的防卫能力

呼救，这是所有女孩子都会做的。放开喉咙尖叫，一是表示反抗，二是呼吁救助。万一陷入困境时，应竭尽全力还击歹徒。自己的头、肩、肘、手、胯、膝、脚都可以成为攻击的武器。要设法击中歹徒的身体要害，如踢他小腹会使其疼痛难忍，放弃自己罪恶的行径，也可以不失时机地咬他。

未成年女孩如含苞欲放的花蕾，最容易成为坏人攻击的对象，所以必须有极强的自我防卫意识。另外，家庭在保护女孩的环节中也承担着不可推卸的责任，要让女孩从小认同自己的性别，并有意识地保护自己的身体，这样，女孩的身体安全才有保障，才会在一个健康祥和的环境中成长！

■ 学习一些身体保护的技巧和方法

小故事

　　一次体育课上，在教会了同学们一些基本的投篮动作后，老师让大家自己练习投篮。由于关系亲密，女孩菲菲主动地与莉莉以及阿芳一组。

　　她们正投得起劲时，对面男生的一个球飞了过来，正好打在莉莉的身上，这时候，菲菲、阿芳和其他同学都睁大了眼睛，很多同学笑了起来，可莉莉却痛得哭了起来，体育老师赶紧过来问莉莉伤着没，但因为受伤的部位是胸部，莉莉很难为情，只能说没事。菲菲和阿芳知道莉莉很难受，于是，请了假，将菲菲带到了医务室，医生看有点肿，就给莉莉消了毒，然后让菲菲她们帮忙，用冷水敷了敷，莉莉果然觉得好了些。

　　回家后，菲菲把这件事告诉了妈妈，妈妈赞扬了女儿一番，她和阿芳的处理方法很正确。妈妈语重心长地告诉女儿："女孩的身体比男孩更脆弱，无论是日常生活还是运动，或者是其他任何时候，都要保护好自己的身体不受到伤害。"

 分　析 ◆

　　的确，相对于男生来说，女孩在身体上更为娇弱，更需要保护。在日常生活中，女孩因为不懂得保护自己而受到伤害的案例比比皆是，而近期发生的一系列校园伤害案件，受害最多、最大的也是女孩。由于女孩身体上的特殊原因以及女孩普遍胆小，遇到突发事件容易惊慌失措，不知道如何预防和摆脱，特别是一些女孩没有社会经历，对如何防震、防火、防雷击以及交通安全、饮食安全的认识几乎为空白，对同学之间的玩闹不能有效地控制和把握，极易造成自伤或他伤。因此，女孩学习安全防护知识，了解一些基本的防护技能和逃生方法，是非常必要的。

 解决方案 ◆

　　这些自我保护的技巧可以分为以下几个方面：

　　1.一般治安防范

　　遇到陌生人敲门、遭遇抢劫或其他人身伤害、有人让参与打架、被他人殴打和遇到诱惑时，可以采取以下措施：

　　（1）独自在家时不要给除父母以外的人开门。

　　（2）放学不要独自回家，需要家长接送或与朋友结伴同行。

　　（3）遇到伤害时，用手护住身体重要部位，拼命大声呼救。

　　2.校内安全

　　重点教育女孩不要在容易造成伤害的区域打闹，不攀高爬窗，不拿棍棒、硬器物追逐打闹，注意安全用电等安全知识。

　　3.交通安全

　　提高女孩对"车祸猛于虎"的认识，教会女孩学习三大本领：会走路、会骑车、会乘车。自觉遵守交通规则，遇到交通事故应及时报警，尤其要注意记下肇事车车牌号、车身颜色或其他特征。

4.防止性侵

这两年来，媒体报道的女性受侵害的新闻，引起了人们对社会安全问题的关注，唯有时时、处处提高警惕，才能保护自己的安全。以下几点女孩需要牢记。

（1）去一些陌生的地方时，应该结伴而行，如果是一个人的话，身上至少要准备一个防身的小工具，切莫理睬陌生人的搭讪。

（2）不要单独和男性外出，每天在11点之前回到自己的住所，住所要选一个安全性能比较高的，门最好是有猫眼的那种，有人敲门方便查看，每天睡之前检查门窗是否关好。

（3）在外行走时要警惕，不管你是结伴而行还是孤身一人，要观察周围的环境和人，是否有可疑之人尾随，有的话要立即报警，不要让坏人得逞。

（4）不可以让任何人碰触内衣、内裤覆盖的身体部位。

（5）语言方面也需注意，说话时语气客气点、礼貌点，不要与人争吵，不要激起别人的怒气，避免引起麻烦，祸从口出这种事情是真实存在的。

另外，女孩们最好还要掌握以下10条自我保护小贴士：

（1）记住家庭和学校的住址。

（2）记住家庭和学校的电话号码。

（3）记住家庭和学校的邮政编码。

（4）记住父母单位或一两个同学家庭的电话号码。

（5）记住到自己家最近的公交车是哪一路。

（6）记住家庭和学校所在的方向。

（7）记住拨打"110"电话。

（8）记住不失时机大喊大叫，向别人求助。

（9）记住向民警叔叔发出呼救信号。

（10）记住在任何情况下都不要紧张、恐惧，遇到危险要想方设法打电话，或写信告诉家长、老师或同学等。

总之，为了防止女孩受伤害事件的发生，提高女孩的自我保护能力已成为当前安全防范的严峻问题。

■ 自尊自爱，言行举止不轻浮

事情发生在一个初中女孩身上，当时学校正对初三的学生进行补习。果果和同年级的美美很要好，"就算是早恋吧"，果果对此并不避讳。当天下午，在果果的"掩护"下，美美悄悄潜入了男生宿舍。晚上生活老师查房的时候，果果带着美美东躲西藏，最终让美美住进了自己的寝室。当天晚上，情欲萌动的少男少女偷尝了禁果。

次日清晨，美美准备偷偷溜出男生宿舍时被老师发现。面对老师的询问，果果和美美承认发生了性关系。受到严厉批评后，果果当天出走，在网吧待了7天才回家，而不幸的美美在一个月后被查出怀孕，面对这些"丑闻"，美美的父母陷入纠结之中，面临毕业的果果和美美也痛苦万分。

分 析

美美恐怕必须面临流产，这是解决问题的唯一办法。每一个成长中的女孩要引以为戒，女孩一定要自尊自爱，不然只能自食恶果。要知道，低龄流产不仅会在未成年女孩的心中留下沉重阴影，如果未发育成熟，流产还可能直接影响她们的发育。同时流产的危害还包括术后发生宫颈粘连、宫腔粘连，继发性不孕、术后月经异常和二次刮宫、子宫切除、产后大出血甚至危及生命。

自尊是一种具有积极意义的品质，能够让人关注自己，尊重自己的感受。与自尊相反的是不懂得自爱，表现在女孩身上则是不能正确地认识和评价自己，同时缺乏自我保护的意识，这种心理对女孩的身心健康成长以及今后的生活、学习十分有害。

解决方案

那么，一名女孩，应该怎样在与人交往中做到自尊自爱呢？

（1）和异性接触时，以集体和小组活动为主，尽量避免过于频繁的个体接触。

（2）提高警惕，若有单独与异性接触的机会，要使自己处于受保护和开放的环境中。

（3）平时很重要的一点是，不要穿过于暴露的衣服，自己是凉快了，也为自己带来了风险，如果在家里，关好窗户，这样倒没什么，但是在大街上就不好，这样自己的人身安全就得不到保障了。

（4）言语不卑不亢、落落大方。和异性说话交流不要言语轻佻、暧昧不清，要本着就事论事的原则，更不要和异性勾肩搭背，搂搂抱抱。

（5）懂得保护自己，在外面和同学玩，不要太晚回来，不要去太偏僻的地方。如果真的有什么事可以明天再去，或者打个电话通知父母一下。

（6）要珍惜少男少女的纯洁友谊。

（7）学会择友慎重，交往适度。

（8）鼓励与异性交往，但在与异性交往时应把握活动内容的有益、健康，避免庸俗、低级的内容。

（9）理智、情感与行为的高度统一。当你产生初恋的倾向时，要理智地对待与异性的关系，要认识到学习的重要性。

友谊和爱情是两个既相联系又有区别的概念。友谊是人们之间建立在共同利益、相互理解和相互信任基础上的一种高级情感。爱情则是一对男女基于一定的客观物质基础和共同的生活理想，在各自内心形成的最真挚的仰慕，并渴望对方成为自己终身伴侣的一种强烈、稳定、专一的感情。

对青春期的女孩来说，对异性产生好感是情理之中的事，但稍有不慎，就可能把它理解为是梦想中的爱情，你要关注自己的思想动向，及时匡正自己的思想，使思想步入正轨。

小贴士

女孩天性阴柔，过去常常被认为是弱者，但随着时代的发展，女性早已和男性平等地站在一起。每个女孩都必须自尊自爱，从小拥有一个不卑不亢的性格，好性格会帮助女孩掌握自己的命运，拥有幸福健康的一生！

■ 女孩，要懂得和异性保持恰当的距离

小故事

媛媛正在做数学作业，旁边突然传来一个声音："哎，你的数学真好，这么难的题都找到了解题方法，真佩服你啊。"媛媛一回头，

差点碰到同桌阿城的脸，看着那轮廓分明的脸，媛媛心里漏跳了一拍。

阿城毫无顾忌地坐下来，看着媛媛写作业，媛媛心里一慌乱，不小心就把题给解错了，阿城好心地指出来："你这里好像不是这样的，你再检查检查。"媛媛觉得有点伤自尊，没好气地说："你不坐在这里，我能写错吗？"阿城一愣，一言不发地走开了，只留下媛媛一个人呆坐在那里。

看着阿城走开了，媛媛觉得自己不应该这样生气。于是，她放下笔，等着阿城回到座位上。她有点不好意思，微笑着说："对不起，刚才我说话太不客气了，那个……"阿城毫不在意："没关系，其实我是想跟你请教数学题来着，没想到你这样凶，哈哈……"两人相视一笑，很快就凑在一起讨论那道难解的数学题了。

分　析

进入青春期的女孩子，由于生理上的急剧变化，也引起了心理上的一系列微妙而复杂的反应。在很多时候，女孩在与异性相处时，会因为心理上的不适应而使双方之间的关系变得疏远，甚至给异性造成心理上的伤害。其实，十几岁的女孩需要明白，异性间的相互交往及由此产生的愉悦的情绪体验是一种良好的、积极的情绪体验，可激发人的潜能，使人敏捷活跃而奋发向上。

解决方案

那么，在实际交往中，女孩如何正确地与异性相处呢？

1.取长补短，丰富自我个性

当进入青春期以后，由于性激素的分泌，使青春期女孩的身体外形及体内功能发生了很大的变化。这样的变化使父母惊叹，孩子长大了，也会促使女孩对自己性别角色认知的发展。所以，这时候青春期女孩和男孩之间心理上的差异越来越明显。男孩性格开朗、勇敢刚强、果断机智，不会拘泥于细枝末节；女孩性格则多偏向于文静怯懦、优柔寡断、感情细腻丰富、举止文雅、灵活。其实，在这一阶段，男女同学是互相吸引的，予以大方自然的交往，往往易于发现对方的长处和自己的不足，以利于相互学习、取长补短，丰富完善自己的个性。

2.互相帮助，互相学习

一般来说，男孩在思维方法上偏重抽象化，概括能力较强；女孩在思维方法上多倾向于形象化，观察细致，富有想象力。如果男孩女孩在一起学习，就有可能互相启发，使思路宽阔，思维活跃，思想观点也能互相启迪。这可以让男孩女孩在交往中，互相帮助，互相学习，达到共同进步。另外，即使在活动中，男孩女孩也是互补的，男孩的活跃加上女孩的文静，更是一首动人的青春旋律。

3.提高自我评价能力

十几岁的女孩都会很留心班上男孩的一举一动，她们很重视异性同学对自己的评价。如果哪位女同学在寝室很懒散，衣服被子都不洗，大家把这样的事例放在男孩面前说，女孩就觉得自己很没有面子，很受伤，甚至觉得懒散的自己再也不会受到男孩子的欢迎了。其实，当男女生之间在评价对方的同时，也一定会注意规范自己，塑造自己，完善自己，从而在评价别人中学会评价自己，使自己自我评价的能力得到了提高。

4.不断地激励自己

十几岁的女孩都渴望引起异性的关注，希望自己以某些特点或特长受到异性的青睐。有的女孩吃饭总是狼吞虎咽，但如果有男生在场，她就会收敛自己的行为，懂得谦让，展现出淑女的风度。有这样一种异性效应，女孩会不断地激励自己，成绩逐渐提高了，谈吐也开始文明起来了，举止也会潇洒起来，还会特别注意自己服装的整洁度。她们往往富于勇敢探索精神，具有豁达的胸怀和淑女气质。

小贴士

　　未成年女孩与异性交往有许多益处，但与异性交往要遵循一定的规则，既要落落大方，坦诚相待，相互激励，共同进步，又要注意男女有别，适当把握异性之间交往的"度"，才能使异性交往健康顺畅地进行下去。

■ 女孩要了解什么是猥亵和性骚扰

小故事

　　一个周日的中午，爱睡觉的妞妞正在睡午觉，芳芳兴冲冲地跑来找她，把她吵醒。

　　"跟你说个大快人心的事情。"

　　"什么事啊，我还在做梦呢，就被你吵醒了。"

　　"我有个笔友姐姐，跟你说过的，你知道她吧。"

　　"知道，叫什么丽是吗？"

　　"是啊，她今天给我写信来了。"

　　"是吗？说什么了？"妞妞这下子一点睡意也没了。

　　"她们学校有个老师很变态，居然骚扰她。"

"你说详细点，后来怎么样？"

"我那个笔友姐姐叫张丽，张丽今年初三，一段时期以来一直感到非常不安，原来，她担任数学课代表后，与数学老师的交往多了，数学老师经常在放学后将张丽单独留下来，有时是谈心，有时是让张丽帮助自己登记成绩等。刚开始，数学老师经常摸张丽的头发，说她长得漂亮等，张丽并不在意，但后来数学老师不仅言谈轻浮、讲一些出格的话，而且还开始动手动脚，张丽感到问题的严重性，一方面，严词抵制并警告说，如果再这样就要告诉自己的家长和校长，这使数学老师不敢肆意妄为；另一方面，以后凡是数学老师叫张丽帮忙，张丽总是找同学一起去。这样，张丽的态度震慑了数学老师，同时也使数学老师无法单独与张丽在一起，从而有效避免了来自数学老师的性骚扰。"

"的确是，我们也要向张丽学习，以后在生活中多注意，要学会保护自己。"

分 析

青春期的女孩朝气蓬勃，身体也逐渐发育成熟，最容易引起异性的关注，其中不乏一些性骚扰者，女孩必须学会一些保护自己的措施，来对付性骚扰者。

那么，什么是性骚扰呢？比较普遍的定义为：

（1）任何人对其他人提出不受欢迎的性要求或不受欢迎的获取性方面好处的要求。

（2）他/她们做出其他不受欢迎的涉及性的行径，而这些行径会让他人感到受冒犯，侮辱或威胁。

总而言之，任何以言语或肢体，做出有关"性的含意"或"性的诉求"或"性的行为"，使得对象（受害人）在心理上有不安、疑虑、恐惧、困扰、担心等情况，均属于性骚扰。

成长期的女孩是异性关注的对象，很容易引起一些性骚扰者的注意，女孩在遇到性骚扰的时候，应采取措施保护自己，但最好的办法还是尽量避免性骚扰，应当像张丽那样，积极行动起来，勇敢面对性骚扰，采取预防措施。面对性骚扰的现实侵害时也不要一味害怕，应当学会审时度势，针对不同的情况，找出对策，然后采取不同的措施。

解决方案

那么，怎么样才能避免性骚扰？

女孩遇到性骚扰者，不外乎两种情况：

第一，在公共场合遇到性骚扰者。毕竟是公共场合，只要了解性骚扰者做贼心虚的心理，就会有办法对付他们。身处公众场所，他们心虚、精神紧张，随时准备逃离现场，比如在公共汽车上，如果车厢较空，可以尽可能躲开；但是当车厢人多拥挤的时候，可以低声警告，也可以大声叫嚷，还可以狠狠地抓破他的手等。

（1）倘若遇到坏人用挑逗性的语言、神态和动作来调戏，可视而不见，对其置之不理，让其知难而退。而对那些死缠烂打的纠缠者要严厉警告，不能麻痹大意。

（2）对那些动手动脚的坏人，你首先应该警告他们，如果他没有"收手"的意思，你可以向周围群众揭露其丑恶行径，以引起周围群众对坏人的斥责和愤慨，从而得到大家的帮助。

（3）如果坏人继续为非作歹，就要马上打110报警，如果无法报警，就要马上高声呼救。

第二，当女孩独自一人的时候，该怎么对付性骚扰者呢？

（1）你可以和路上出现的其他人搭话，让坏人以为你遇到了熟人，从而不敢轻举妄动。

（2）对骚扰者高声喝斥，言词要强硬，声音越大越好，以勇敢的姿态将其吓退。

（3）如果坏人仍纠缠不休，可利用随身携带的一些物品，诸如梳子、钥匙、瓶子等防身。

（4）与坏人搏斗时要高声喊叫，尽量向灯光明亮处和人群中逃跑，同时打110报警。

（5）记下坏人的相貌特征和穿着打扮，脱险后，马上打电话报警，向警方详细描述匪徒的情况。

小贴士

　　每个女孩的成长既是快乐的，也是危险的，对社会还未形成比较深入全面的认识，应预防性骚扰，远离性侵害，才能让自己健康、快乐地成长！

■ 善待自己的身体，用心照顾它

小故事

　　小娟这次英语测试又拿了第一名，而她的愿望很简单，就是妈妈能带她去吃一顿炸鸡，但妈妈认为，青春期饮食健康很重要，不能由着小娟的性子乱吃东西了。

傍晚的时候，妈妈正在厨房做饭，小娟回来了。

"妈妈，你今天怎么还做饭呀？"

"不做饭，晚上吃什么呀？"妈妈故意这样回答。

"我昨天的英语测试得了第一名，我已经跟你说了的呀。"

"你得了第一名，和晚上做不做饭有关系吗？"

"不是每次只要我考第一名我们就去吃炸鸡吗？"小娟睁大了眼睛，好像很失望的样子。

"今天不去，以后都少去吃。"妈妈说得很坚决。她看了一眼小娟，女儿似乎快要哭出来了。

"妈妈，你怎么能这样子，我就盼着去吃，结果你说不去。"

"你就让孩子去吧，她那么努力，我们就奖励她一次嘛。"爸爸在旁边劝着。

"不行，你知道吗，那都是些垃圾食品，吃了对身体有害无利，你看她，现在身体那么差，动不动就感冒，以后决不能由着她的性子，吃东西一定要注意营养。"

那天晚上，妈妈做了一桌子的菜，都是小娟喜欢吃的。不过，那天，小娟还是闷闷不乐。

解决方案

青春的开始，标志着女孩豆蔻年华的到来，是人体生理发展的一个转折点，此时人体各个器官迅速发育成长，逐步完善，因此，这个时期，女孩一定要照顾好自己的身体，不但要合理饮食，多吃一些营养丰富，含有优质蛋白质的食物，更要保持适度的运动和良好的作息习惯，另外，女孩一定要注意安全，避免受到意外伤害。以下是女孩照顾身体需要注意的几个方面：

1.保证营养均衡

（1）女孩在经期要注意避免食用一些食物，否则容易造成身体的损害。这些食物主要有两大类：

①生冷类：很多女孩喜欢吃零食，尤其是冷饮类，如冰激凌，这些食物是女孩在月经期的禁忌。另外，还有一些寒性食物，如梨、香蕉、荸荠等。这类食物如果单就食物药性来说，具有清热解毒、滋阴降火的功效，在平时食用，都是有益于人体的，但在月经期应尽量不吃或少吃这些食品，否则容易造成痛经、月经不调等。

②辛辣类：辛辣类的食物一般也是女孩的偏爱，尤其是口味重的女孩，她们喜欢在平时的食物中放入很多的佐料，如肉桂、花椒、丁香、胡椒等。在平时，可稍微多食用些，但在月经期，女孩却不宜食用这些辛辣刺激性食品，否则容易导致痛经、经血过多等。

（2）不要忽视早餐的作用，要保证身体热量的正常供应。成长阶段，尤其是青春期，人体对热量的需求较大，女孩每天需要的热量为2600～2700大卡，比成年人要多。这些热量主要来源为碳水化合物、脂肪和蛋白质。而有些人不吃早饭或不吃饱，热量的供应明显不足，必将影响生长发育，所以早饭一定要吃好。

（3）青春期对于蛋白质、矿物质、水分的需求相当大，而且还要全面。因为少女青春期最显著的特点是：性腺（卵巢）的发育、成熟和月经来潮。而性腺的发育，需要优质蛋白的参与，因此，每天应摄入一定量的奶或奶制品、瘦肉、鱼、蛋等食品。如有可能，每天可饮半斤牛奶，为了补充铁质防止贫血，平时要多吃些含铁丰富的瘦猪肉、蛋、鱼等，各种动物的血也是补血佳品，价钱又便宜，可以进食一些。

　　要保证食物类型的多样性，这是保持蛋白质供应充足的需要。女性对蛋白质的需要约为80～90克/天。不同食物中的蛋白质的组成即氨基酸的种类不尽相同。多食用些含锌的食物，可助长高。青少年缺锌可能导致个子矮小，而补锌可帮助女孩子长身体。一般来说，动物性食物比植物性食物含锌量高，如瘦肉、牛肉，黄鱼和其他海味食品含锌量都高，全麦面粉、黄豆、苹果含锌也较多，都可适当食用。对于精米、精面宜少食用，更不应该为使身体苗条而限食动物性食物。

　　（4）女孩在吃饭前后应注意休息：如果在进食的前后运动则胃肠道的血供应就会减少，必然导致胃肠功能的下降，而引起消化不良及一系列的胃肠毛病，所以进食前后要注意休息，以保证胃肠的供血。

　　2.适当的运动

　　女孩在保证营养供应充足的情况下，要有良好的生活作息，还要配合适当的运动。运动以有氧运动为主，比如步行、骑自行车、跳绳、体操等，但运动量不可过大，尤其是经期，运动量过大，会加大月经量，甚至导致月经不调等。

　　3.防止身体受到意外伤害

　　相对于男孩来说，女孩在身体上是脆弱的，在日常的生活和体育运动中，都要注意安全，防止身体受到伤害。

小贴士

　　适量运动和合理营养结合可促进青春期少女生长发育、改善身体机能、提高人的耐久力、减少身体多余脂肪和改善心理状态等，这对于提高以后的生活质量和健康水平有着重要的作用。

■ 对性诱惑和性侵害行为坚决说不

　　最近几天，娜娜都因为学习上的相关事宜，需要上网查资料。这不，今天老师又留了一道历史分析题，让大家回去在互联网上查阅相关资料，明天再把所做的功课交上去。娜娜打开电脑，习惯性地打开搜索窗口，输入老师留下的题目，跳出来很多网页，她一个个地展开，又一个个地关闭，看了大半天都没有发现与老师所说的有关题目。

　　娜娜很泄气，也有点气愤，怎么还是查不到呢？她气愤地摔鼠标，却不经意碰到了一个网站，网页自动弹出来了，出现在娜娜面前的是惊人的一幕：裸着身体的男女……娜娜只觉得一股热血涌上来，只呆呆地坐在那里，浑然忘记了自己在干什么。娜娜看得面红耳赤，连妈妈推门进来都不知道……

 分 析

　　学生时代的女孩经常在网络上查阅资料、聊天，一不小心就会遇到像娜娜这样的事情。自动弹出的不明网页，好奇地点开它，原来里面是淫秽画面。其实，这就是专门为了诱惑你上当而设的陷阱，如果你按捺不住好奇心点开了它，并进行长时间浏览，那么这只会损害自己的身心健康。

　　女孩一旦到了十几岁以后，身体快速发育，但是所具备的判断能力有限，很容易遭遇性诱惑乃至性侵害。

那么，什么是性诱惑呢？

性诱惑指有意识或无意识地使用与"性"有关的手段或方式，制造性刺激，造成性吸引。

性侵害是指加害者以威胁、权力、暴力、金钱或甜言蜜语，引诱胁迫他人与其发生性关系，在性方面对受害人造成伤害的行为。

解决方案

那么，当女孩遇到性侵害时怎么办呢？

以下是女孩需要记住的几点：

（1）不要被零食和金钱诱惑。

（2）大声说不！告诉对方你不喜欢被触摸。

（3）赶快跑开！尽快地从对方身边跑开。永远都不要与可疑的人独处。

（4）大声呼救！你可以尽可能大声地叫救命。

（5）告诉可以信赖的人（家长，老师，警察、医生等）：有人的触摸让你很不舒服。别害怕对方对你的威胁。

（6）当有人跟你说你要帮助他/她保守这个秘密的时候，别替他/她保守秘密，告诉家长、老师、医生、警察、亲戚等。如果有人不相信你，别气馁，继续告诉他人，直到有人愿意相信你并且帮助你。

美丽姣好的青春期女孩是异性关注的对象，很容易引起不法分子的注意，女孩一定要懂得保护自己，在遇到性诱惑和性侵害时，应采取措施保护自己，但最好的办法还是预防，应当积极行动起来，勇敢面对性骚扰，采取预防措施。

那么，怎么样才能让自己远离性侵害呢？

（1）在公共场所，尽量待在人群里，不要给性骚扰者下手的机会，遇到一些行为怪异的异性，应及时回避，同时还应该把你的拒绝态度明确而坚定地表达给对方，告诉他你对他的言行感到非常厌恶，若他一意孤行将产生严重的后果。

（2）对陌生男性要保持高度的警惕性。外出时，尤其是陌生的环境，若有陌生的男性搭讪，不要理睬，要注意那些不怀好意的尾随者，必要时采取躲避措施。而对于那些总是探询你个人隐私，过分迎合"奉承"讨好你，甚至对你的目光和举止有异的男性，应引起警觉，尽量避免与其单独相处，给对方留下"下手"的机会。

（3）尽量不要与异性结伴而行，不给性骚扰者机会。女孩不比男孩，要有警惕心理，懂得保护自己，当有陌生男人问路时，不要带路；也不要随便接受陌生人的食物，以防坏人会在食物里下药；更不要搭乘陌生人的车辆，防止落入坏人圈套。总之，女孩应尽量避免夜间独自外出，尽量走大路、光线通亮的道路。对于行人稀少、没有路灯设施的黑街暗巷，最好结伴而行。

十几岁是女性一生中最宝贵的时间，是人格的塑造期，对社会还未形成一个比较深入全面的认识，应坚决拒绝性诱惑，远离性侵害，才能让自己健康、快乐地成长！

■ 女孩，你要记住生命安全永远是第一位的

小故事

小美今年 11 岁，一天下午，她正一个人在家做作业。

突然，她听到一阵敲门声，便去开门。透过防盗门，她看到一个外表温文尔雅的陌生年轻人站在门口。对方告诉小美，他是来找小美的邻居的，可对方家里没有人，他想借纸和笔给对方留个字条。小美

打开门将纸和笔递了过去。但防盗门刚一打开，年轻人便顺势挤进了屋，捂住了小美的嘴，并用绳子反绑住她的双手，对小美实施了性侵犯……

 分　析

　　类似对未成年女孩实施犯罪行为的案件在我们周围早已屡见不鲜，面对这些悲剧我们心痛不已，难免会想：如果这些女孩有很强的自我保护意识，这一切是否就不会发生？

　　女孩到了十几岁，正处于人生的岔路口，这一时期更是女孩身体快速成长的时期，这一阶段，女孩不仅要关注自己身体的成长，更需要保护好自己的身体，因为生命安全永远是第一位的，要知道，即便父母能保护你一时，但是不可能保护你一辈子，每个女孩都要有一定的自我保护意识。

　　女孩们，生命是一曲优美的交响曲，是一篇华丽经典的诗章，是一次历尽挫折与艰险的远航。我们歌颂生命，因为生命是宝贵的，我们每个人只有一次；我们热爱生命，因为生命是美好的，它令我们的人生焕发出灼灼光彩。健康、平安是生活赐给每一个懂得它意义的人的最好礼物。

　　解决方案

以下是女孩们在生命安全方面要学习的几点内容：

1.避免遭遇暴力侵害

　　现实中，一些女孩可能遭到同龄人欺负，甚至会被一些社会"小混混"恐吓、勒索，以及新闻报道上，一些恶性校园霸凌事件都让我们不得不重视女孩遭受暴力对待的问题。

未成年的女孩涉世未深，对于危险的意识不强，最好主动学习一些保护自己的技巧，不要等悲剧发生了才意识到安全教育的重要性。比如，女孩在平时可以和父母一起看一些安全教育片，一边看一边问自己：如果我遇到这种情况怎么办？

女孩还要记住，避免单独出门，尽量避免前往人少的巷子、机室、网吧这些人员复杂的地方，如果感觉有危险，应该尽快撒腿就跑，去到人多的地方寻求成人的帮忙。同时，如果遭到暴力侵害，要记住坏人的样子，事后及时报警。另外，女孩最容易在放学的路上遭遇坏人，因此最好与顺路的同学结伴而行。

2.面对诱拐的坏人

女孩涉世未深，很难分清陌生人和坏人之间有什么不同。但是女孩要记住以下几点：不喝陌生人给的饮料，不吃陌生人的糖果。在外面玩的时候，不与陌生人说话。

3.交通规则要遵守

我们经常看到一些青少年在红绿灯路口嬉戏打闹而造成悲剧的新闻，要保障生命安全，遵守交通规则是每个女孩要记住的，要将如"红灯停、绿灯行""过马路走斑马线"等口诀铭记于心。

4.增强火灾、地震的自我保护意识

虽然说火灾、地震这些危害不常发生，但是还是要有忧患意识，为了健康和安全，女孩们要主动学习一些必要的安全常识以及处理突发事件的方法，注意培养自己的自我保护能力及良好的应急心态。

这一点，女孩可以和同学们根据宣传片和教育片中的内容进行模拟演习，遇到危害要大声呼叫，遇到火灾、地震等要采取简单的自护措施，不要乱跑，应冷静等待救援，让女孩在演习中学会怎么冷静面对灾害。

女孩们要知道，任何时候，遇到危险应该先跑。自己先跑，还能有机会去找到专业的人来救助其他人，能够帮助其他人的机会更多，这才是真正意义上的勇敢。

另外在日常生活中，女孩要学习一些应对意外伤害的方法，比如手指被割伤、流鼻血、被开水烫了时，应怎样减轻伤害等。

2

成长很美好，女孩别被身体变化搞得无所适从

　　青春发育期的女孩子，年龄一般在13～18岁，这正是长身体、学知识的黄金时代。这一时期是美好的，但面对身体上的成长和变化，缺乏经验的女孩们常常感到无所适从，甚至有一些女孩因为缺乏性科学知识而过早地进行性生活，给自己的身体带来巨大的创伤。因此，每一个女孩都应当自尊、自爱、自重、自强，珍惜自己的青春年华，千万不可"一失足成千古恨"，让青春之花过早凋零。

■ 身体发给你的成长信号，你看到了吗

现在的琳琳已经结婚了，也不再为青春期的那些小事烦恼了，但至今，琳琳依然清楚地记得自己初潮来临时的景象。

那天，琳琳正在读小学六年级。放学回家之后，她突然发现自己的内裤上有了棕褐色的污渍。琳琳不知道这是什么，因而赶紧去问妈妈。妈妈看到污渍，非但没有害怕，反而表现出惊喜的样子，说："乖女儿，你成人啦！这是月经，没关系的。每个成熟的女人每个月都会来月经，偶尔还会肚子疼，只要过去那几天就没事了。"

随后，妈妈拿来一包洁白的东西交给琳琳，告诉琳琳这个东西就是卫生巾，其实，平日里，妈妈都是用这样的东西，琳琳早就看过。在妈妈的辅导下，琳琳学会了使用卫生巾，妈妈告诉琳琳："除了月经初潮，你还会感到胸部鼓起来，身体也会长高，甚至还有烦人的青春痘，这些都表明你长大了。"听到妈妈这一番解释，琳琳才知道原来自己马上就要长大了。

🏆 分 析

对于初潮，每个女孩都十分关心，因为这意味着她从此成人，变成了一个真正的女人。从生命发展的历程来说，这是质的跨越，是值得高兴的。

在每个女孩的一生之中，从初潮正式成人，到结婚生子、成为丈夫的妻

子、成为孩子的母亲，无疑承担了很多生命的艰辛。如果女孩无法坚韧不拔地生存，就无法承受生理上的种种痛苦和麻烦事。尤其是在养儿育女、操持家务方面，女性往往比男性付出更多，却要在社会上与男性平分秋色。由此可见，尽管现代社会提倡男女平等，把女性从家庭中解放出来，实际上却对女性提出了更高的要求。现代社会每一个全能型的女性，无一不是上得厅堂，下得厨房，进入职场还要与男性一样撸起袖子干且毫不逊色。

每一位女性的身体都是非常神奇的，不但有着特殊的身体构造，成为生命的起源之地，而且有着极大的耐受力，在很多突如其来的大灾大难面前，往往看似坚强的男人倒下了，女性却依然能够做到顽强面对。美国医学专家认为，女孩进入青春期之后，身体加速走向成熟，这个时候完全有必要让女孩透彻了解自己的生理构造和特点，从而能够更加坦然地面对由此引发的心理问题。

一直以来，人们都把男女有别挂在嘴边上。因而女孩在人生的第一节生理课上，首先应该了解男性和女性的区别。第一性征是男女两性之间最根本的区别，是天生就有的，因而我们要把重点放在青春期到来时才会出现的第二性征上。这个阶段，女孩的身体变得苗条，胸脯也渐渐隆起，乳房的形状颜色都会产生一定的变化。此时，为了将来的生育做准备，女孩的臀围和骨盆都会变大，体型渐渐呈现出成熟女性才有的曲线形。如此，女孩在忐忑不安和羞涩中度过了青春期的早期，随后女孩开始生出腋毛，很多女孩因为害羞，不再穿无袖的衣服，紧接着又是初潮。现代社会因为生活水平越来越高，女孩吃得好，营养也很充足，所以初潮的日期有所提前，从之前的13~18岁，甚至提前到有些孩子11~12岁就有初潮，在13~14岁初潮来临的女孩比例也不断提高。尽管每个女孩在身体发育方面的时间有所差距，但是整体而言都是符合生长发育规律的。初潮时，女孩们往往很害怕，因为她们即便知道初潮是一种生理现象，也会因为手足无措变得更加紧张、恐惧。

在这种情况下，每个青春期女孩都要提前学习一些生理知识、准备好初潮的用品，且要学习如何正确使用，唯有如此，才能在初潮来临时不慌不忙。

每个成长期的女孩都要经历从孩童到身体成熟的过程，长大是快乐的，也是充满不安的，但无论如何，女孩，你要知道，健康就是幸福的。女孩，你已经逐渐长大、成熟，你要学习多关注自己身体上的变化，做好各方面的准备，从而成功度过青春期。

■ 胸部的变化和护理

小故事

有一天，妈妈在厨房做饭，丽丽"鬼鬼祟祟"地走进来问："妈，我这儿怎么好像胀胀的，还有点疼？你改天带我去医院看看吧，是不是电视上说的什么病啊？"丽丽一向大大咧咧的，这会儿居然扭扭捏捏，说话还打哆嗦。然后又问："爸爸这会儿不会回来了吧？"

丽丽说这番话的时候，还指着自己的胸部，妈妈一下子明白了，女儿胸部开始发育了，自然也就有了一点反应。

接着丽丽说："妈妈，其实，我也知道自己是发育了，但乳房发育是怎么样的呢？"

听着女儿这一番话，妈妈放下手中的活儿，把女儿拉到身边，对女儿解释胸前突起的"小花蕾"。

分 析

乳房变化是女孩发育开始的第一个信号，随着乳房的发育，每个女孩都会遇到丽丽这样的问题，不要惊慌，这是正常的生理现象。随着女孩年龄的增长，有一天你的胸部会变得饱满而高耸，不要觉得害羞，这是女人的骄傲，是一个女人美丽健康的象征。

不过，乳房的发育还伴随着很多问题，这就需要女孩了解一些乳房发育的常识。

乳房是女性重要的第二性征器官，女孩进入青春期后，第二性征开始显著发育。乳房开始发育的年龄与先天的遗传和后天的营养都有关系。

从生理上来说，乳房生长于女性的前胸，起到的是哺乳的作用。青春期以前，男孩与女孩的乳房在外观上几乎没有什么区别。但女孩长到七八岁时，身体的各个系统开始逐渐发育，10岁左右，在卵巢激素、垂体激素等激素的共同作用下，女孩的乳房开始正式发育。女孩乳房发育的年纪也是因人而异的，但一般不超过16岁，如果超过16岁乳房仍未发育，应引起重视。

青春期是女性一生中乳房发育的重要时期。青春期乳房发育的标志包括乳头、乳腺体积相继增大，乳晕范围扩大，其中以乳腺体积增大最明显，并随着乳腺组织扩增，乳房呈现圆锥形或半球形。乳房发育的另一标志是乳头与乳晕的上皮内黑色素沉着而使其颜色加深。在评价乳房健康发育时应包括乳腺、乳晕、乳头三者发育的比例关系，一般乳头与乳晕的发育成比例，但乳晕发育与乳腺更为密切，乳头的大小与乳腺发育的程度关系较小。

女孩12~13岁时，整个乳房组织都逐步发育，包括整个乳管系统及乳管周围组织同步发育，乳管末端增生成群，形成腺泡芽，皮下脂肪增多及纤维组织增生，使乳房呈现圆锥形残半球形，整个乳房增大，并显得丰满而有弹性。随着时间的推移，女孩的乳房将逐步定型。

所以，每一个处于青春期的女孩子都会遇到这样的问题，即自己的胸部悄悄地隆起了，一对乳房从开始时的平坦变得隆起而丰满，乳头乳晕部形成了一个小鼓包，像"小花蕾"一样，以后会逐渐变得更大，总之，一切同以前都不一样了。

面对自己身上悄悄发生的且巨大的变化，女孩们会有不同的感受。有的女孩对性的知识知之甚少，加上比较粗心，乳房的变化并没有引起什么心理变化，还像从前一样蹦蹦跳跳，一副无所谓的样子；有的女孩则比较敏感，她们已经开始意识到自己正慢慢地长大，身体发育带来的乳房发育会使得她们几分欢喜几分愁——欣喜的是，她们也即将迈入那些成熟女性的行列，拥有苗条的身材和坚挺的乳房；愁的是，别人的目光似乎总是会偶尔停留在自己身上，此时，她会不由自主地脸红甚至会尴尬。而同时，每当感到乳房疼痛时，又会有些担心，不知这是怎么回事，不知这是不是正常情况，自己是不是生病了，不知该向谁请教有关乳房的问题，这些女孩常常处于一种困惑状态，甚至影响正常的学习和生活。还有个别女孩认为，乳房的发育是一件羞耻的事，极不愿意被别人看出自己的乳房已经开始长大，因而总是遮遮掩掩，穿很厚的上衣，戴很紧的文胸，将乳房紧紧地裹在里面，甚至故意含胸、束胸。

解决方案

那么，究竟应该怎样看待青春期乳房的发育呢？首先，女孩应该明白，青春期乳房发育是正常的生理现象，是你即将成为一个"大姑娘"的标志，你应该高兴，而不是害羞，每个女孩都会经历这一过程，因此，既不要过于紧张，但也不可毫不在意，应该重视自己身体的这一变化，女孩的身体是脆弱的，你要懂得呵护自己，要比以前更加注意保护乳房，使其避免一切外来伤害；同时，要密切注意乳房大小的变化，当乳房已接近成人乳房大小时，应开始戴文胸；如果在乳房发育过程中，出现乳房疼痛、肿块等，可以告诉家长，并让家长带着去看医生。不要因为爱美而过早地戴上乳罩，不要戴过紧的文胸，不要因为害羞而含胸。

每个青春期的女孩，都要骄傲地挺起胸膛，让富有生命活力的乳房有一个宽松的生长环境，让富有青春韵律的乳房尽显女性的风采。

■ 如何对待"好朋友"的造访

小故事

小小今年上初三，马上就要中考了，繁重的课业压得人喘不上来气，她几乎每天都在头也不抬地做试卷，复习，做试卷……

又一次周考结束后，小小感觉不错，高兴得一蹦三尺高，和同学们冲到了操场上。每次周考之后，他们都可以在操场上疯玩半小时。玩过之后，老师抱着厚厚的一叠资料来到教室，开始讲课。小小听得很专心，突然感到自己的身体有些异样。很快，她就开始如坐针毡，因为她的"好朋友"突然来了。她一下子满脸通红，不知如何是好。站也不是，坐也不是。况且在上课，也没办法向老师报告啊，否则，所有同学的目光都会聚集在她的身上。

小小左看看又看看，根本无心听讲了。思来想去，她终于想出了一个好办法。下课之后，为了遮挡，她脱掉外套，装作漫不经心地系在腰上。为了掩人耳目，她还自言自语道："都秋天了，还这么热！"遮挡好之后，她迅速向同学借了自行车，请好假后，就一路骑车奔回家中。

这次经历之后，小小最害怕的就是上课的时候好朋友突然来访。为此，她总是提前几天就开始提心吊胆的。有一次，她的好朋友迟迟不来，害得她担心了半个多月。有几天，她不得不提前做好防护措施，以防好朋友的突然到来。

分析

青春期的少女对月经都有一些困惑，不知该如何应对，尤其是在学校时，月经突然造访，往往会弄得女孩措手不及且十分尴尬。其实，应对这种突发状况的办法很简单，就是随时在书包或者抽屉里放一个卫生巾，当然，如果恰好身边没有卫生巾的话，女生还可以这样：

（1）如果是月经刚来，通常出血量都不多，你有足够的时间去向同学借、去商店买卫生巾。

（2）如果月经在上课时间突然到来，可以向老师示意自己肚子疼，要上厕所，一般老师都会明白你的意思，也会很通情达理地同意你的请求。

（3）对于学生而言，上课来例假无疑是一种非常尴尬的情况。有的时候，如果碰到男老师，更不好意思把真实情况说出口。此外，当着全班同学以"来例假"为由请假也很让人难为情。其实，还有一个更好的办法，能够避免大庭广众之下请假的尴尬。例如，可以给老师写一张小纸条，写明情况。这样，既可以请假，又能避免其他同学知道。

（4）如果经血量不是很多，身边又有足够的卫生纸或纸巾，可以把卫生纸反复折叠到足够厚度使用，先解燃眉之急。

（5）如果经血已经渗透裤子的话，可以把外套系在腰上，或用书包挡住；也可以找同学帮忙，去学校的超市买卫生巾或者请假回家。卫生巾通常可以向同学、老师、学校医务室或心理辅导室的老师借用。

因此，当"好朋友"突然造访时，女孩不必惊慌或害羞，你绝对不是第一个发生这种情形的同学！

另外，在平时，女孩最好做好预防工作。

其实，大多数人的例假周期还是比较规律的，对于例假要来的日子，可以标记在日历上进行推算。那么，在例假快来的那一两天，可以穿深色的裤子，这样即使脏了，也不容易被看到。另外，还可以使用卫生护垫。例假刚来的时候量不会很多，没有必要为了应对例假提前使用闷热的卫生巾，轻薄的卫生护垫就可以了。

其实，你还可以通过观察自己的身体，预感例假的到来。来例假之前是有一些生理上的反常的，当然，并不是所有女性都有这些生理上的反应。这些反常的信号有：

（1）嗜睡，非常困倦。

（2）腹部阵痛，不太明显，就像岔气一样，但是时间较长。

（3）乳房肿胀，明显感觉比以前大很多，严重者会有疼痛感。

（4）一些女孩会变得比平时饭量大，总是觉得吃不饱；另外一些女孩可能会没有食欲；也有一些女孩喜欢吃一些糖分较多的食物。

（5）有莫名的情绪波动。

那么，把你的生理周期再结合这些情况，就会对例假的到来时间估测得八九不离十，做到从容应对。

青春期的少女一般对月经没有什么经验，不知道什么时候快来月经，常常被这"不速之客"弄得措手不及，但掌握以上这些方法，就能避免尴尬。

■ 每个女孩都该知道的月经知识

小故事

洋洋是个学习成绩非常优秀的女生，可是最近她一直无心学习，一天，本来正在做作业的她突然跑到卫生间半天不出来，后来在闺蜜丽丽的追问下，洋洋才说，原来她身上一直在流血，还一直疼，她不知道怎么了？她不敢跟妈妈和老师说，也不知道该怎样说出来！洋洋问丽丽："我是不是生病了？"

分 析

洋洋不是生病，她是来月经了，这是每个女孩都会经历的事，以后你也会碰到这样的情况。其实，年龄在十多岁的青春期女孩，经常会被月经困扰着，有着很多疑问，比如什么是月经，为什么会有月经以及月经来了该怎么办等，了解关于月经的一些常识，对女孩的身体发育以及心理健康很重要。以下是每个青春期女孩都应该学习的月经知识。

解决方案

1.什么是月经

月经是指有规律的、周期性的子宫出血。月经初潮是由于女孩生理发育到一定程度，子宫内膜在卵巢分泌的性激素的作用下出现的剥离出血现象。正常的月经不是通常意义上的出血，你不妨把经血看成机体代谢后排出的"废品"。月经又称为月事、月水、月信、例假、见红等，因多数人是每月出现1次而称为月经。近年来，对月经的俗称有所增加，如"坏事儿了""大姨妈""倒霉了"等。

一般月经期无特殊症状。有些女孩可能有下腹及腰骶部沉重下坠感觉，个别可有膀胱刺激症状如尿频，轻度神经系统不稳定症状如头痛、失眠、精神抑制、易于激动，胃肠功能紊乱如恶心、呕吐、便秘或腹泻以及鼻黏膜出血等现象。一般情况下，月经来潮并不影响工作和学习，但不宜从事重体力劳动或剧烈运动，要注意经期卫生。

2.什么时候开始来月经

处于青春期的女孩，因个人体质、遗传因素和环境等很多原因的差异，来月经的年龄也会有所不同。但一般来说，初潮年龄大多数在13～15岁之间，不过随着人们生活条件的提高，女孩在幼儿时期营养补充比较全面，甚至不少女孩营养过剩，因此月经的到来就会比大多数女生提前不少，而现在女孩的月经初潮平均在12.5岁。

所以，当很多青春期的女孩发现身体见红的时候，不必惊慌，这是身体在发育的信号，只要注意月经期的一些小问题，并不会影响学习和生活。

3.来月经意味着什么

蝴蝶的成熟需要一个破茧成蝶的过程，女孩也一样。女孩也是在慢慢长大，月经就是女孩成熟的一个标志，这意味着女孩不再是小女孩，而开始变成女人，开始走向成熟。因此，女孩不必担忧，也不必害怕来月经，这是你生理成熟的一个信号。

女孩来月经还证明了女性造血功能的正常。月经引起机体经常性地失血与造血，使女性的循环系统和造血系统得到了一种男性所没有的"锻炼"，它使女性更能经得起意外失血的打击，能够较快制造出新的血液以补足所失血液。

因此，女孩不要总是抱怨来月经时带来的麻烦，其实，你应该感谢来月经，这意味着你的发育状况良好！

4.月经量多少是正常

很多女孩问："到底月经量多少才正常呢？我的月经量是不是正常？"有这样的疑问很正常，月经量多少关系着女性的健康和身体综合素质，所以不能忽视。每个女孩都应该对月经量多少为正常有一个大体的认识，以便及时发现自身的某些疾病或不适。

月经量是指经期排出的血量。正常人月经血量约为10~58毫升，个别女性月经量可超过100毫升。有人认为每月失血量多于80毫升即为病理状态，但也不尽然。

一般月经第2~3天的出血量最多。由于个人的体质、年龄、气候、地区和生活条件的不同，经量有时略有增减，均属正常生理范畴。

月经量多少为正常很难统计，生活中，我们常用每日换多少次卫生巾粗略估计量的多少。正常的用量是平均一天换四五次，每个周期不超过两包（以每包10片计）。假如每月用3包卫生巾还不够，而且差不多每片卫生巾都是湿透的，就属于月经量过多了。

女孩应该对自己的月经量有个大概的了解，如果月经量过多或者过少，都应该到医院查明原因，但不必过于惊慌。

5.月经是在每月的同一天来临吗

女孩月经第一次来潮称为初潮，出血的第一天称为月经周期的开始，两次月经第一天的间隔时间称为一个月经周期，一般为28～30天。提前或延后7天左右仍属正常范围，周期长短因人而异。而且，每个女性的身体机制不一样，来月经的周期也不一样。

有少数女性，身体无特殊不适，而定期两个月或三个月，甚至一年，月经来潮一次，古人分别将定期两个月月经来潮一次称为"并月"；三个月月经来潮一次称为"居经"；一年一次称为"避年"；也有极个别的妇女，终生没有月经来潮，但又不影响正常生育，古人称之为"暗经"；还有的妇女在怀孕早期，仍按期有少量月经来潮，但对胎儿无不良影响，古人称之为"激经"，当然，这都属于个别现象。

女性在月经初潮后的1~2年内，月经不能按时来潮，或提前，或延后，甚或停闭数月，这是由于肾气未能充盛所致，只要无明显全身征候，待身体逐渐发育成熟后，自能恢复正常，这也是常有的生理现象，一般不需要作任何治疗，因此，女孩不必为此惊慌。

■ 怎样照顾好自己的"隐私地带"

小故事

小美最近也不知道怎么了，下身很痒。有一天，她想去找闺蜜妞妞问问，因为妞妞妈妈是个护士，谁知道，妞妞正在家里看电视，电视上刚好在播出一些妇科疾病治疗的广告，妞妞对小美说："我妈妈跟我说，青春期的女孩，千万不要做坏事，不然会得妇科病，也就是说，青春期女孩下身痒痒，就是妇科病了，肯定做了什么见不得人的事。"

小美一听，被吓到了，原本还打算告诉妞妞的，这下更不能说了，妞妞肯定以为我干什么坏事呢？

妞妞看出小美最近有心事，小美只说自己不舒服，偏偏妞妞又是个打破砂锅问到底的人，在妞妞的逼问下，小美才说出了自己藏在心里的事。妞妞当然相信小美没做坏事，后来，妞妞就拉着小美来问妈妈，小美是怎么了？为什么阴部会痒痒呢？

"其实，和妞妞有一样想法的青春期少女会误认为，只有已成熟的女性才会有妇科疾病，因而放松对私密处的保护，这是一种错误的观点，阴道是女性身体的疾病多发地带，一定要注意健康和卫生，也别忽视做妇科检查。从私密处呵护自己，才能拥有健康的青春期！"

听完妞妞妈妈的话，小美一颗悬着的心总算是放下了。

分 析

很多女孩都会因为一些私处私密问题感到苦恼，比如因为阴部痒而坐立不安，但又羞于启齿。外阴瘙痒，虽无大碍，但也应该在家长陪同下及时治疗，不能因为羞于求医，日久变成顽固性瘙痒，以致影响心理健康，严重时会影响学习、生活。

解决方案

青春期女孩应该保护自己的隐私地带，具体来说，需要记住几点：

1.洁身自爱，守身如玉

近年来，个别青春期女生出于种种原因，过早地发生了性行为，患上了性病性阴道炎。对此，青春期女生应自强、自尊、自爱，正确认识人生价值和该阶段的发展需求，杜绝性生活。

2.注意阴部卫生

女生进入青春期后，会经历月经的来潮和白带的分泌，女生对此往往感到茫然，一时不知所措，处理不当易患阴道炎。因此，应注意经期卫生，正确使用消毒后的卫生纸巾；内裤要在阳光下晾晒，借以紫外线消毒；经常洗澡，睡前用温水清洗外阴，洗盆专用；大便后，手纸应由前向后擦，小便后用卫生纸擦干净。

3.防止性病的间接感染

女生在公共浴池洗浴时，应自带浴盆、浴巾，尽量淋浴而不要盆浴，防止阴道滴虫、淋病菌或其他性病等间接感染，同时也应掌握相应的性病知识，防止性病的间接接触感染。

4.防止罹患时装性阴道炎

随着审美观念的增强，青春期女生追求体形美，以致各种体形裤备受青睐。此类裤子裤裆瘦且短，布质厚，弹性不佳，透气不良，这就使得前有尿道口、后有肛门的"秘密花园"备受窘迫，当私处的分泌物得不到排泄，会阴部处于温热、潮湿的状态，各种致病菌在此环境下最容易生长、繁殖，容易罹患时装性阴道炎。因此要少穿或不穿体形裤，合理着装，尽量选用合体、布料弹性好、透气良的时装，以防后患无穷。

5.合理应用抗生素

少数青春期女生长期大剂量应用抗生素和激素治疗某些疾病，导致体内菌群失调而患霉菌性阴道炎。因此，青春期女生患炎性疾病，应该听从医生的医嘱，尽量不与激素合并用药。

在不少人的观念中，未成年女性是不会得妇科疾病的，妇科门诊是已婚女性去的地方。其实，青春期女生也易感染阴道炎和妇科疾病，主要原因是一些女生的心理和生理卫生知识缺乏，平时不注意个人保健，不勤换内裤，不注意保持外阴清洁。所以，爱护私处，从青春期开始，让自己拥有一个健康娇嫩的秘密花园吧！

■ 怀孕和生育的真相

　　一到寒暑假，冰冰就很无聊，冰冰的妈妈从来也不会逼她去学这学那，因此，她大部分的时间就消耗在了看电视上，有时候，甚至无聊到不放过任何一个广告。

　　这天中午，冰冰又懒洋洋地躺在沙发上看电视，妈妈正准备回房间睡午觉，被冰冰喊住了。好像她看到了什么奇怪的事。

　　妈妈走过来一看，原来是一个不孕不育的广告。

　　"妈妈，你说，这年头，这不孕不育的广告怎么铺天盖地的呀，为什么那些阿姨和姐姐怀不了孩子呢？女性是怎样怀孕的呢？"妈妈听后愣了，女儿看电视居然还在意这些？看样子真是长大了。

　　"我听好朋友说，她妈妈告诉她，说她是从胳肢窝里出来的，我就不信。"

　　"哈哈，当然不是，女性怀孕是这样的一个过程……"

▶ 分 析 ◀

　　随着身体的逐渐成熟，青春期的少女对人体的生殖情况也充满了好奇，的确，了解这些，也有助于女孩更好地保护自己。

　　那么，女性到底是怎么怀孕的呢？

　　卵子受精形成受精卵并在子宫腔内生长、发育而形成胎儿，这个过程叫作怀孕。

妊娠通常分为三期。每期约三个月。虽然这种分期没有严格的规则，但是解释某些变化时可以用此分期。

（1）怀孕初期。胚胎在此阶段会迅速发育。大约一半的女性会在这时（也只在这时）出现孕吐症状。

①受精：在妊娠开始前，卵子要先遇到精子产生受精作用。大部分的受精于男性在女性体内射精后产生。现在的技术也可以做到在体外人工授精。

②着床：医学上妊娠是从胚胎着床在子宫内膜开始的。有时因为并发症，胚胎会在输卵管或子宫颈着床，造成子宫外孕，这是很危险的。着床通常没有迹象或症状，不过也有不少着床时轻微出血的例子。胚胎的外层会长成胎盘，可以从子宫壁接收营养。脐带连接新生儿与胎盘。

虽然医学上妊娠是从着床开始，一般计算预产期是用"内格勒方式"（Naegele's Rule）：最后一次月经（LMP）加40周（280日）。胎儿出生早于37周视为早产，晚于43周视为过期产。但是妊娠时间长短因许多因素而变，比如第一胎通常会怀孕比较久。

受孕的准确日期很重要，因为很多产前检查都要根据这个日期决定，以及是否要引产也是由这个日期决定。由于女性月经周期长短不同，排卵日也未必在第14日。所以预产期只能粗估。大约3.6%的妇女在根据月经估计的预产期生产，4.7%的妇女在根据超声波诊断估计的预产期生产。

（2）怀孕中期。多数女性会觉得这时比较有活力，而且体重开始大幅增加。这时胎儿开始长成可辨认的形状，也是第一次可以感觉到胎儿的运动。

（3）怀孕晚期。体重增加的最后阶段。胎儿定期活动，准妈妈可能会感到不太舒服，并且出现腰酸背痛、膀胱无力等症状。

另外，女性在怀孕的时候，是有一些征兆的：

月经停止：如月经一直很规律，一旦到期不来，超过10天，应该考虑到怀孕的可能性。这是怀孕的最早信号，过期时间越长，妊娠的可能性就越大。

早孕反应：停经以后孕妇会逐渐感到一些异常现象，这些现象便是早孕反应。最早出现的反应是怕冷，以后逐渐感到疲乏、嗜睡、头晕、食欲不振、挑食、怕闻油腻味、早起恶心甚至呕吐，还有头晕、疲乏无力、倦怠等症状。

尿频：由于怀孕后子宫逐渐增大，压迫膀胱，所以小便次数增多，但并没有尿路感染时出现的尿急和尿痛症状。

乳房变化：可出现乳头增大，乳头、乳晕颜色加深，乳头周围出现小结节，甚至出现乳房刺痛、胀痛的现象，偶尔还可挤出少量乳汁。

色素沉着：有的妇女怀孕后其乳头、乳晕及腹中线等部位出现棕褐色色素沉着。

基础体温升高：当出现上述某些症状时，可每天测定基础体温，怀孕者基础体温往往会轻微升高。

凡在生育年龄的女性，发生性关系而又未采取避孕措施，都有怀孕的可能。婚后保持正常性生活的妇女，如果没有采取避孕措施，约有85%的人在第一年内就会怀孕，尽早知道自己怀孕有很多好处。

除了怀孕，孩子的出生还需要经历分娩，分娩被认为是一个人人生的开始。

女性从开始感觉到子宫规律性的阵痛收缩，以及子宫颈扩张起开始分娩。虽然人们都觉得分娩很痛苦，但大部分女性都能正常生产。不过有时因为并发症要进行剖腹生产。也有时进行会阴切开术。

分娩全过程即总产程，是指从开始出现规律宫缩直到胎儿胎盘娩出。临床分为3个产程。

第一产程又称宫颈扩张期：从开始出现间歇5~6分钟的规律宫缩到宫口开全，初产妇的宫颈较紧，宫口扩张较慢，约需11~12小时；经产妇的宫颈较松，宫口扩张较快，约需6~8小时。

第二产程又称胎儿娩出期：从宫口开全到胎儿娩出。初产妇约需1~2小时；经产妇通常数分钟即可完成，但也有长达1小时者。

第三产程又称胎盘娩出期，从胎儿娩出到胎盘娩出，约需5~15分钟，不应超过30分钟。

男女交配受精产生受精卵到胎儿分娩，从母亲腹中诞生的过程虽然不好说出口，但女孩也不必羞怯，对性的了解和认知应该是大大方方的，这样，就能消除对性的神秘感，也就更明白如何在男女交往中保护自己了。

作为一个女性，了解得越多，越懂得怎么让自己不受伤害，越懂得怎么珍惜生命。

学习一些性科学知识，能有效保护自己

小故事

周末的一天，妞妞和妈妈在家看电视连续剧，说实话，妞妞最讨厌看这种又臭又长的电视剧了，但妞妞的几个好朋友这天都有事，没人陪她玩，她在家也实在无聊，就勉强与妈妈一起看。

现代都市的情感剧免不了一些"少儿不宜"的镜头，以前在看到男女接吻的时候，妞妞总是遮住自己的眼睛，觉得很害羞，而妈妈如果看到女儿在的话，也会马上调台。可这次，妞妞居然目不转睛地盯着电视，妈妈一下子意识到女儿长大了，孩子对"性"开始有懵懂的意识了。

"妈，男人与女人为什么要亲嘴？结了婚为什么就生小孩了？我又是怎么来的？"妞妞一连串的问题让妈妈不知道怎么回答，她明白，

是时候让女儿学习一些性科学知识了，因为越是了解这些知识，女儿越是懂得保护自己。

 **分 析**

青春期的身体发育是人生必经之途，由于性成熟而出现对性知识渴求和对异性向往是自然的。每个青春期的女孩都十分需要从正规渠道（当然包括父母）获得有关性与生殖健康的知识。如果封闭了正确的性知识，不但不能起保护作用，反而促使女孩从其他渠道接受片面的、似是而非的甚至色情淫秽的内容，妨碍其身心健康的发展。青春期性教育如果出现缺失和失误，在女孩成长过程中就会留下无法弥补的遗憾。

现代社会，网络和通信技术的发达，给予了青春期的女孩强烈的视听刺激，改变了当下很多女孩的性观念和性行为。在很多初中、高中女孩还没来得及消化和吸收生理课本上有关性的内容时，当很多教师还羞于讲解有关性的知识时，淫秽色情网站悄无声息地揭开了青春期女孩那层羞答答的"红盖头"，满目强有力的性信息冲击着她们的每个神经细胞，让她们感觉到异常的刺激和新鲜。很多女孩从最初害羞、不好意思看，到后来看上了瘾；从最初看时感到恶心，到后来习以为常；从最初仅仅是看，到后来模仿……

黄毒使很多青春期女孩出现了扭曲、危险的性心理和行为。有的女孩甚至从学习成绩好、性格开朗活泼演变得沉默寡言、整天精神恍惚，因为她天天看着色情网站自慰；有的女孩十几岁便怀孕了，因为她忍受不了色情网站的性刺激，好奇心迫使她与别人发生了性关系，等等。如此这般的现象，有很多，甚至诱导了很多性犯罪。很多青春期女孩在遇到性问题，想要了解自己的身体，想了解对他们来说充满神秘的性知识时，第一个想到的不是他们的家长和老师，而是去求助其他同学、网络、影视这些次要的学习途径。

对于青春期女孩，接受健康科学的"性教育"刻不容缓。青春期女孩如对某种知识感到好奇，最好的方式莫过于在课堂上聆听老师的教导，破除羞怯，树立正确的性观念，合理地处理与性有关的事物、信息，以及伴随出现的性问题，这些才是抵抗不良性刺激和性诱惑的有效武器。

另外，任何一个青春期女孩，都不要过早地进行性生活体验，要多学习性科学知识，这样，女孩能更好地保护自己！

3

照顾好身体，你可以快乐地度过青春期

　　青春期是人一生中最朝气蓬勃的年纪，是女孩子身体发育、成长的重要阶段，无论生理上还是心理上，这个时期的女孩要照顾好自己，要养成健康的生活方式，这样既可以让美丽驻足，还能更轻松、高效地学习，同时，也减轻了大脑的负担！

你正青春靓丽，过度打扮过犹不及

小故事

　　周末，豆豆妈妈打算出门买点东西，她叫豆豆一起，但是豆豆说自己不怎么舒服，想在家看电视，妈妈叮嘱完豆豆注意安全后，就自己出门了。

　　刚出路口，妈妈突然发现手机忘带了，就准备回家拿，回去的时候，几道门都没关，妈妈心想 这丫头，也不怕小偷进家门，刚嘱咐的就忘了。妈妈正准备进房间拿手机，却发现豆豆在她的梳妆台旁边，正在涂她的睫毛膏，看见妈妈进来，豆豆不知所措，吓得把眼睛都涂黑了。

　　"豆豆，你在干什么？"

　　"我看见班上几个女孩子都已经开始用口红和粉底了，我也想看看自己化妆了以后是不是也会变漂亮。可又怕您不同意，就想趁您不在家的时候，自己化妆看看，可我不会用。也没想到，你突然跑回来了，要不，您什么时候教教我吧，我以后还要参加一些聚会呢。"

　　"女儿，你还小，身体和皮肤都处于生长期，用那些成人的东西，一是对身体不好；二是不适合你这个年龄。"

　　豆豆听完点了点头。

 分 析

　　爱美，是每一个女孩的天性，但对青春期女孩来说，真正的美丽是纯真的，本真的才是最美的。很多这个年龄段的女孩开始化妆，认为这是跟上时尚和潮流的一大表现，但其实，青春期是身体发育欠完善的时期，这些所谓的爱美行为对身体有着诸多害处，女孩切不可让青春的花儿过早地凋谢！

青春期就开始化妆，危害很大。

（1）容易导致免疫力低下。青春期是儿童向成人过渡的关键时期。女性的青春期比男性的青春期出现得略早，一般从10岁左右开始，至20岁左右结束。在此期间，女性的卵巢会分泌雌激素，促使其生殖系统开始发育，并形成月经。同时，青春期女性的心理也会发生很大的变化。化妆品内含的诸多化学成分可能会对其免疫功能产生一定的影响。而青春期女性的免疫力一旦下降，就会出现原发性闭经、痛经、月经不调、生长发育缓慢、脸上生长青春痘、易感冒、精力不集中、营养不良等症状。

（2）伤害皮肤。进入青春期，人的生理会发生一系列变化，特别是随着内分泌功能的变化，少女的皮肤会变得洁白细腻，富有光泽和弹性，对楚楚动人的美丽肌肤，关键在于保养，而不是化妆品的覆盖。

一般来说，18岁以后就可以用化妆品了。而青春期的女生是指12~18岁的女生，还没成年就不应该用化妆品，因为化妆品中或多或少含有一些化学物质，对人体总是有一定程度的影响。而且，化妆品的质量还参差不齐，质量差的化妆品对人体的伤害更大。因此，别看其他女生在用就去学她们，在青春期，女孩的皮肤是最好的，自我调节能力好，尽量不要用化妆品，用一些温和的护肤品就好！

解决方案

那么，青春期的女孩们在护理自己的皮肤时应该怎么做呢？

随着环境气候的变化，加之青春期户外活动多，空气中的粉尘落到脸上，涂在脸上的化妆品中的粉质、油脂等妨碍了皮肤的"呼吸"，给皮肤带来不良刺激，因此，女孩在回到室内的时候，应注意及时清洗，清洗时可用温水和洁面乳。清洗干净后，可适当涂些乳液，但应适量，适当按摩即可。

另外，有些少女长了痘痘后，出于爱美之心，便选择多种"治疗"粉刺的化妆品，"多"管齐下，以为这样肯定能消除恼人的痘痘，也有一些女孩涂一些粉底来掩盖住痘痘，结果是事与愿违，适得其反，使皮肤更差，痘痘越来越"猖獗"。防治粉刺，其实关键在于皮肤清洁，保持毛囊畅通，注意少食辛辣刺激性食物。痘痘的出现与多种因素有关，但主要是与内分泌、皮脂分泌旺盛和面部不洁、过度使用化妆品有关。

青春期女孩，不要化妆。青春期皮脂分泌旺盛，若再使用过多的化妆品，必然给皮肤的"呼吸"增加困难，影响皮脂分泌，因而有碍美容。

诚然，少女都爱漂亮，但什么样的年龄就应该具有什么样的美，青春期的这种美是天然、富有朝气的，是用任何化妆品和人工的修饰都无法达到的！

的确，青春期的女孩开始懂得审美，但切不可浓妆艳抹，也没必要盲目追求时尚和名牌，毕竟这个年龄段是长知识的阶段，朴素和简单的打扮才更适合你，因为青春本来就是美丽的，过早开放的青春之花会很快凋谢！

■ 运动锻炼很重要，节食减肥不可取

小故事

　　豆豆是个爱美的女孩，一直很关注自己的体重，最近，她发现自己胖了很多，生日那天，她拉着小美和玲玲一起去买衣服，谁知，在

试衣服的过程中，原本高高兴兴的她却不高兴了，因为她发现，小号和中号的她都不敢试了，有的大号的她都穿不上，看着身上的一块块肥肉，她说："我要减肥！"她开始节食，可是不到几天体重又反弹了；她还吃减肥药，可是效果很差。对体重的担忧使得她上课也集中不了精神，她很怕听见同学们喊她"大胖妹"。

小美被豆豆的情绪感染了，回来也开始节食，晚上她就吃一个苹果。家人吃饭的时候，她就溜进房间，妈妈说了她几次，也不听。

有一天晚上妈妈上卫生间，发现厨房有动静，还以为家里遭贼了，打开灯一看，发现小美正在冰箱找东西，妈妈当时一下子明白了，"这丫头，我就知道她会自己找吃的。"小美怕被妈妈发现，便很不好意思地拿着一包面包，钻进自己房间了。

第二天，妈妈问小美："这下子尝到节食的苦头了吧，半夜睡不着吧。其实，我觉得你挺苗条的，不需要减肥，即使稍微胖点，这个年纪，也不能盲目节食减肥，你把我的话跟豆豆也说说，节食减肥不可取，身体垮了再后悔就晚了。"

妈妈说完后，小美委屈地抱住了妈妈。

分　析

的确，一些女孩进入青春期，害怕发胖，羡慕别人苗条的身材，于是和豆豆、小美一样，一味地节食减肥，或者采用其他各种方法减肥。其实，这是不正确的做法。青春期的少女最重要的就是保证能量供给充足和身体的正常发育，刻意地减肥可能会给身体带来危害。就节食减肥而言，危害有很多：

（1）导致身体发育所需的能量供应不足，影响身体的成长发育。节食会导致人体所需的热量不足。而且，青春期相对于其他生命阶段来说，人体代谢更旺盛，活动量大，机体对营养的需要相对增多，既要满足生长发育的需要，又要满足每日学习、活动的需要。一般来说，每日所需要的热量可以根据不同的需求来计算，假如没有获得所需的热量，就会影响生长发育。

（2）导致人体所需蛋白质缺乏。女孩的身体不同于男孩，会有明显的内分泌变化，更需要蛋白质的摄入，如果摄入不足，后果很严重。大量研究证明，很多女孩体质差，身体发育不好，就是因为营养跟不上，其中就包括蛋白质摄入不足。蛋白质缺乏会造成负氮平衡，使生长发育迟缓、消瘦、抵抗力下降，智力发育亦受到影响，严重者会发生营养不良性水肿。

（3）导致各种维生素的缺乏。人体除了要吸收大量的能量外，更需要维生素的摄入，而节食可引起多种维生素缺乏病，如维生素A缺乏可引起夜盲症；维生素B2缺乏可导致脚气病；维生素C缺乏时可导致坏血病；维生素D缺乏可引起骨代谢异常，身材长不高或骨骼变形。

（4）节食可造成各种无机盐及微量元素缺乏。比如，钙、磷摄入不足或比例不当会直接影响骨骼发育；缺铁可导致贫血；缺锌可影响人体生长发育和性腺发育。

（5）长期节食会导致青春期厌食症。生活中，有一些女孩因为担心自己体重增加，她们往往会用极端方法控制自己的饮食，一天基本上不吃主食，她们可能只吃零食、水果或者一些蔬菜，长此以往，必然导致大脑的饥饱神经中枢发生紊乱，进食越来越少，食欲越来越低，直至厌恶食物，最后出现一吃食物就恶心呕吐的神经性反应，产生神经性厌食症。

（6）过度节食还容易出现闭经。大部分女孩在节食的时候，都抱着"管住自己的嘴，才能瘦下来"的心理，于是，她们盲目节食，节食疗法的确起到一些效果并且很明显，女孩的体重在短时间内减下来了。但很快，更为严重的问题就发生了，那就是闭经。

医学资料表明，在一年之内，体重突然减轻5公斤以上，或者减轻10%的年轻女性，一向规律的月经，往往会突然发生变化直至闭经。之所以如此，是因为人的大脑内有一个下丘脑，下丘脑中不但存在着摄食中枢和饱中枢，还会分泌出一种叫作促黄体生成素释放激素，用于刺激脑垂体分泌黄体生成素和卵泡刺激素，这两种激素有刺激卵巢发育的作用，对月经来潮和卵子的生成意义重大。

由于过度节食，大脑皮层发生功能紊乱，黄体生成素和卵泡刺激素分泌不足，卵巢分泌的雌激素和孕激素也减少，结果导致闭经。闭经时间越长，治愈机会越低，对女性健康的危害后果也会越严重。

而同样，减肥药以及一些其他不健康的减肥方法也是利用打乱人体正常的代谢功能达到减肥的效果，这些都危及到女孩的健康。

可见，青春期女孩们，这种节食减肥的方法是不正确的，要想保持身形良好，不如保持身心健康愉快，多参加户外活动，既能锻炼身体，又能增大热量消耗，保持苗条体形。另外，要保证足够的营养、适量的热量和合理的膳食结构，热量的摄入不能太多，既要注意各种营养的搭配，又要少吃高脂高热量的食物，如奶油点心、巧克力。总之，要养成良好的生活、作息习惯，只要健康，就是美丽的。

■ 有些时尚并不适合青春期的你

小故事

薇薇是个时尚的女孩，周末，她并没有像往常一样和小姐妹在一起做作业，而是神秘"失踪"了，到晚上的时候，她神采飞扬地跑来找好友小丽，对小丽说："怎么样，我这发型？"

"你烫了大波浪？"小丽诧异地问。

"是啊，你不是看见了吗？怎么样？"薇薇还在炫耀着。

"你不怕你爸妈不同意？我们才十几岁呢。"

"大不了挨一顿骂，我们这个年纪不打扮，会被人认为是老土的。你看，我们学校好多初一初二的女孩都把头发染了，我们做师姐的应该带点头嘛。"薇薇开着玩笑。

"可是，你明天怎么面对老师呢？万一老师要你弄回去怎么办？"

"是哦，我怎么没想到呢？我爸妈的话可以不管，老师可不是好惹的。"

"是啊，所以还是恢复直发吧。"

上网搜了很多资料后，薇薇的确看到好多关于青少年烫发染发伤身体的评论，当天晚上，她就跑到理发店，恢复了直发，为这事，薇薇花去了一个月的零花钱，后悔不已。

 **分 析**

青春期的女孩们正在逐步接受成人世界的一些做人做事、穿着打扮的方法，另外，随着广告、媒体、娱乐的宣传作用，很多女孩追求个性、时尚的生活方式，开始盲目追星，开始喜欢穿一些奇装异服，开始喜欢表现自己，喜欢出头……青春期是接受新事物的年纪，但女孩们，你必须有所选择地接受，对于外界事物的事物，要学会取其精华，去其糟粕，然后为自己所用。

那么，对青春期的女孩来说，哪些时尚不适合这个年纪呢？

1.染发

随着各种流行因素在学校的盛行，青春期女孩总能最先接收到一些潮流讯息，就比如染发。原本乌黑亮丽的一头长发被染成了红色、黄色以及其他很多种颜色，她们以此为美，其实，不管从什么角度，青春期女孩染发有害无利。

对健康而言，染发时染膏对头发表层的毛鳞片有很强的破坏作用，如果养护不当的话会造成头发的鳞片脱落、水分流失，粗糙起毛刺，缺少光泽和弹性。

有的染发剂还含有重金属，含铅量是家用油漆、颜料含铅量的5～10倍。铅进入人体后，难以排出体外，引起蓄积中毒，出现头昏、头痛、倦怠乏力、四肢麻木，腿肚痉挛性疼痛、腹痛等一系列铅中毒症状，并且进入肝肾和脑髓，破坏这些脏器的功能，严重者丧失劳动力。

而青春期女孩染发，也并不是一种美，它超出了青春期这个以天然为美的年龄界限，染发其实是反美为丑。其实，青春本来就是美丽的，做真实的自己才是最美丽的。

2.扎耳洞

爱美之心，人皆有之，青春期的女孩开始爱美并开始有意无意地打扮自己，比如，扎耳洞，那些成年女性美丽的耳坠对其有着无限的诱惑，校园里经常女生之间议论着"现在流行扎几个耳洞"。

近年来，少女扎耳洞的人数逐渐增多，而且耳洞越扎越多。由于不懂消毒无菌知识，乱穿耳洞，很容易造成局部红肿、流脓，甚至出现颈部或半侧头部疼痛，症状为颈部歪斜、疼痛、僵直、发硬、转头活动受限。由于炎症累及到淋巴管，造成淋巴结肿大或淋巴管炎，严重可危及生命，久病者可发生两侧面部不对称。

其实，不是所有女孩都适合扎耳洞，疤痕体质和血小板含量低的人及糖尿病患者一般不建议穿耳洞，月经期间也不宜穿耳洞，否则容易造成明显疤痕，形成"菜花耳"或不易止血的情况，而且月经期间容易受感染。

其次，打耳洞对以学习为重的青春期少女来说，实在是一件麻烦的事，打了耳洞后，要保持皮肤卫生，做好消毒，每日用碘伏涂抹局部，至少持续1周。若发炎且非常疼痛还要及时就医。在洗脸、睡觉时都要避免挤压、碰击耳朵，至少刚穿耳洞的7天内都不能沾水，保持耳洞干燥通风。每日还要轻轻旋转一下耳针，以防其与皮肤粘连一起。

3.紧身裤

紧身裤能起到提臀、收腹的作用，想让身材显得更加苗条的女孩总是忍不住被其诱惑，但紧身裤并不宜穿。很多女孩得了霉菌性阴道炎，往往症状很重时还不自知。而这些少女都有一个特点：一年四季都喜欢穿着紧身裤和裤袜，问题就出在紧紧包裹的裤袜上。

很多少女不管冬夏都喜欢穿着紧紧的裤袜和紧身裤，表面上看没什么问题，其实给大量厌氧菌的滋生提供了有利环境，成为产生阴道炎的潜在因素。人体中有大量的共生菌，也有不少致病菌，如大肠杆菌、霉菌、厌氧菌等组成的菌群，它们互相之间处于一种平衡的状态，其中厌氧菌最适宜在封闭、阴暗和湿润环境下繁殖，冬天虽然天气相对较冷，但是少女四肢运动活跃，而裤袜、紧身裤等一穿就是十多个小时。在长时间的紧紧包裹之下，很容易制造适合厌氧菌大量繁殖的环境。正常情况下，阴道内的厌氧菌含量为70%左右，但是经过这样的"环境培养"，将使其含量大大增加。菌群比例一失调，炎症便产生了。

对爱美的女孩子而言，不能为了美丽而放弃健康，而实际上，青春期穿流行紧身裤并不是美，反而过早地让自己的青春之花凋谢了。

■ 科学地帮助乳房发育

小故事

瑶瑶身体一直很瘦弱，青春期发育也比别的女孩晚一点。

有一天傍晚回家，妈妈在厨房做饭，她一声不吭，妈妈看出她的不对劲，问她怎么了，她才支支吾吾地说了前因后果，原来因为平胸，她在学校被人嘲笑是"飞机场"，说完以后，瑶瑶语出惊人："妈，要不您带我去医院做个丰胸手术吧，电视上的广告不是很多吗？"

听了瑶瑶的话，妈妈吓了一跳，这么小的女孩竟然就有这样的想法，妈妈立即反思：女儿身体一直瘦弱，自己也忽略了对她这方面的教育，看来是得想办法帮助女儿了……

分 析

女性乳房是集哺乳功能及特有的女性美象征为一体的器官。在现代社会，随着文明的发展和服饰的变化，女性乳房"美"的功能逐渐被人们高度重视。每一个女性都希望有一对丰满和富于弹性的乳房，使之构成女性特有的流畅、圆润、优美的曲线美。大小适度，形态正常的乳房是妇女体态健美和显示特征的标志之一。乳房过小，使妇女的胸壁扁平，失去正常的起伏轮廓，常见于两侧。如发生在一侧，则使胸部左右对称失调。乳房过小，可引起情绪不安（尤其是青年女性），或给从事某些职业如文艺、外事、体育工作的人，造成体型上的不利条件，于是，有了丰胸产品的出现。

女孩进入青春期后，开始意识到自己的身体正悄悄地发生变化，所谓爱美之心，人皆有之。很多青春期少女为了拥有令人羡慕的身材，也开始偷偷使用丰胸产品或者进行丰胸手术，殊不知，青春期女孩盲目使用丰胸产品，有着极大的危害。

少女正处在生长发育的旺盛时期，自身卵巢就会分泌雌激素，而且比其他时期分泌得更旺盛，而一般的丰胸产品，目的就是刺激雌激素的分泌，这虽然会促使乳房的发育，但也会导致身体内激素的紊乱。丰胸产品的使用会使女性体内雌激素水平持续过高，这可能增大乳腺、阴道、宫颈、子宫体、卵巢等患癌瘤的可能性。常用的药物有苯甲酸雌二醇、乙烯雌酚等。滥用这些药，不但易引起恶心、呕吐、厌食，还可导致子宫出血、子宫肥大，月经紊乱和肝、肾功能损害。

解决方案

那么，青春期的女孩该怎么样科学地帮助乳房发育，不做"飞机场"呢？

1.要注意营养的摄入

青春期是长身体的阶段，每天都需要充足的能量和营养元素，青春期女孩应该多吃鸡蛋、鱼、肉等蛋白质含量高及水果、蔬菜等富含各种维生素的食物，以利于增加胸部的脂肪量，保持乳房的丰满。

很多女孩爱美，羡慕时尚人物的纤瘦，也希望自己拥有苗条的身材，于是选择节食减肥，其实，这是不可取的，是因小失大。青春期需要比其他年龄段更多的能量和营养的摄入，节食，不仅对身体无益，也无法供应乳房发育所需的营养，这就是为什么很多偏瘦的女孩乳房较小的原因之一。

2.适当的运动

健康是美的基础。要保持乳房的健美，乳房韧带的韧性和胸部肌肉群的弹性是十分重要的。青春期女孩要经常参加体育锻炼和运动，有利于机体内分泌的平衡，这对于保持乳房的丰满是很重要的。其次可进行一些增加胸肌群有利于乳房发育的运动。具体说来，有以下几种，女孩子可以按照这些方式练习：

（1）俯卧撑。双膝并拢跪在地上，双脚抬起、俯身向前，双手着地与肩宽，保持背部挺直及臀部收紧；慢慢屈臂至胸部触到地面，再慢慢将身体向上推，回到原位。为保持胸部肌肉持续的紧张状态，在移到最高点时不完全挺直肘关节，重复10次。做此练习时，胸部一定要挺起，不要下垂，腹肌收紧，当身体放下时，腰不要塌下。

虽然这个动作相当累人，但它已经被公认为最有效的丰胸运动。只要养成每天做的习惯，不但能丰胸，还能练出紧致的腹部。实际上，做俯卧撑本身并不能使乳房增大，因为乳房里并无肌肉。但通过锻炼能使乳房下胸肌增长，胸肌的增大会使乳房突出，看起来胸部就变得丰满了，而且弹性也增加了。

（2）游泳。游泳是一个很好的丰胸运动。游泳时上肢活动量大，呼吸深而有节奏，加上水的阻力，就像是胸部肌肉在进行负重练习，使胸部肌肉群的力量和弹性增加，这是使乳房健美的一种简易的方法。

（3）体操。双手在胸前合十，手肘尽量抬高，左右互推；收腹挺胸，用肩膀的力量尽量使手臂向上伸直，不要踮脚尖，腰部以下不要用力；双手在身后合十，尽量后伸。

第一个动作可锻炼胸部韧带，使胸部更加挺拔；第二个动作能锻炼胸肌、托高胸部；最后一个动作可调整脊椎和肩膀的宽度，防止胸部下垂。

3.注意穿戴合适的文胸

为了减轻在运动时对乳房造成损伤，尤其为了防止乳房下垂、外扩等情况的发生，青春期的女孩要及时穿戴文胸。并且在选择时注意文胸的尺寸是否合适，因为太紧会限制乳房的发育，太大又不能起到保护作用。

4.按摩

乳房按摩不仅可促进胸部肌肉群的活动，增加其张力，而且可通过皮肤直接地刺激乳腺，使乳腺发达，达到丰胸的目的。具体方法是，用自己的双手交替按摩乳房。即用右手按摩左侧乳房，左手按摩右侧乳房，先从乳房下侧逐步向上至腋下间的皮肤。因为人体的经络，如肝经、肾经和胃经等都是通过这里通向乳房的。按摩一般可在晚上睡眠时进行，也可在早晨起床前或淋浴时进行。每日按摩1~2次，每次10~15分钟，一般坚持3个月就能收效。

小贴士

　　每个青春期的女孩都要认识到，成长的过程中，会因为生理问题有一些烦恼，但要注意科学地调节，也希望所有的女孩们，科学地对待乳房发育问题，科学地帮助乳房发育。

■ 注意身体的卫生和清洁，养成健康生活习惯

小故事

　　丹丹从小就爱干净，也懂得打理自己，自己的房间收拾得干干净净，自己的衣服也自己洗，很多同龄的女孩都没她懂事，妈妈一直为此欣慰。

　　但丹丹进入青春期以后，似乎有了很多秘密，她的书桌上多了一把锁，一次妈妈给她洗床单时，在她的被单底下发现了卫生巾，对于这些妈妈很理解，女儿长大了。但正因为如此，她更需要自己这个做母亲的多加引导。

　　有一次，丹丹支开了爸爸，很难为情地把妈妈拉到她房间，说："我真是不好意思问您，我青春期的问题也真是多，我的胸部有点痒，好多天了，这是怎么回事啊？这文胸还是您上次跟我一起买的呢，应该没问题吧？"

　　"怎么会痒呢？应该不会呀，你给我看看。"妈妈一看，丹丹的

胸部已经有点红了，她看到女儿穿着一个星期以前给她买的那件文胸，一下子笑了。丹丹看到妈妈笑了，反倒有点生气的样子，"妈，这有什么好笑的？"

"我没有别的意思，我当时不是给你买了两件文胸吗？你怎么不换呢？"

"文胸又不是穿在敏感部位，难道也要经常换吗？"

"当然，乳房也是脆弱的，同样需要呵护，你经常穿同一件文胸，不清洗，不更换，自然容易衍生细菌，肯定会痒的，你先去洗个澡，用杀菌的沐浴露洗洗，一会儿换上干净的内衣，就会好的，放心吧。"

"真的吗？"丹丹用怀疑的眼神看着妈妈，妈妈很肯定地朝她点了点头。

分析

丹丹的这种情况，也就是一般的乳头发痒等，可能与清洁不当有关，只要做好了清洁卫生，症状就会消失。除了胸部清洁外，青春期是很多疾病的高发期，每个女孩都要养成良好的卫生习惯，做一个干净清爽的女孩。

一位母亲道出了自己的忧愁："别人家小姑娘穿得干干净净的，说话甜甜的，很讨人喜欢，但我女儿就是个'皮大王'，整天弄得脏兮兮的，早上扎的头发，下午回来后就蓬头垢面了，房间里的东西也是乱七八糟，喜欢和男孩在一起疯，身上总是脏兮兮的，我怎样才能培养出一个干净精神的淑女呢？"

解决方案

的确，干净卫生是保证青春期女孩身体健康成长的前提，那么，青春期女孩如何养成卫生干净的好习惯呢？

1.勤洗手，勤换衣洗澡

其实，青春期的女孩已经认识到要勤洗手、勤洗澡换衣的重要性。比如手接触外界难免带有细菌，这些细菌是看不见、摸不着的，如果不将双手洗干净，手上的细菌就会随着食物进入肚子，就会因为吃进不洁的东西导致生病。

2.打扫房间，保持家居环境整洁

可能在不少家庭，女孩都会认为，收拾房间都是父母尤其是妈妈的事，因为她们会认为自己的任务就是学习，而整理、打扫自己的房间，与自己无关。但事实上，我们可以来计算下，在你每天的二十四小时内，最起码有三分之一的时间都是在卧室度过的，卧室是你休息、睡觉的地方，也是你肌肤接触最多的地方，如果不按时打扫，会直接影响身体的健康，也会影响到夜间休息的质量。做好卧室的清洁和整理工作，才能保证你远离病菌，同时，干净、舒适的卧室也会令人身心愉悦。

3.注意私密处的卫生

女孩要经常换洗内裤，保持私密处干燥，穿棉质内衣，并学习恰当使用卫生巾，这一点我们在前面的章节中已经提及。

 小贴士

总之，青春期的女孩一定要养成好的生活和卫生习惯，不给疾病侵袭自己的机会。

■ 如何摆脱失眠的困扰

　　妞妞现在已经上高中了，回想起自己初三那年失眠的日子，妞妞还记忆深刻。那段时间，初中实行初三分流班制度。初二期末，学校重新分班，因为成绩突出，妞妞被分到了 A 班。新班主任的要求特别严格，她一下子适应不了，一整天精神都处于紧绷状态，直到晚上睡觉，仍然放松不下来。妞妞晚上变得异常兴奋，总是在想白天的学习情景，包括白天做过的题，老师留的作业，满脑子感觉都要爆掉了，想不去想这些事，却又控制不了，弄到很晚才睡。

　　妞妞次日早上一醒来，跳入大脑的第一个感觉就是：我昨晚觉得自己没睡好。接着，就开始担心白天上课会无精打采，会注意力不集中，会造成学习低效率……越想就越担心，白天上课果然就真的没精神。这种消极暗示又导致晚上睡不着，越睡不着就越担心。接连几天，都是这样度过，这样，一个恶性循环就形成了。妞妞每次入睡前都在努力让自己快点入睡，而这种努力实际上是让自己的神经处于兴奋和紧绷状态，与睡眠状态的抑制和轻松恰恰相反。这导致她越是努力想入睡，就越是睡不着，进而产生焦虑、急躁等消极情绪。

分 析

　　妞妞的情况就属于失眠，是否失眠可以根据卧床后进入睡眠状态的时间判断，正常人大多数在上床后三十分钟内便可入睡，且持续七到十小时，而失眠的人上床后很长时间都不能入睡，即使入睡也很难维持睡眠。失眠会影响一个人第二天的精神状况、学习和工作的效率。一般失眠的人，在次日醒后不能恢复精力、白天精神不振、恍惚等。

失眠常由心理、生理因素导致，最常见的为学习压力过大、社会竞争激烈等，对处于青春期的女孩来说，除了有学习压力、考试焦虑外，还可能因为身体发育、人际关系处理不当导致的精神紧张，另外，一些生活变故，比如，失去亲人、意外打击等，都会导致失眠。除此之外还有其他躯体疾病，用药、中毒或环境因素引起的，如有疼痛与明显不适感的躯体疾病患者、内分泌疾病患者，长期服用中枢兴奋剂、抑郁剂患者在用药期间或停药之后均可引起失眠或睡眠维持困难。

青春期是每个女孩一生中的特殊时期，是身心全面发展的一个时期，不论是身体还是心理，在这时都有很大的变化。这个时期的女孩必须要保证充足的睡眠，才有益于身心的发展，而有些女孩开始感叹了：最近失眠来袭，怎么办？

青春期女孩失眠的原因有很多种，有生理因素，如月经期或者身体不适的时候。此外，女性经历怀孕或进入更年期时，就会变得更容易失眠。青春期女孩从初潮开始就有荷尔蒙的起伏以及身体的发育，这些都影响睡眠。之后，与荷尔蒙相关的睡眠问题会更加普遍。而一些精神上的原因比如抑郁，往往也会导致失眠。女孩如果睡得不好，情绪就低落，带着消极低落情绪去学习，效率自然不高，同时，也会影响女孩的身体发育。

很多女孩误以为安眠药会解决这一问题，其实，安眠药有很大的依赖性，并且伤害身体。

解决方案

失眠的青春期女孩最好用以下方法，尝试着解决失眠的问题：

第一，把内心的郁结之处向自己的朋友或老师、家长吐露出来，排遣心中的不快。

第二，可以在睡前做些运动。比如舒展一下筋骨，但别剧烈运动。也可以睡前洗脚，放松精神。

第三，从根本上解决问题，让自己的白天充实一点，当你觉得自己充实地过完一天的时候，也就能安心地休息了。

第四，保持好的作息习惯。

小贴士

睡眠是人正常的生理需求，每个人都希望自己有高质量的睡眠，继而以饱满的情绪面对第二天的生活和学习。不过，任何人在其漫长的一生中，都难免会遇到失眠的现象。情绪波动、药物、浓茶也可能导致失眠。青春期的女孩在面对失眠的时候要尽量找出失眠的原因，解决失眠问题，拥有良好的睡眠质量，才能精力充沛地学习和生活！

女孩也会神经衰弱吗

小故事

乐乐是从一个农村中学转学过来的，她比别的同学都努力很多，因为她觉得爸妈把自己送进城里的重点中学读书不容易，自己不能比

065

城里的女孩成绩差，她要证明给所有人看自己是成绩最好的。

因此，平时同学们玩的时候，她也是独自学习，学校组织的活动也不参加，因为她要把所有的时间放在学习上，就这样，第一学期的期中测验，她得了班上第一名，为此，她更加确定自己要努力，要争取拿全校第一。

每天，她抱着这样的想法生活，即便吃饭上厕所，她都在思考数学题的解答方法，晚上做梦都会想到物理公式的演算方法，就这样，在一个月的时间内，她发现自己已经无法入睡，白天精神恍惚，食欲不振，还喜欢发脾气，同一个单词以前记一遍就能记住，现在就算是记住了，过会儿就会忘记。后来，她的爸爸妈妈不得不带她到医院检查，心理医生说，她是因为用脑过度而导致了神经衰弱。

 **分 析**

青春期的女孩普遍多思、敏感，这几乎是所有少女共同的常见心理特征。正是因为这些心理特征，许多青春期的女孩会神经衰弱。

据分析，很多少女之所以会神经焦虑，是有一些原因的，她们长期过于敏感、过度紧张，引起大脑神经兴奋与抑制失调。由于失调，身体便会出现不适感。而反过来，这种身体的不适又会影响他们思维，致使大脑功能进一步紊乱，慢慢地，这就形成一种恶性循环，而很多女孩以为自己得了不治之症，把精力、注意力全部集中在病上，陷入了不能自拔的境地，影响到正常的学习、生活乃至自己的健康。

神经衰弱的症状一般是：一是容易兴奋，对刺激极为敏感，表现为多疑、敏感、偏见、固执、易激动、爱生气、脾气古怪；二是容易疲劳，特别是在看书、学习、写作等脑力劳动时更明显，表现为记忆力减退、头脑昏沉、注意力不集中等。

 解决方案

少女进入青春期后，和童年时代会有很大的不同，这也是成长的烦恼，她们逐渐变得敏感，更在意周围人对自己的看法，对自己的形象也更注意，于是，她们变得情绪不稳，这是正常的，但有些少女发展到看问题易偏执，这就使少女对人与人之间的关系很敏感，特别是对与自己有关的人际关系更敏感。另一方面，一些少女又对神经衰弱的各种症状缺乏正确的认识和态度，怀疑自己得了"不治之症"，使精神更加紧张，病情更加严重。所以，为防止和消除神经衰弱，少女应该恰当地把握感情的敏感度，不妨做到以下几点：

1.肯定自己，接受自己

每个人都活在社会中，因此，谁都会在意别人对自己的评价，但不能始终活在别人的眼光中。而现实生活中，就是有这样一些女孩，过分敏感，这种生活态度会给女孩带来很多麻烦，也很累，对此，女孩要想摆脱这种心理，就要学会肯定自己，接纳自己，这样，当别人看你时，你就能大胆地接受别人的眼光，然后活出自我。

2.大方为人处世，别为小事斤斤计较

生活中不如意的事太多，人与人交往，也避免不了矛盾，对此，你如果紧盯着矛盾，对那些不必在意的事过分纠结，你就是自寻烦恼。其实，有些小事发生了，你就可以就把它当作一朵云，任它飘走就好。

3.认识自己，善待自己

要认识到自己不能代替别人，别人也不能代替自己；别人不会事事赛过自己，自己也不可能事事出人头地。要有大处着想的胸怀，敢于公开自己的优缺点，而不尽力去掩遮一切；要有"走自己的路，让别人说去吧"的勇气。

4.充实业余时间

一个生活充实的人，往往在精神上也是充实的，充实的精神世界一般能避免焦虑、敏感。因此，青春期女孩，不妨多参加集体娱乐或读点你自己感兴趣并有益的书籍。另外，坚持经常性的体育锻炼，也有助于防止"心理过敏"的现象发生。

5.采用"今日事，今日毕"和"坐言不如起而行"的生活态度

有神经衰弱倾向的人，一般来说，心理机能都会减退，耐力也会不足。他们会对必须付诸行动的行为犹豫不决，或者针对还没有产生的结果瞻前顾后，虽然知道这种想法是无意义的，却无法有所行动。有这种倾向的女孩，应该丢弃这种生活态度。

因此，青春期女孩，当自己患上神经衰弱时，一定要弄清神经衰弱的主要原因，除了因精神过度紧张、敏感、多虑外，身体原因也不能排除，比如身体上的过度劳累、生活不规律、强烈的精神刺激等都会导致神经衰弱，只有查明病因，才能对症下药。总之，女孩一旦发现自己神经衰弱后，就要及时治疗，然后建立起正常的生活规律，树立战胜疾病的信心，再辅以适当的药物，神经衰弱就一定会离你而去。

■ 培养挺拔身姿，预防含胸驼背

小故事

灵灵今年13岁，她有个与自己同龄的表哥，只比自己大几个月，

但奇怪的是，灵灵平时饭量比这个哥哥大多了，而且长得也比他高大、粗壮，有一次，她听外婆无意间说："女孩子就要小巧玲珑好看，将来好嫁人。"这下她明白为什么外婆不喜欢自己了，从那以后，她走路的时候就弯着腰，坐着的时候也含着胸，久而久之，她便养成了这样的坏习惯，变得有点驼背。

有一次照镜子时，她发现自己比之前更难看了，为此，她很自卑。

 **解决方案**

生活中，很多青春期女孩在读书写字的时候养成了一个坏习惯，含胸驼背，佝着走路，结果成了小驼背，本来挺拔的身体一下子难看了很多。其实，驼背是不良生活习惯造成的，养成健康的生活习惯，就能预防驼背，你就可以获得完美的背部曲线。

（1）注意端正身体的姿势，平时不论站立、行走，背部自然挺直，两肩向后自然舒展。坐时脊柱挺直，看书写字时不过分低头，更不要趴在桌上。人们所说的要"站如松，坐如钟"是有一定道理的。

（2）正在发育的青春期女孩最好不要睡过软的床，以使脊柱在睡眠时保持平直。

（3）加强体育锻炼。认真上好体育课，做好课间操，促进肌肉力量的发展。在全面锻炼的基础上做矫正体操。矫正体操有很多种，有各种形式的徒手操，有利用各种体育器械的矫正操。矫正驼背主要以增强背肌、挺直躯干和扩张胸廓为主。要消除驼背，就要注意克服上述不良习惯。平时走路、跑步挺胸抬头；每天早晚可以躺在床上，肩部搭在边沿处，仰卧，头部悬空，用手向后做摸地的动作；白天休息时也可以这样做，慢慢地就会有所改善。午睡一般时间控制在半小时左右为好，长睡有利于恢复体力，短睡有利于恢复脑力。

另外，女孩可以经常做一些有利于背部发育的体操，比如：

（1）单臂哑铃划船。这个动作主要锻炼你上背部的肌肉。双腿分开等肩宽，膝盖弯曲，胸部前倾，右手按在左侧膝盖上，左手持哑铃向脚尖方向尽量放长，然后用背部的力量回拉至臀侧，注意胳膊不要弯。注意控制好速度。左右交替进行，一边两组，一组15次。

（2）俯立侧平举。双腿分开站立，膝盖弯曲。胸部向前倾，但是背部始终保持挺直。双手持哑铃，向两边水平提起，感觉到背部肌肉在用力。重复此动作两组，一组20次。

（3）俯立挺身。两腿并拢站立，双手置于脑后交叉，也可以向水平方向打开。上身尽量前倾到身体呈90度然后回来，重复此动作3组，一组20次，动作要慢。

（4）俯卧挺身。主要练习下背，平躺在地板上，腹部紧贴地面。双手交叉置于脑后，轻轻地抬起头部，使胸部离开地面。注意不要用力过猛。然后回落，注意控制好速度。重复此动作两组，一组15次。

（5）仰卧抬腿。平躺在地上，双腿分开，膝盖弯曲。然后用手臂和脚的力量撑起身体，你的背部、臀部和大腿都离开地面成一直线。保持这个姿势，然后将你的左小腿向斜上方伸直，再慢慢回落。做动作的过程中，请你注意背部肌肉的紧张。这个动作每侧重复15次为一组，共做2组。

学习是学生的天职，但不要因为学习让健康和美丽受到负面影响，养成良好的生活习惯，就可以二者兼得！

■ 早睡早起，做一个有精气神的女孩

小故事

　　这天晚上，都十二点了，菲菲还在房间玩手机。妈妈看见菲菲房间的灯还亮着，就站在房门外，等菲菲把手机上的游戏打完，然后敲开了菲菲的门。

　　"菲菲，你知道几点了？不早了啊。"

　　"我知道，可明天是周末呀，没事的。"菲菲为自己找借口。

　　"可是你知道吗？你今天晚睡，明天就要睡懒觉，明天晚上又会睡不着，循环往复，你的作息时间就会被打乱，伤身体不说，还会影响你的学习效率。"

　　"嗯，妈妈你说得对，健康的前提还是要有规律的作息时间……"

 **分　析** ◆

　　良好的生活习惯，源自平时作息时间的保持。不少青春期女孩缺乏这种作息时间观念，更谈不上养成。只有合理安排好自己的作息时间，使生物钟能够保持正常的周期，人才会感觉到精力旺盛。大量资料表明，凡是生活有规律、勤劳而又能劳逸结合的人，不仅工作效率高，而且健康长寿。因此，青春期的女孩，一定要遵循正确的作息时间。

　　可以说，一个女孩在家和在学校的作息时间执行情况有很大的区别，由于学校作息时间非常统一，并且有专门的老师负责上课、下课和教学活动，女孩

们在学校里的作息时间基本上比较有规律。但是一回到家里，往往会显得各行其是，这让很多家长非常头痛，而女孩们往往自己没有学习好，也没有玩好。为了解决这个问题，青春期女孩们一定要规划好自己的作息时间。

解决方案

晚上9～11点：这段时间是免疫系统排毒时间，此时应安静或听音乐，完全放松身心，进入睡眠的准备状态。

晚间11～凌晨1点：此时，肝脏在排毒，需在熟睡中进行。

凌晨1～3点：胆排毒时间。为什么超过12点睡觉的人，即使睡够了8小时，他还是不能解乏？一个重要的原因，就是到了肝胆解毒的时间，他没有睡觉去解毒，而是在拼命学习、打游戏、唱卡拉OK，以至于第二天早上起床后，精神萎靡不振。

凌晨3～5点：肺排毒时间。有些人总是半夜咳嗽加重，不明白是怎么回事。白天不咳嗽，而到了半夜就咳嗽，这是因为人体排毒的动作走到了肺，其实这是一个好的现象，证明人体自洁的功能在起作用。这时，不应用药进行止咳，以免抑制废物的排出。

半夜至凌晨4点：为脊椎造血时段，必须熟睡，不宜熬夜。

清晨5～7点：大肠在排毒，应上厕所排便。很多人晚上不睡，早上自然就起不来。由于想睡懒觉，早上不起床，而一起床后，马上要赶着去上学上班，因此来不及大便，而改成晚上或其他不确定的时间大便，这实际上是强行改变人体的生物钟，时间长了对人身体都没有好处的。

早晨7～9点：小肠大量吸收营养的时段，应吃早餐。很多人都有不吃早餐的习惯，久而久之，就容易得胆结石。

可能一些青春期女孩会说，现在课业如此繁重，哪有足够的时间休息呢？以下是几点建议：

转换睡姿：很多女孩睡觉惯用同一姿势，其实保持不同的睡姿才是正确的睡眠方式，在日常生活中亦要让肩部和头部的肌肉得到适量的运动。例如，侧睡是一种很常见的睡姿，但长年累月侧向同一边睡觉，而且转身不多，就可能会造成左右肩膀肌肉的拉扯得不到平衡，甚至导致落枕。爱仰睡的女孩应注意腰部要贴近床褥，让肌肉和脊骨得到更佳的休息。同时，一整天的坐姿带来的疲劳在这时候也得到缓解

床褥要舒适：太软的床褥会让脊椎骨压陷，扯紧脊椎骨节之间的韧带，而太硬的床褥又会令身体只得几点受力，其他部位欠缺承托。一张好的床褥应该软硬适中，随身体的曲线紧贴虚位，保持脊骨的S形。选择床褥因人而异，体重较重的人需要选择较硬的床褥，体型娇小的则可以选较软的床褥。

饮食习惯好：饮食和运动也是休息的一种，不容忽视，要有很好的饮食习惯，少油、少盐、少肉、多蔬果；每天补充维生素，有规律地运动，早睡早起不熬夜。

睡好午觉：不要忽视午觉的作用。在午餐和晚餐中间，一般人都会觉得头昏脑涨，思路缓慢，好像不太能集中精神，这是人正常的生理反应。越来越多的证据显示，在经过半天的活动之后，有一股力量会驱使我们休息一下。作为青春期女孩，因为体质相对于男孩较虚弱，更应重视午觉的作用，过度用脑会对大脑发育有不利影响，也不利于下午的学习。

俗话说"身体是革命的本钱"，青春期的女孩要多休息，不要给自己太大的学习压力，适当地放松自己，反而能更高效地学习！

☀ 小贴士

总之，青春期的女孩，你一定要明白充足的睡眠的重要性。要养成早睡早起的好习惯，休息得好，身体才会好，学习效率也才会高，打疲劳战只会起反作用。

4

懵懂的情愫很美好，但"涩苹果"真的不好吃

到了青春期，女孩开始对异性产生爱慕是正常的生理和心理需求，可是，青春期的孩子对于爱情和婚姻还没有一个成熟的认识，而且，青春期是积累知识的年纪，是为理想和目标努力的年纪，过早的恋爱对女孩的身心发展都不利。女孩们要知道，即使你现在情窦初开，也一定要冷静对待感情，要和异性保持距离，千万别在青春期偷吃"涩苹果"，一定要保护好自己的身体，别让错爱发芽。

珍惜朦胧的美好，别让友情因早恋终结

　　下面是一位十四岁女孩的日记：

　　"两年前，我还可以把自己埋在书中，一心要上所好学校。现在不行了，那个男孩一走到我身旁，尽管我的视线没有移动，可全身心所有的神经只在他一个身上。早晨临行前，我下定决心，绝不分心，可一进教室，我就知道他还没来。那天，他问我去不去春游，'不去，那天我有事。'我违心地拒绝了。可我明知那一天我只能望着窗外发呆。有时我想，人长大了有什么好？做事反而不如小时候专心。写着作业甚至会忽然哭起来。其实，这个男孩是不是很出色，我也说不准，反正他和别的女孩说笑时，我心底就会升起一缕愁思。我是爱上了他吗？我应该对他表白吗？"

 分 析

　　也许很多青春期的女孩认为，或许这就是爱，但爱是非常抽象的东西，青春期这个年龄生理和心理都发育不成熟，对于两性关系还没有一个比较全面的认识，更谈不上能严肃地选择终身伴侣。

　　在青春期的少女中，对异性向往与爱慕，属于生理与心理发育过程中的正常现象，但必须有所自律，爱慕但不能"早恋"。

　　青春期的少女产生怀春心理，并且可能会出现早恋的迹象，这是为什么

呢？这是因为进入青春初期的少女，身体的发育使第一性征和第二性征发生变化，开始有两性的自我意识。在"窥探"两性关系的好奇心理支配下，形成了青少年男女间一种幼稚的、带有一定盲目性的"异性爱"形态，这就是人们常说的"早恋"。

青春期的女孩可以对异性爱慕，但必须学会控制这种心理的滋长和蔓延。青少年时期是精力最旺盛、求知欲最强、长身体、长知识的金色年华。但生理和心理发育都不够成熟，待人处事还比较幼稚，性知识比较缺乏，性道德观念尚未形成。因此，还不善于处理超越同学、朋友范畴的两性关系，更谈不上严肃地选择终身伴侣。加上青春萌动期感情充沛、血气方刚，容易沉迷于与异性的情意绵绵、耳鬓厮磨之中，消耗过多的时间和精力，妨碍完成繁重的学习任务和参加有益身心的群体活动，也削弱了和其他同龄人密切交往而建立广泛深厚的情谊的机会。如果一旦盲目冲动，偷尝禁果，就更有损身心健康，留下终身的遗憾了。

解决方案

该怎样去调节怀春心理，在与异性青少年融洽相处中互相促进，健康成长呢？

（1）自觉接受青春期教育，用科学知识破除对"性"的神秘感，使性知识丰富与性道德观念的树立同步发展。

（2）珍藏对异性的爱慕感情于心灵深处，转化为互相尊重、互相鼓励、互相推动、互相学习的动力。净化心灵，清除爱慕中"情欲"的杂质，防止异性交往中的单一指向性和进行活动的排他性。

（3）讲究风度，注意礼仪。做到端庄和蔼，以礼相待，举止适度，说话（特别是开玩笑）注意分寸，表现出对对方的尊重，显示自己的文明修养。

（4）要注意培养"四自"（自爱、自重、自尊、自强）的观念，在情窦初开、思想敏感、感情热烈之时，要矜持自控，防止"青春期"变成"苦恼期"，"黄金时代"变成"多事之秋"。

（5）异性交往的感情已有超越友谊界限迹象的青春期女孩，要及早把热度降温，用理智驾驭感情。

总之，青春期的女孩应该以学习为重，要把对异性的爱慕感情埋于心灵深处，把这爱慕转化为互相尊重、互相鼓励、互相推动、互相学习的动力。并且，青春期的女孩即使有爱慕的对象，也应该矜持自控，要注意培养自爱、自重、自尊、自强的观念，爱，也不能轻易说出口。

从这几个方面说，青春期的女生都不应该过度地表现自己的"情感"，情窦初开时，要选用正确的方法把这种情感释放出来，找准自己的位置，努力学习各种知识，让自己的青春不虚度！

■ 什么是处女膜

小故事

有一天，露露和乐乐两人走在路上，在一家妇科医院门口，几个发传单的人员竟然丢给露露一本宣传册，霎时间，"处女膜修补手术"这几个大字映入露露的眼睛，当时，露露真是羞死了，乐乐还非要看。

"露露，什么是处女膜修补手术呀？"

"可能是我们身上的某个零件不完整了，需要修理吧。"

"那我们的没问题吧，是哪个零部件啊？"

露露已经羞得想找个洞钻进去，乐乐还这么问。她生怕哪个路人听见自己和乐乐的对话，保险起见，她还是准备把宣传册丢进垃圾桶，却被乐乐一手夺了过来。

"你真是不害臊，我们的肯定没问题。"

"你怎么知道没问题，你去医院检查过吗？"

"拜托，我们结束这个话题吧。"

"不行，你得跟我说清楚。"露露已经被乐乐缠上了。

就这样，两人拿着一本处女膜修补手术的宣传册，一直"纠缠"到家，刚好被刚下班到家的乐乐妈看到，为了消除孩子的好奇心，乐乐妈还是将这些都告诉了孩子们。

分 析

关于处女膜，青春期的女孩需要了解以下几个方面的知识。

1.什么是处女膜

关于处女膜，很多青春期的女孩认为其很神秘，那么，到底什么是处女膜呢？处女膜的构造又是什么样的呢？

处女膜是其他雌性动物没有而为人类女性所独具的，它在胎儿3～4个月时出现、发育、形成。处女膜是覆盖在女性阴道外口的一块中空薄膜，1～2毫米厚，膜的正反两面都是湿润的黏膜，两层黏膜之间含有结缔组织、微血管和神经末梢，中间的小孔叫处女膜孔。处女膜孔的大小和膜的厚薄程度因人而异。处女膜孔的直径为1～1.5厘米，通常为圆形、椭圆形或锯齿形；有的呈半月形，膜孔偏于一侧；有的为隔形孔，有两个小孔作上下或左右并列；有的有很多分散的小孔，就像筛子上的小孔。

2.处女膜有什么用处

处女膜对于女性的健康起着很重要的作用：可以防止外界不洁的东西进入阴道，有保护阴道的作用。

青春期前由于卵巢所分泌的雌激素很少，这时阴道黏膜薄、皱壁少、酸度低，故抵抗力差，处女膜有阻拦细菌入侵阴道的保护作用；青春期后，随着卵巢的发育，体内雌激素增多，阴道抵抗力有所加强，处女膜也就逐渐失去了作用。处女膜孔是生理所必须的，女子成熟后，每月一次的月经血就是通过这个小孔排出体外，如果膜上没有小孔，则每月的月经血被它挡住而不能排出体外，医学上叫作处女膜闭锁。如果没有及时发现，月经血在阴道内积聚，成年累月以后可向上扩展到子宫腔和输卵管，通过输卵管的远端开口，流入腹腔中，使输卵管破损，肠管粘连，腹腔感染。

3.处女膜不完整，并不一定不是处女

对于这个问题，很多女孩包括很多人都误认为，处女膜不完整，就不再是处女。

一般情况下，女性与异性初次性交时，男性的阴茎插入女性的阴道时，常将处女膜顶破而形成裂口，处女膜就破裂了。但处女膜的破裂也不全是这个原因，有的女性在儿童期的无知，将小玩具插入阴道，有的遇到外伤，或尖锐物碰巧抵在外阴部，有的因自慰、洗涤或阴道塞药造成损伤，也有的是处女膜本来就很脆弱，从事剧烈运动也可使之破裂。因此，不能仅凭处女膜是否破裂来鉴定是否是处女。

而有的女性处女膜虽然完好，但她已经不是处女了，这些女性一般处女膜孔大，弹性好，膜内血管少，加上性交柔和，虽多次做爱处女膜也不会破裂。由此可见，单凭处女膜是否破裂来判断处女是不科学的。同理，把第一次做爱是否"见红"作为判断处女的依据是不对的，对女性来说，也是不道德的。

所以，有的女性的处女膜虽然完整，但也已不是处女了，有的女性确实是处女，而处女膜已破裂。是否是处女，并不能凭处女膜是否完整来判断。

每个女孩都要知道，青春期是"性"的萌发期，对于这些生理知识，你们一定要从正面渠道了解，也不必羞怯，其实，对于"性"问题的好奇是青春期的正常心理，大方地面对性问题，用正确的心态学习、理解，女孩才能更好地保护自己！

■ 不要听信男生的花言巧语

小故事

　　贝贝今年大一，最近在谈恋爱，她的恋爱对象是赵刚。赵刚非常帅气，是大二年级最帅气的男生。为此，很多女孩都羡慕贝贝居然能够成为赵刚的女朋友。然而，贝贝却很苦恼，她甚至想到了分手。原因是，赵刚在谈了几个月的恋爱之后，总是缠着贝贝，让贝贝答应他的非分请求。

　　贝贝虽然也很爱赵刚，但是她知道，她现在还是一名学生，而赵刚也才大二，未来的生活还有很大的不确定性。况且，即使真的能够和赵刚走到婚姻的殿堂，她也想把最美的自己留到新婚之夜。为此，她拒绝了赵刚。赵刚接连几天都不理贝贝，贝贝很苦恼，却没有妥协。等到赵刚终于消了气，来找贝贝的时候，贝贝很诚恳地说："赵刚，我很爱你，也想与你共度一生。早晚有一天，我会把自己毫无保留地交给你，但绝对不是现在。我们当前的主要任务是好好学习，父母辛辛苦苦供我们读书，我不能出任何差错。而且，我是很传统的女孩。如果你能接受，咱们依然是别人最羡慕的情侣。如果你还是像之前那样要求我，我只能说我做不到。即使你提出分手，我也能够接受。"
听了贝贝的话，赵刚被感动了。他很懊悔地说："贝贝，对不起，你
说的是对的，是我错了。我不能因为别的同学在校外同居，就也这样
要求你。在结婚之前，就让我们做灵魂的伴侣，等到新婚之夜，咱们
再真正地融为一体吧！因为你的坚决，我不再怪你，反而，我一生都
会为有你这样的伴侣而自豪。"

分　析

贝贝的坚持，换来了赵刚的尊重，两人的关系也有了更明确的未来。贝贝
是一个非常自爱自重的女孩，她很爱惜自己的生命之花，不愿意让她在最美的
时候尚未到来之际就早早凋零。女孩们，你们也要向贝贝学习。对于男友的不
情之请，一定要坦然拒绝，因为这是你的自由，也是你作为好女孩的权利！

不少女孩会在青春期陷入爱河，在这个还不懂爱的年纪，她们懵懵懂懂地
跌入爱情的旋涡之中，自以为拥有真爱。为了所谓的爱人，她们愿意付出自己
的所有。尤其是面对男生的花言巧语，她们毫无抵抗力，她们不知道的是，
大多数青春时期的爱情，都会随着年龄的增长烟消云散。所以，女孩们，对
于青春期的爱情，你应该学会有所保留。只有爱自己，别人才会更加爱你。

青春期的少男少女们，一旦坠入爱河，往往会不管不顾。尤其是男孩，因
为荷尔蒙的作用，他们总是会对女孩提出更进一步的要求。青春期的情侣们，
先是牵手，再到接吻，最终也许会偷尝禁果，做出不该做的事情。男孩们在这
个年纪往往缺乏理智，他们还不知道感情为何物，责任为何物，却盲目地给女
孩很多的许诺。女孩们呢？如果一味地沉浸爱情之中，缺乏保护自己的意识，
就会导致青春之花过早凋零。聪明的女孩不要仓促地奉献自己，人生有太多的

不确定性，你以为的地久天长真的只是沧海一粟。对于男孩提出的非分之想，女孩们一定要坚定不移地拒绝。也许有的女孩会说，如果我拒绝了，他一定会说我不够爱他。女孩，你这么想就太傻了。你为何不反过来想想：如果他真的爱你，就不会对你提出这样的请求。一个值得托付的男生，不会为了一时的快乐，赌上你的一生。这么想来，你拒绝他的时候完全可以义正辞严，而不必有任何愧疚。爱情，是双方都要努力去呵护和维系的，不是任何一方对另外一方的索取和强求。

■ 什么是异性相吸

小故事

　　这天晚上，婷婷全家都在看电视，突然传来吵架声，妈妈将电视声开大了点，结果，吵架的声音越来越大，妈妈干脆关了电视，好奇心让婷婷妈妈想听听到底怎么回事，这一听，才知道，原来是楼上传来的，估计又是妈妈担心女儿早恋的问题，女儿一直反驳："我没有在学校谈恋爱，信不信由你！"

　　"那书包里的信是怎么回事，为什么抽屉也锁起来了？"

　　"什么，你检查我书包？你怎么能这样？"

　　"你不知道，孩子，妈妈是担心你啊，有多少女孩因为早恋误入歧途，耽误学习，妈妈看得太多，你就听我一句劝吧。"

　　"我没有早恋。"

"那每天早上来接你上学的那个男孩是谁？"

"我们班同学，我一个朋友，男女同学难道就不能成为朋友？"

"真正的男女同学之间的友谊是不会这么亲密的，妈妈明白，你这个年纪需要友谊，可是你要把握好分寸。"

"你真是草木皆兵，你是不是管我爸也这么严？"女儿一气之下说了这句话，"啪"的一下，一记耳光打在了女儿脸上，然后安静了。

这样的一幕估计在很多家庭中都发生过。

听到这一幕，妈妈问了婷婷一个问题："你明白什么是异性相吸吗？"婷婷摇了摇头。

 分　析

俗话说，女孩小时候省心，大了让人操心。女孩到了青春期以后很多做家长的一方面担心孩子早恋，另一方面担心孩子身体受到外界的伤害。于是，女儿成了家长生命中重要的一部分，孩子离开了自己的视线都觉得不放心。

的确，少男少女之间相互吸引是正常的，女孩一旦到了十几岁，有渴望与异性交往的心理，并希望引起异性的注意力，这就是人们常说的异性相吸，但未成年女孩，不要误以为青春期就可以谈论爱情，可以和异性交往，你们现在世界观、人生观还没有成熟，前面还要有很长的路要走，现在接触一个人，吸引你的就是他身上的某一个优点，甚至就是你没有接触到的生活。以后你还有很多的事、更多的人要接触，你所喜欢的人也会不断地发生变化的。所以现在喜欢一个人，一定要冷静，要学会把喜欢的事情默默地放在心里，成为你前进的动力。因此，真正的异性相吸，应该是吸收对方身上的优点。

（1）智力方面。男女生的智力类型是有差异的。男女生经常在一起互相

学习、互相影响，就可以取长补短，差异互补，提高自己的智力活动水平和学习效率。

（2）情感方面。人际交往产生的情感是丰富而微妙的，在异性交往中获得的情感交流和感受，往往是在同性朋友身上寻不到的。这是因为两性的情感特点是有差异的，女生的情感比较细腻温和，富于同情心，情感中富有使人宁静的力量。这样，男生的苦恼、挫折感可以在女生平和的心绪与同情的目光中找到安慰；而男生情感外露、粗犷、热烈而有力，可以消除女生的愁苦与疑惑。

（3）个性方面。只在同性范围内交往，我们的心理发展往往会狭隘，远不如既与同性又与异性的多项交往更能丰富我们的个性。多项的人际交往，可以使差异较大的个性相互渗透，个性互补，使性格更为豁达开朗，情感体验更为丰富，意志也更为坚强。保加利亚的一位心理学家说过：男人真正的力量是带一点女性温柔色彩的刚毅。

我们都有过这种体验：有异性参加的活动，较之只有同性参加的活动，我们一般会感到更愉快，活动的积极性会更高，往往玩得更起劲，干得更出色。这就是心理学上的"异性效应"。当有异性参加活动时，异性间心理接近的需要就得到了满足，于是，彼此间就获得了不同程度的愉悦感，激发起内在的积极性和创造力。尽管健康的两性交往对我们的成长有诸多的好处，我们依然要把握好两性交往的尺度，防止"过"与"不及"。

因此，女孩在与异性交往的时候，一定要适度、坦诚，要像结交同性朋友那样结交真朋友，所言所行要留有余地，不能毫无顾忌。比如谈话中涉及两性之间的一些敏感话题时要回避，交往中的身体接触要有分寸等。

总之，青春期的女孩喜欢与人交往无可厚非，但需要把握好与男同学交往的分寸，这样才能用你青春的画笔，把真诚、纯洁、美丽、幻想都画进你绚丽的人生画卷！使自己的青春真的无悔！

■ 男女间身体上的亲昵动作不该过界

下课了，婷婷和丹丹一起去卫生间，婷婷拿丹丹开玩笑说："你和我们班赵亮是不是谈了？"

"什么谈了？"

"谈恋爱啊！谁都看出来，你们俩关系不一般，你就和我招了吧。"

"真的不是你想的那样，我俩只是比较谈得来而已，况且，你看我这样的女生，哪个男生会喜欢呢？一天大大咧咧的，整个一假小子。"

"那你到底喜不喜欢人家吗？"婷婷故意套丹丹的话。

"我也不知道，不过和他一起的时候，我觉得很自在，说实话，我觉得只做哥们儿就挺好的。"

"哦，但是你们在行为上太亲昵了，真的很容易让人误会。男女同学之间有纯洁的友谊，但还是要把握好分寸呀。"

"嗯，你说得对，我会注意的。"说完这些以后，丹丹感觉自己整个人轻松了很多。

分 析

估计有很多青春期女孩都有这样的苦恼："对于异性同学和朋友，我该怎么和他相处？"而婷婷的建议是正确的，青春期和异性相处，可以有纯洁的友谊，但也要注意别在身体上有过分亲昵的动作。

青春期的女孩在与男孩相处时，容易产生两种极端的情况，一些女孩对男孩处处设防，显得过于拘谨，"不敢越雷池半步"，甚至不敢大方地说话，生怕招来非议，结果弄得自己尴尬，对方也尴尬，丧失了和异性交流的机会；而也有一些女孩则对男孩显出过度的兴趣、过分亲昵，好像有说不完的话，热情过了头，这种女孩给人的感觉比较轻浮。

其实，这两种极端的相处方式都是错误的，女孩与异性相处的"最高境界"就是像跟同性一样交往，也就是人们常说的"哥们"关系，这样你可以很自然地跟尽可能多的异性交往。记住你的每一个交往对象首先是人，然后才是男孩或者女孩，不管男孩还是女孩，你都可以与之成为朋友。

有人说，男女之间不存在绝对纯真的友谊，其实，这种观点是错误的，也是狭隘的。

人类的情感有很多种，而和异性之间的关系也不仅限于人们常说的爱情，还有关爱、喜欢、欣赏等。异性交往并非必然陷入恋情，更可能是同学、师生、朋友、合作伙伴等多种人际关系。另外，青春期是人格完善的阶段，与异性相处，还是一种"爱的修炼"，是对未来婚姻家庭的准备，也是对未来事业发展和社会人际关系适应的必要准备。

解决方案

到了十几岁，女孩渴望与异性交往，是女孩身心健康发展的重要标志。再说，学会与异性和睦相处，女孩能从对方身上学到更多自身不足的东西，但女孩要有清醒的认识，男女交往不要越界，女孩可以尝试着和男生做"哥们儿"，这是一个不错的选择。

另外，女孩与异性交往的时候，也不要刻意淡化自己的性别，在心态上把对方看成同性，并不改变对方是异性的事实，只是有助于你扩大交往圈子，大方地接近异性。所以任何时候都要记住自己是女孩，这样，也能有效提醒你在与男孩的交往中注意保护自己。

再者，女孩也可能会对某个异性产生好感，此时，女孩要把握好尺度，尽量避免和异性谈及情感问题，学会把你们的关系往友谊上引导，学会与其取长补短，学会不伤感情地拒绝异性的追求。青春期女孩可以和异性做无话不谈的朋友，异性间应建立良好的友谊，互帮互助，促进身心健康的发展，但应注意度，尽量避免"一对一"的异性相处，凡事要本着以事情为中心。

总之，青春期女孩要记住，并不是所有的深入交往都要发展成亲密关系的，女孩要学会处理和异性之间的关系，并保持一定的距离，行为上不可与之过分亲昵，否则容易引起误解，甚至严重的，会对自己造成无法挽回的伤害，影响身心的发展。青春期只有一次，别让青春期的美丽之花提前凋谢！

5

科技时代，女孩需要在隐私防护上多下功夫

　　现代社会，随着互联网的普及，上网人数越来越多，网民年龄也逐渐年轻化，其中也包括很多成长期的女孩，其中，因过度沉溺网络而造成的网络成瘾现象引起了社会的广泛关注。而青春期女孩的网络成瘾问题尤为引人关注。女孩过度沉溺网络，会导致学习成绩下降、行为变异，并出现各种身心障碍。不得不说，现代社会是一个信息社会，不让女孩上网是很不现实的。但是女孩要学习如何健康上网，如何在网络中保护自己的隐私，这样网络才能真正为自己所用，成为自己学习和成长的助手。

■ 在试衣间、公厕等地谨防被偷拍

小故事

　　小江是某高中高一女生，一天上午，她在公园公共厕所内如厕时，发现蹲坑旁的一个皮撬子底下居然藏着一个偷拍机。她仔细观察皮撬子，发现橡皮头上还被人挖了一个洞，正对着蹲坑。警方介入调查后发现，该偷拍机还带 Wi-Fi 功能，并且一直处于工作状态。

　　无独有偶，十五岁的小丽和妈妈在商场买衣服，在试衣间内换衣服时，也发现有闪烁的光，她拨开遮挡物后发现是摄像头并报了警。

分 析

　　近几年，未成年女孩被偷拍的案件层出不穷，偷拍行为愈发触及公众的敏感神经。记者发现，这些偷拍者的主要目标是未成年女孩，而主要偷窥的方式是针孔摄像头，针孔摄像头在夜间主要是靠红外线来捕捉画面，当然如果房间光线良好，那画面就更清晰。没有红外线功能的摄像头在夜晚无光线的情况下是无法捕捉画面的，就如手机照相没有补光灯（闪光灯）一样，照出来的是一团黑。

　　另外，记者根据调查发现，一些不法商店自称供应专门用于偷拍的软件。这些软件大多以普通图片作伪装，使用者表面看起来只是在浏览网页，其实已经完成偷拍。此外，记者发现，部分软件暗藏利益链，购买积分即可查看平台上的不雅图片。对此，法律界人士表示，在公共场合偷拍他人或涉嫌侵犯肖像权和隐私权。

由于这些软件严重侵犯未成年女孩的隐私，很快被网友抵制。不少女性网友反映，自己乘坐地铁时也曾遭遇陌生人偷拍，但往往碍于没有真凭实据只能作罢。大家担心，偷拍软件的出现，会让公共场合偷拍的人变本加厉。

在现代高科技下，别说上述新闻中出现的偷拍软件隐秘性高，甚至连偷拍器材隐蔽性也是非常高的，这使得偷拍行为不易被人察觉，为那些心怀不轨者提供了方便。他们使用隐蔽的偷拍器材，在大街、商城、地铁等场所公然偷拍，而被偷拍者则一点都没有觉察。一般，色狼有哪些偷拍方式呢？

1.假装系鞋带

色狼会在穿短裙的女生旁边蹲下假装系鞋带，然后趁被害人不注意用手机偷拍裙底，即使被发现也会以系鞋带为借口然后迅速离开。

2.借物拍摄

色狼一般将偷拍设备固定到拐杖底端、鞋头、手提袋等地方，然后伺机伸到女生的裙底进行拍摄。

3.安装拍摄设备

色狼会在试衣间、洗手间、酒店等公共场所偷偷安装摄像头等设备进行偷拍。

解决方案

对于这些防不胜防的偷拍方法，青春期女孩该如何防患于未然呢？

（1）公交车、地铁是最容易被偷拍的场所，更是容易发生骚扰的地方。一般色狼都会以人多拥挤为掩护，向被害人靠近，并伺机进行拍照或猥亵。在公交车、地铁内，如果你在座位上，最好将手或者书本、包包等物品放在腿上，并将双腿并拢，同时双腿正放或侧放。如果你是站立的，最好选择女士集中的区域，并提高警惕。

（2）穿裙子最好要穿安全裤。走楼梯或者坐电梯的时候，是走光率最高的时候，特别是观光电梯。所以上楼梯时尽量走靠墙的一侧并一手拉紧自己的短裙，同时注意步伐不要太大。而乘坐电梯时最好侧身站立或收拢双腿，注意楼梯下或身后的可疑人员。

（3）在更衣室、如厕时要注意周围有无偷拍设备，特别注意头顶和脚下的空隙。很多女生觉得试衣间、卫生间属于私密场所，所以会觉得相对安全，然而却不知道色狼最喜欢在试衣间、卫生间的空隙进行偷拍。

（4）很多女生在夏天喜欢穿宽松的衣服，或者衣领比较低的衣服。在弯腰时，就更要注意，习惯性地用手按着自己胸前的衣服，防止周围的人偷拍或者偷窥。

（5）外出时要有防范意识。对于身边的可疑人员要尽量远离，同时要尽量远离裙底下方的移动物体，比如拐杖。

总之，在科学技术越来越发达的今天，女孩出门在外，一定要多留个心眼，多保护自己，不给偷拍狂和色狼伤害自己的机会。

■ 女孩一定要慎重对待网络朋友

小故事

茜茜是个初二年级学生，她平时很少说话，但却有很多朋友，而这些朋友都是虚拟的，也就是一些网络朋友，除了"哥哥""姐姐"外，还有"男朋友"，和男生不一样，她上网不是玩游戏，一般都是聊天，认识各种各样的人。别看她只是个初二的学生，却是个地地道道的"网虫"。一般情况下，业余时间她都在网吧上网。

老师知道情况后，主动找到茜茜谈心，对她说："家里没有电脑吗，你为什么要去网吧上网？"面对老师的发问，她不屑地说："现在家里虽然有电脑，但是爸妈管得紧，根本不让我和陌生人说话，有时候还会翻看我的聊天记录，一点自由也没有。"

当被问到通常在何时上网时，茜茜说："我一般把中午饭钱省下来，周末的时候就会去网吧待一天，就可以见到我那些朋友了！"

有段时间，茜茜特别开心，据她说，她马上就可以见到她那些朋友了，这事被老师知道后，老师很快就联系了家长，果然，经过他们调查，茜茜这些所谓的朋友都是在娱乐场所从事不正当职业的人。茜茜的父母当时吓出一身冷汗，女儿差点被骗了。

后来，茜茜痛苦地说："我原来是班里的前三名，自从迷上了网络交友后，现在却是班里的倒数第三名，其中数学仅考 27 分，还有 4 门功课不及格。网吧真是害死人！"当然，她也知道沉迷网络不好，影响学习和前途，可就是管不住自己，老是惦记着，这次还差点犯下大错。老师听完她的讲述后，给她分析了网络的利弊，希望她以后多加注意，对待网络朋友一定要慎重。

分 析

随着计算机技术的发展，网络正以前所未有的强大力量冲击并影响着人们的生活，它在发展青少年智力的同时，也有弊端，网络使人成瘾中毒，它对网迷特别是青少年网迷的身心健康发展带来较大危害。

的确，现在社会，网络可以让两个不认识的陌生人畅所欲言地交谈。

因为网络具有虚拟性和隐匿性的特点，但也带来了一些弊端，比如网上"交友""聊天"以至"网恋"越来越严重。很多社会不良人士就将魔爪伸向了年轻女孩，因为这些女孩缺乏自我控制和自我保护能力，很多女孩更是单纯地认为网络中有纯真的友谊和恋情。其实不尽然，当你对网络另外一头的朋友充分信任时，或许你正陷入危险之中。近年来，不法之徒利用网络对少女实施犯罪的案例不断出现，而少女因为迷恋网络而犯罪甚至丧命的悲剧也频频发生。

解决方案

女孩们，对待网络朋友，一定要慎重，你可以问自己是否知道以下几条信息：

（1）谈吐是否有素质？谈话可以看出一个人的修养。那些说话流里流气、毫无口德或者满嘴脏话的人要远离。

（2）对方的资料是否较全？如果对方对自己的真实信息遮遮掩掩的话，你要小心了，因为一个坦荡交友的人是不会吞吞吐吐，对自己所有的情况都遮遮掩掩的。

（3）是否有共同语言？这里的共同语言指的是，人生观、价值观等方面是否相同，而不是一些负面的思想。

（4）交往持续多长时间了？时间是可以验证情感质量的。

当然，关键的是自己要一直清醒地对待网络朋友：

（1）保持警惕心。不要轻易告诉对方自己真实住址、姓名、电话。即使对方提供了他的个人信息，也不能完全相信。

（2）最好能将网络与现实区分开，不要让网络影响现实。

（3）尽量少跟已婚异性交往，对方是否已婚，一般可从谈吐中听出来。

（4）不要单独会见异性网友，尤其是在夜晚，防止被骗。

（5）对方要求视频时，尽量回绝。

小贴士

　　女孩们，在渴望友谊的年纪，交友很正常，但交友渠道一定要正当，对待那些网络朋友，一定要慎重，要学会保护自己，不要上当受骗！

■ 女孩别让自己成为网恋的牺牲品

小故事

　　陈灵的妈妈最近总是往学校跑，究竟是什么问题让她如此着急呢？

　　通过了解，原来是陈灵最近与外地的一个男孩联系过，经常短信或是网络联系，都影响学习了。她在家很少与父母沟通，朋友也不多，陈灵出现这种情况，让她的妈妈措手不及，不知道该怎么面对。

　　陈灵的父母都在单位上班，每天忙于工作，早起晚归很少有时间陪她，即使是与陈灵照面，多是说教，讲道理，用陈灵妈妈的话说："孩子从小就在身边，对孩子给予很高的期望，按自己的计划在培养，但不知道为什么，陈灵越来越难以理解和接受，有时还与父母顶撞，到如今还开始了网恋。"

 分 析

生活中，不少年轻女孩和案例中的陈灵一样，因为紧张的学习把自己压得喘不过气来，于是偶然的机会，接触到了网络爱情，和网络中的对方交谈时，能暂时抛弃学习和生活中的烦恼，尽情地吐露自己的不快。那么，网络爱情现实吗？

在如今这高科技时代，网络成为许多人生活中不可缺少的一个重要部分，甚至网恋也在逐渐蔓延，虚幻的情感使得许多女孩为之神魂颠倒，并呈上升的趋势。也许正是虚幻的美丽，给了大家一个想象的空间，也给了网恋一个极大的市场。但毕竟网恋有的只是情感上、精神上的沟通，真正现实中的许多问题在网络上根本无法体现出来，这并不完全可靠，网络的虚拟与现实中的真正接触还存在着一定的差距。网络上即使有爱，也必须在现实中才能得到发展，否则不过是空中楼阁、海市蜃楼、水中月镜中花，太虚幻、太难以实现了。青春期衔接着女孩的童年和青年，是人生的岔路口，是长身体、学知识、立志向的重要时期，失败的网恋，会让女孩有一种说不出的痛，因此，作为女孩，一定要提高警惕，不要让自己成为网恋的牺牲品。

的确，关于网恋的话题实在太多，其是否现实也是相对于其对象和群体而言的，不同的人对它的看法也是不同的，有人避而远之，唯恐不小心掉进网恋的陷阱让自己受到伤害；也有人觉得无所谓，认为如果遇到自己喜欢的人，在网上来场精神恋爱也不错；还有人认为网恋虽然美丽浪漫，却总是太虚无，美丽过后太痛苦，想尝试却又害怕，于是多了一份暧昧的感觉。

诚然，因为网恋成功而步入幸福婚姻殿堂的女性大有人在，但是，我们可以发现，这些女性基本上是成年女性，而不是年轻的少女。涉世未深的少女大部分还在学校，对社会没有全面深入的认知，看不清网络世界中很多人都戴着虚假的面具，很少在别人面前流露自己的真情实感与内心想法。女孩在网络世

界中，对着电脑的确少了许多的压力，单纯的你们可以抛开所有的伪装，在网络中用坦然的文字与人进行交流，在情感的世界中毫无保留地释放着自己的心情，可是你能保证对方也是以这样的心情跟你交流吗？

网恋的美丽浪漫，让上网的人拥有了一份虚拟空间的网络情缘，网恋虽然诱人且独特，但也有可能是一个致命的陷阱，所以，女孩还是要正确对待网恋，不要奢望，不要伤害，不要轻易释放内心的情感，也许是最好的结局。网上闲逛，可以浏览一些对自己有益的知识，也可以和自己投缘的朋友倾诉自己的情感，但要保留一份界限，不要让自己陷入网恋中。

■ 谨慎交网友，不要向网友发私密照片

小故事

今年刚满15岁的女生小丽正在读初中，一直在家里用电脑上网课，父母每天出门上班，平时都是她一个人在家，她在没有课的时候经常用 QQ 聊天软件和同学、朋友聊天。一天，她在上网聊天时，一个陌生人通过搜索功能申请加其为 QQ 好友。

涉世未深的小丽同意加其为好友并经常与其聊天，该网友对小丽嘘寒问暖，关心学习，偶尔谈吐还很幽默，俨然是一名"暖男"。

网聊几天后，两人渐渐产生好感，经常在网上一聊就是大半天。慢慢地在聊天过程中，该男子提出了索要私密照片的要求，小丽对这位"白马王子"倾心不已，稀里糊涂地被他拍了裸照。当小丽醒悟后深感懊悔和自责，并坚决提出要与于某分手，这时"暖男"露出了真

面目，言语威胁小丽继续听从自己的命令，拍摄裸照和不雅视频，否则就将小丽的裸照和视频发送给她的同学和家人，给正处在青春期的小丽造成了巨大的身心伤害。

后来，小丽母亲发现后报了警，公安局刑侦大队办案民警通过侦查发现该男子的 QQ 经常在某网吧登录，民警连夜驱车前往，在当地一网吧内将正在上网的于某抓获，抓获时于某还在 QQ 上与几名年轻女性网聊。

经突击审讯，于某对自己的犯罪事实供认不讳，于某是个无业青年，没有固定工作也没有成家，平时喜欢在网上和一些年轻女性聊天，小丽就是其中之一，后来民警对于某采取了强制性措施。

分 析

案例中小丽因为对陌生网友疏于防范而造成隐私泄露，这样的现象在生活中并不少见。

网络恋情、网络情人——这是一个持久的热门话题，相信很多人都有过对网络那头的某个影子心动的经历，当然许多是自己的秘密，很多青春期女孩更是单纯地认为网络中有纯真的友谊和恋情。殊不知，当你对网络另外一头的朋友已经信任时，或许你正陷入危险中。

解决方案

未成年女孩们，对待网络朋友，一定要慎重：

1.涉及性问题不要交往

网络也是社会，形形色色的人都有，如果有些网友上来就谈一些性的问题，那我们就应该果断拉黑，如果严重者我们可以保留证据选择报警等。

2.不要随便透露自己个人信息

因为网络，我们看不到背后的人是否是真诚与我们交朋友的，所以在不确定的时候，切记不要透露个人信息，如果被怀有其他目的与我们接触的人掌握我们信息，可能会对我们造成影响或者其他损失。

3.不要轻信承诺

网恋已经不是一个新鲜的字眼了，网络上不乏能找到真爱的人，但是我们也应该擦亮眼睛进行甄别，不要轻易地相信一些人的花言巧语，更不要盲目地去相信他们的承诺。因为爱是相互付出的，说远不如做的看着实际，所以，在交友中一些轻易承诺的人，我们往往应该具备防备之心。

4.不要轻易见面

网络是虚拟的，如果没认识几天就开始约会见面，很可能目的不单纯，所以我们应该保持警惕和矜持之心，不要轻易见面，应该多了解再做打算。

5.不要有经济往来

现在很多骗子用网络来进行诈骗，往往开始的时候给我们一个好的印象，然后慢慢熟悉了，开始通过一些欺诈手段博取我们的同情心来进行诈骗。如果有网络朋友向你借钱，自己首先要考虑清楚，这个人是否值得我们去关心和同情，不要轻易相信一些花言巧语。

女孩在上网过程中一定要慎重交友，注意自我保护，提高安全意识，不能将自己的个人信息及隐私泄露给不明身份的网友，一旦遭受性骚扰乃至性侵害，应当第一时间选择报警或者告知家长、老师。家长也应当加强对孩子上网的有效监督，不要给不法分子可乘之机。

■ 女孩请健康上网，别让网络害了你

小故事

有这样一则报道：

小宁是一名 17 岁的花季少女，她沉溺网络，连续一个星期泡在网吧里，不眠不休，每天最多睡两个多小时，结果在网吧里猝死。

分 析

的确，青少年好奇心强，自控能力又差，一迷上电脑便不能自拔。小宁的案例不得不说是一个悲剧，生活中类似于这样迷恋网络的女孩很多，由于网络的自由性和开放性，什么人都可以利用，一些不良的思想倾向、伦理道德观念，都可以在某些网站表现出来。最令人担忧的是，网络上越来越多的"文化垃圾"侵蚀着青春期女孩的心灵，网上"垃圾"邮件、黄色作品比比皆是，暴力、恐怖、诱导犯罪的宣传品更是不堪入目，这些"文化垃圾"正侵蚀着女孩。另外，长期上网的女孩也会因为缺乏锻炼、作息不规律而影响身体健康。

已经进入二十一世纪，高科技介入了人类社会信息交流系统，改变了传统信息交流系统的性质，赋予了社会信息交流系统新内容及社会功能。任何一个青春期女孩，想适应现代文明，都要学习如何健康上网，不但可以掌握计算机和网络应用技能，还可以拓宽视野，但青春期的女孩，好奇心强，渴望知识，面对游戏以及网上花花绿绿的虚拟世界，常缺乏冷静而客观的态度。对此，女

孩一定要学习如何健康上网。

曾经有一个网上调查，显示很多女孩对沉迷网络的弊端看得相当透彻。然而，在近半数的人认为网络影响了自己生活和学习的同时，还是有少部分的女孩觉得自己已经对网络产生了明显的依赖心理：如果几天不去上网，心里就有惶惶然的感觉。或许对这些女孩来说，网络在她们生活中的位置恰如一首歌里唱的那样："你是一张无边无际的网，轻易就把我困在网中央。我越陷越深越迷茫，我越走越远越凄凉。"但由于女孩的心理，她们上网一般是和一些虚拟世界的人网聊，有的甚至谈起了网络恋爱，其实，这就更加加重了女孩上网的危险。那么，青春期的女孩该如何健康上网呢？

解决方案

以下是几点建议：

1.培养自己的兴趣爱好

假如自己沉迷网络之后，不妨将激情转向自己的兴趣爱好。比如，女孩以前就喜欢画画，一位著名画家在图书馆开了一个画展，可以周末去看看，这样有意识地培养自己的兴趣爱好，转移自己的注意力。

2.多参加健康的娱乐活动

女孩天天面对着电脑，她的精神和心理都处于一个颓废的状态。这时，女孩可以与父母一起去郊外走走，散散心，呼吸新鲜空气，领悟到生活的美好。转移女孩对网络的注意力，需要多参加健康的娱乐活动，比如打打球、做做游戏，等等。

多参加一些有益于身心健康的活动，比如体育运动、摄影、艺术类活动等，如果女孩能感受到生活中的亲情、友情，接触到更有益的事情，就不会沉迷于虚拟的网络世界了。一般来说，女孩短时间不接触网络就会想念，但如果有东西替代，即使很长时间不玩，也不会想了。

3.尽量在家上网

青少年一定要拒绝去网吧，因为网吧的空气质量非常差，长时间待在网吧，对身体绝对没有好处。假如家里有电脑，不妨在家里上网，这样也可以让父母放心一些。而且，也有利于戒除网瘾。

4.有目的地上网

很多女孩上网都没有明确的目的，上网后随意浏览，花在聊天类网站的时间比较多，对此，你可以咨询老师和家长，让他们给自己介绍一些优秀的教育网站，并利用教育网站进行学习，通过网络获取知识。各个学科可根据各自科目的特点，到网上寻找资源，进行自主学习。

总之，青春期的女孩，一定要健康上网，网络决不是"洪水猛兽"，不应只看到它的负面影响而忽视它的积极意义。女孩只要端正上网的态度，学会利用网络的优势，有计划地上网，对于你来说网络未尝不是一件好事。毕竟网络能开阔女孩的视野，让足不出户的女孩能学习到最新的知识！当然，面对已经网络成瘾的女孩，要想戒掉网瘾应该针对不同情况具体分析，具体方法包括勤于沟通、转移注意力、进行心理卫生指导、行为上约束、及时就医等。

6

远离潜在的伤害，拥有防患于未然的能力

我们都知道，青春期的女孩还在学校学习，社会经验不多，思想较为单纯，对社会的阴暗面和复杂性知之甚少，因此，对自身安全关注不够，缺乏必要的自我保护意识，而这一点，是造成很多悲剧的重要原因。任何一个青春期的女孩，都要有安全防范意识，要懂得防患于未然，要做一个善于自我保护的有心人，唯有如此，才能远离潜在的危险和伤害，才能为自己的健康成长提供坚实的保证。

■ 女孩，要有远离危险的意识

小故事

　　妞妞已经上五年级了，从今年开始，她决定自己上学而不需要父母接送了。

　　不过，每天早上，妞妞出门前，妈妈都还是会一再叮嘱她："等下叫上小明一起走，你们不要抄近道走小路，一定要走大路的人行道，记住爸爸妈妈的电话号码，有什么问题要随时打电话给我们！"妈妈天天都说这个问题，听得多了，妞妞就开始烦了，"知道了知道了妈妈，每天都说这些，真啰唆！"

　　于是，妈妈很严肃地走到妞妞面前，看着她的眼睛说："妞妞，妈妈知道你天天听同样的话可能有点厌烦了，不过，妈妈还是要提醒你，安全第一，一定要记住妈妈的话，千万要小心！明白了吗？"

　　"好的，我记住了妈妈！再见！"妞妞迫不及待地背起书包，邻居家的小明正在楼下等着自己呢！

　　两个孩子就这样一起一前一后地出门了。突然，小明提议道："妞妞，要不咱们今天走小路去学校吧，这样我们就是到学校的第一名！"妞妞想了想，答应了！

　　于是，他们俩拉着手拐进了一条小胡同。小胡同里光线比较暗，走着走着，妞妞偶然回头，突然觉得有点不对劲，后面有个穿黑衣服戴着连衣帽的大个子叔叔，好像一直在跟着自己，当妞妞和小明停下脚步，他也停下了脚步。

　　于是妞妞拉了拉小明的衣服，悄悄对他说："小明，好像有人跟着我们，我们走快点，赶紧到大路上去！"他们加快了速度，后面的大个子黑衣人也加快了速度。于是妞妞更加肯定了自己的担心，她和小明一起，装作慢悠悠地溜达着，突然拐进了另外一条胡同，然后拼命跑到了大路上。再回头看时，还好，黑衣人不见了。

分　析

这则案例中的妞妞和小伙伴是幸运的，也是聪明的，面对坏人跟踪，他们灵活应对、机智逃脱，没有给坏人伤害自己的机会。

身心尚未成熟、社会经验不足的女孩，在面对侵害行为、自然灾害和意外伤害时，往往因处于被动地位而受到侵害。每个青春期女孩都要提高自我保护的意识。这样，面对一些突发的事故和侵害，女孩才会积极争取社会、学校和家庭等方面的保护；当这些保护不能及时到位的时候，女孩也会尽自己所能，用智慧和法律保护她们的合法权益。

解决方案

其实，女孩的自我防护意识本身就很薄弱，在遇到一些紧急情况时往往手忙脚乱，不知所措，为此，女孩必须要有远离危险的意识，做到防患于未然：

第一，怎样防止别人的非礼。青春期的女孩在社会上往往会成为坏人进行违法犯罪活动的对象，很容易被一些不法之徒侵害。因此，更需要引起高度警惕，有效地保护自己。遇到有人试图非礼的时候，千万不能胆怯、畏惧，要理直气壮、义正辞严地斥责他们，在气势上把他们镇住、吓跑，或者摆脱他们，返回学校求助老师。对公共场合的非礼行为，要大声喊叫，求助路人，借助群众的力量，制止坏人继续作恶。

另外，女孩不要轻易去下列这些地方：

（1）住人较少的学生宿舍。

（2）狭窄幽静，灯光昏暗的胡同和地下通道。

（3）无人管理的公共厕所，高楼内的电梯，无人使用的空屋。

（4）夜晚的电影院、歌厅、舞厅、游戏厅、台球厅等。

（5）陌生的车辆。

第二，怎样摆脱坏人跟踪。作为女孩，当一个人走在回家的路上，偶然间无意回头，发现有人时隐时现总跟在后边，而当你注意他时，他却不自然地躲开；你走他也走，你停他也停，这表明你被坏人跟踪了。面对这种情况，女孩可以这样做：

（1）不能惊慌失措，要镇静。

（2）迅速观察环境，看清道路情况。

（3）立即甩开坏人。方法就是跑开。向附近的单位跑，向有行人、有人群的地方跑。如果是夜晚，哪处灯光明亮，就往哪跑。如果附近有居民家，往居民家里跑去求救也可以。

（4）如果身边有行人，可以正面相视，厉声喝问："你要干什么？"用自己的正气把对方吓倒、吓跑。如果对方不逃，可大声呼喊，引来行人。如果坏人不跑，那么你就要立即做出反应，自己跑开。

（5）如果被坏人动手缠住，除了高声喊，要奋起反抗击打其要害部位，或抓打面部；你身上或身边有什么东西可用，你就用什么东西，制止坏人接触自己身体、侵害自己。

平时，有这样几方面要加以注意：

（1）放学回家外出活动时，尽最大可能创造条件结伴而行，减少单人行走机会。

（2）不在行人稀少或照明差的地方走、游玩。如果时间晚了，要想办法通知家人去接你。

（3）尽可能不向外人宣传自己家庭情况，以防坏人听到后，了解了你的行动规律。

（4）切记不可冒险，不可存有侥幸心理。不要老用"没事儿"来安慰自己。

第三，关于自身财务方面的保护。很多女孩粗心大意，再加上遇到危险时的胆小懦弱，很容易发生财物被盗窃甚至抢劫的现象，家长要告诫女孩一些可能被盗窃或者抢劫财产的情况，让女孩有意识地保护自己的财产。

 小贴士

青春期女孩保护自身免遭侵害最直接、最有效的方法是做好防范。许多女孩身心遭受伤害，很重要的一个原因是女孩缺乏警惕和自护能力，成长中的女孩就应该尽早学习一些自我保护的知识，这样，你的安全系数就高多了。

女孩的穿着打扮应大方得体

小故事

一个星期天，杨太太打算和丈夫一起，带上女儿去看望在另一个城市的姐姐，可女儿说自己不怎么舒服，杨太太就让女儿自己在家休息，然后就和丈夫出门了。

虽然是星期天，路上交通也十分通畅，杨太太和丈夫比预计早回到了家中。杨太太进入房间，看见女儿正在拿着一件不知道从哪来的吊带，在身上比划着。看见妈妈进来，女儿不知所措，

"琳琳，你在干什么？"

"我看见班上几个女孩都这么穿，可好看了，我也想看看自己穿上怎么样，可又怕您不同意，就想趁您不在家的时候，自己试试，也没想到，您回来得这么早。"

杨太太一言不发，就走了。临出门的时候。说了一句："要记得把衣服还给同学。"

路上，杨太太给女儿发微信说："怎么穿衣打扮是你的自由，但是妈妈想说，这也许会给那些色狼和犯罪分子可乘之机，这是一种安全隐患，你说呢？"

看到妈妈的信息，女儿才如梦初醒，赶紧换上校服。

分 析

女性由于着装暴露往往很容易成为那些心怀不轨的男性所侵犯的对象，特别是在夏季，这种情况发生的概率更高。"咸猪手"、窥视、偷拍甚至是性侵犯屡屡发生。

诚然，爱美是每一个人的天性，很多这个年龄段的女孩开始注重自己的打扮很正常，但为了避免"惹祸上身"，每个女孩都要做到打扮大方得体，一些女孩此时可能会产生疑问，该如何打扮自己呢？以下是一些指导建议。

 解决方案

1.掌握几点基本的着装要求

（1）要干净整齐，不能邋遢有异味。

（2）避免穿着过于暴露。

（3）不能穿拖鞋，更不能打赤脚。

（4）不能戴有色眼镜。

（5）衣服扣子要系好，不能敞胸露怀。

（6）不能奇装异服，和学生的身份不符。

（7）不要染发、打耳钉，不需要盲目和同学攀比、追求名牌。

2.学会一些正式场合的穿衣法则

作为未来的成熟女性，青春期的女孩们也需要了解一些正式场合的穿着打扮。

具体而言，需要了解以下几个方面：

（1）根据出入的场合穿衣。作为女性，我们可以这样更换自己的服装：出席朋友宴会时，可以穿庄重的长裙；约会时可以穿青春活泼的短裙配外套；出门旅游或上街购物可以穿干净整洁、看上去精神利落的牛仔服；晴天穿粉红色的毛衣，阴天则穿浅绿色的女式西服……这样，你可以每天都把自己打扮得明快靓丽，无论是正式场合还是日常休闲，你都会是人们心目中一道美丽的风景。

而在正式场合，女士着装，不要过于杂乱、过于鲜艳、过于暴露、过于透视、过于短小、过于紧身。以下几点"禁忌"尤其要注意：

①禁穿黑色皮裙。在商务场合，最好不要穿黑色皮裙。尤其与外国人会谈时，绝不能穿黑色皮裙。

②禁光脚。正式场合的鞋子应该与正式的服装相配，时尚的凉鞋也是需要避免的。

③禁"三截腿"。穿半截裙子时，不要穿半截的丝袜，容易导致裙子一截、袜子一截、腿肚子一截，这会使你的形象大打折扣。

（2）看体型，穿适合自己的衣服。不少女孩认为，只要是美丽的衣服就适合自己，实际上并不是如此。我们要根据自己的体型选择服装，还要适当掩盖自己的缺陷。

一些会穿衣的女孩，她们在外表上并不胜于他人，但只要我们稍微定神，就发现，她们身上会散发出一种由内而外的美，更多的是体现在得体的穿戴上，她们总是能引来别人更多的关注，更容易成为社交场合的焦点。

（3）衣着也应恰到好处。当然，穿戴也不应当过分，要尽量大众化。所谓大众化，就是自己的穿戴不要与他人格格不入，否则，就容易使自己鹤立鸡群显得难堪。

人和动物的一个很大区别，就是人穿衣服，而动物不穿。但是，现在很多人在着装的时候为了标新立异，往往穿得非常暴露。其实，正规社交礼仪要求人们不要穿过于暴露的服装。尤其是在正式场合，尽量不要穿袒胸露背，暴露大腿、脚部和腋窝的服装，更不要在大庭广众之下赤裸着胳膊。

另外，无论服装还是化妆，都不要将最前卫的状态表现出来，要打扮得恰到好处而又不失韵味。人们接受时髦是需要过程的。如果去办事，头顶着蓝色的头发，脚穿超高跟的鞋，多少会让人觉得不太正式。衣着打扮需要有个度，既不要太落伍，也不要太时髦。

☀ 小贴士

　　爱美一点儿也没错，但人的打扮一定要得体，要适当，才显出美和可爱。不同年龄、不同身份的人有不同的形象要求。总之，青春期女孩要明白的是，青春期本身就是美丽的，不需要任何刻意的修饰，青春期也需要理智地对待身边发生的事，这样，青春期才会过得纯洁、快乐！

远离不良社会青年，避免走入歧途

小故事

　　小金今年上高二，她是个大大咧咧、喜欢交朋友的女孩，小金花了很多时间在朋友身上，如果有朋友叫她帮忙做什么，即便她自己有事也不会推托，会先帮朋友的忙然后再做自己的事情，小金认为这样很有成就感，能够帮朋友做事自己也很开心。

　　其实，小金的成绩并不差，平时学习也比较用功，年级排名在中等偏上，她就读于一所普通中学，还是班里的学生干部。但是，望女成凤的父母并不满意现状，对她有更高的要求，为此常常和她发生冲突。小金觉得很困惑，她觉得自己已经够努力了，为什么父母还是没完没了地指责她呢，对自己一点也不理解。心情苦闷的她花了更多的时间来交朋友，最近，她还认识了不少社会上的青年，认为那些社会青年十分有魅力。

　　上周，小金突然宣布不想上学了，理由是成绩下降了，读不进去书了。实际上，父母明白小金的心已经不在学校，她和外面的一些不良社会青年结交成朋友，讲"义气"。从周末到现在，父母一直在给小金做思想工作，但效果就是不明显，没想到孩子陷得如此之深，这是父母始料未及的。

分 析

案例中，青春期女孩小金为什么会结交社会不良青年？

一位结交了社会朋友的女孩子回答说："我觉得结交一些社会朋友挺好的，但是，要看我们如何界定'社会朋友'这个词。我正准备高考，我所认识的都是已经大学毕业的大朋友，我对大学的向往使得我对他们颇有好感。现在，我面临着学习方面和父母方面的压力，虽然，这些可以找同学诉说，但同龄人面对的问题几乎是相同的。我们可以交流，但提不出有建设性的意见。相反，那些大朋友是经过磨炼的，他们的意见往往很实用。通过与他们交流，我觉得自己离目标更近了，心里也少了一些浮躁。"

还有的女孩，则完全是出于一种好奇的心理。青春期女孩尚未真正地进入社会，她们对于社会中的人和事都充满着好奇。如果在某些场合结识了社会中的人，她们会毫无防备地带着好奇心理陷入其中。针对这样的情况，孩子就很容易结识一些不良社会青年，极易被人利用，从而走上歧途。

青少年是国家和民族的未来和希望，严重的不良行为是青少年健康成长的障碍。预防不良行为，矫正严重不良行为，促进青少年健康成长，是全社会的共同责任。对我们青少年而言，更重要的是加强自我防范。

解决方案

无数事实说明，许多违法犯罪行为都是从沾染不良习气开始的。因此，我们一定要重视道德修养，自觉遵纪守法，防微杜渐，防患于未然。

以下是两点建议：

1.谨慎所谓的"社会青年"

女孩在与社会青年接触的时候，要提高警惕，对那些有着不良嗜好、品行败坏的人，最好避而远之。你看到的所谓"有魅力"，其实都是不堪内在的伪装。不管通过什么样的途径认识的社会青年，都需要小心，以免上当受骗。

2.远离社会青年

《颜氏家训》中有一段话："人在少年，神情未定，所与款狎，熏渍陶染……是以与善人居，如入芝兰之室，久而自芳也；与恶人居，如入鲍鱼之肆，久而自臭也。"在青春期，女孩的思想与个性尚未定型，很容易受亲近的朋友熏陶，若交友不慎，定会荒废学业，且有可能使自己陷入危险境地。

 小贴士

　　总的来说，社会是复杂的，青春期女孩既要学会自我保护，也要学会自我防范，警惕和抵制身边不良行为的浸染。并且，每个青春期女孩都要塑造良好性格、培养学习的习惯、敞开心胸、学会调控消极情绪、善交益友、三思而后行，拥有灿烂的青春。

■ 女孩，请抵制来自香烟和酒精的诱惑

小故事

　　琴琴今年高二，是个努力学习的好女孩。她们宿舍有个叫小雯的女生，喜欢和一些不良社会青年在一起玩。

　　每到周末的时候，琴琴一放学就会收拾东西回家，但这个周末是小雯的生日，她已经提前订好了饭店和KTV包间，邀请全宿舍同学玩。

琴琴平时并不喜欢小雯，也很少和她在一起玩，小雯也鲜少叫琴琴一起，但这次，她对琴琴说："今天我生日，我们准备放松放松，你去吗？"琴琴看着小雯那神秘样子，也产生了好奇心。

于是，在放学后，琴琴和大家一起去了饭店，大家聊着聊着，进来一帮社会青年，稍后便吞云吐雾起来——他们开始抽烟了。琴琴心里有点怪怪的，想着爸爸时常在耳边说的话，但看着他们那样潇洒的样子，心里又很羡慕。一个长发女孩随手递过来两支烟，小雯伸手接住了，琴琴心里一阵疑虑，矛盾着该接还是不接，小雯拿出打火机点了烟，呛了一口烟，样子好像很痛苦。她对琴琴说："你也来一支嘛，尝尝味道，什么都需要了解一下。"那烟味喷在琴琴的脸上，感觉很奇怪，琴琴不自觉地就把烟拿了过来，学着他们点上了。

 **分 析**

喝酒抽烟作为成年人的应酬方式之一，其实对自身的危害是相当大的，尤其是对身体正在发育的青春期女孩来说。青春期的女孩正处于迅速生长发育的阶段，身体各部位、器官都还没有发育成熟，神经系统、内分泌功能、免疫机能等也不稳定，这样的身体状况对来自外界的不利因素和刺激的抵抗能力是比较差的。所以，抽烟、喝酒对青春期女孩的危害远远超过了成年人。而且，青春期的女孩抽烟、喝酒的行为也会直接关系到成年后的行为。

1.吸烟对青春期女孩的危害

吸烟对青春期女孩的身体危害是多方面的，既影响了身体的发育，也会给成年之后的生活带来一定的影响。青春期女孩的大支气管比较直，所以烟雾很容易直接进入肺里，这样支气管和纤毛容易受到焦油的刺激，降低巨噬细胞的功能，因此，吸烟对青春期女孩的危害是很大的，主要表现在几个方面：

（1）危害大脑。由于香烟里含有大量的尼古丁，当青春期女孩吸烟之后，尼古丁就会作用于神经系统，并产生暂时的麻醉效应，使你感到舒服。但这样的兴奋现象只是暂时的，之后就会麻痹与抑制大脑的神经系统，这样一来，大脑的思维、记忆与判断等机能都会相应地减弱。另外，香烟燃烧产生的一氧化碳与血液中的血红蛋白结合成碳氧血红蛋白，影响氧的运送和供应，使大脑处于缺氧状态，进而影响到你们的学习能力。

（2）影响呼吸系统发育。因为未成年女孩的呼吸系统还没有完全发育完善，对烟雾比较敏感且抵抗力低下。另外，由于烟雾的长期熏灼、刺激，呼吸器官的防御机制遭到破坏，易引发急、慢性呼吸道炎症。

（3）容易染上烟瘾。女孩从十几岁开始吸烟，这样比那些成年之后再开始吸烟的人更容易染上烟瘾，成为终生的吸烟者，也更容易对尼古丁产生依赖。这样一来，稍有不慎，还可能会染上其他的毒品。

另外，吸烟也会影响到女孩靓丽的容颜和良好的精神面貌。因为吸烟会使牙齿变黄，显得不干净，而你口中的烟味也会影响到你与他人的交际。另外，吸烟还会使你看上去脸色苍白，显得少年老成，给人一种萎靡不振、颓废之感，也缺乏了青春期应有的朝气蓬勃。

2.饮酒的危害

十几岁的女孩，神经系统还没有完全发育健全，喝酒会造成头晕、头痛、注意力涣散、情绪不稳、记忆力减退等，这会严重影响学习。其实，酒对少男少女的危害远远超过了对成年人的伤害，如果你过量饮酒，还有可能对你的神经功能造成伤害。

除此之外，女孩的食道、胃黏膜细嫩，管壁浅薄，对酒精比较敏感，饮酒会影响胃酸及胃酶的分泌，导致胃炎或胃溃疡的发生。而酒精进入人体后，要靠肝脏来分解，而你们的肝脏还没有完全发育成熟，肝组织较脆弱，饮酒会破坏肝的功能，甚至引起肝脾肿大、酒精性肝硬化。饮酒后还会引起毛细管扩张，散热增加，抵抗力下降，易引起感冒和肺炎。

青春期的你们正处于心理、智力和体格快速发育的时期，要养成不吸烟、不喝酒的好习惯，这对于你们一生的健康都是很有帮助的。如何抵制来自香烟和酒精的诱惑，这就需要你们有较强的自制力，控制自己的行为，使之养成良好的生活习惯，避开香烟和酒精的危害。

女孩不晚归，夜间不单独外出

有这样一则案例：

13 岁的女孩小芳和妈妈就早恋问题起了争执，小芳妈妈一口认定女儿在学校谈恋爱了，而小芳称自己没有，母女二人吵起来。后来小芳给自己的闺蜜打电话，闺蜜让小芳去自己家玩一玩，小芳深夜十点从家中离开，在经过一条幽黑的巷子时被社会不良青年盯上而遭到性侵，身上的几百元零钱也被洗劫一空，被性侵后的小芳不敢告诉父母，整日郁郁寡欢，学习也一落千丈，在父母的逼问下才道出实情，父母选择了报警，警察经过调查将犯罪嫌疑人抓获。

 分 析

小芳身上的悲剧在当今社会时有发生，造成这些悲剧的原因之一是这些女孩自身缺乏自我保护意识。我们必须要提醒，青春期的少女尽量在夜间不要晚归，更不要单独外出，不要给不法分子伤害自己的机会。

近期新闻频频报道多个女生单独外出遇害，女生出行的安全问题引起人们广泛关注。为了自身安全，女生有必要加强夜晚外出的安全防范意识。

解决方案

以下是女孩们需要记住的安全知识：

（1）一些女生出事失联，是偶尔晚上单独外出，外出的时候没有告诉任何人，很突然地就出去并失联了，等大家发现不对劲的时候，往往已经遇害一段时间了。因此，晚上偶尔单独外出，务必告知身边的人，以便大家能关注自己，发现不对劲及时报警。

（2）近期新闻频报的女生出事的一个主要原因是搭黑车。为了安全，晚上单独外出的时候，千万不要搭黑车。

（3）独身夜行女性尽量不要孤身穿越黑暗的小巷或是行人稀少的街道，这些地方歹徒容易藏身和逃窜，是犯罪多发地点。

（4）不管搭乘什么车，最好悄悄地把车牌等信息拍照，然后上传到微博、微信朋友圈，有什么问题，圈子内的人也可以及时发现不对劲。

（5）尽量结伴而行。晚上必须出门的时候尽量结伴而行，不要一个人到处乱跑。

（6）走人多的地方。要往人多的地方走，即使是两三个人结伴也别去没人的角落晃悠。

（7）深夜出门尽量坐公交车。万不得已晚上必须出门时，尽量坐公交车，大多数出租车司机人是很好的，但是女孩一个人一般深夜不要坐出租车，实在要坐出租车，上车后打电话给家人或朋友，告诉他们车牌号，但是千万不要坐黑车。

（8）不要离陌生人很近。如果有陌生人靠近，自己立刻走远，更不要和陌生人说话。

（9）保持手机电量充足。晚上出门前一定给自己的手机充足电，保持开机状态。

（10）外出前不要酗酒，夜归的情况下，更不要酗酒，避免醉倒在路上出意外。

（11）不要随意跟他人起争执，即使自己有理有据，也尽量不在时机不当的情况下刺激他人，防止对方情绪激动伤害自己。

（12）不要随意搭载不明身份的路人，防止遇上歹徒。

（13）不管是同城还是外地来的网友等陌生人，都不可贸然在晚上单独去会见。如果真要夜晚独自会见陌生人，一定要告知亲人或是身边的人，并把对方的联系方式留给亲密的人。见面的时候，首先拍下对方的照片，传给亲友或是发到微博、微信圈子等社交圈子。见面的时候，尽量选择公共场合。

（14）暴雨狂风的夜晚尽量不要单独外出，防止遇上雷击，也防止被洪水和内涝袭击。内涝时，在不明水情和路况的情况下，尽量不要涉水行走和开车。

（15）遇上歹徒行凶，首先要保护生命安全，财物等的安全做次要考虑，不可盲目反抗，一定要量力自卫，否则，激怒歹徒可能招致杀身之祸。

参考文献

[1]周舒予. 女孩，你要学会保护自己[M]. 北京：北京理工大学出版社，
    2015.

[2]向阳. 女儿，你要学会保护自己[M]. 北京：台海出版社，2018.

[3]蔡万刚. 女孩，你要懂得保护自己[M]. 北京：中国纺织出版社有限公
    司，2019.

[4]张盛林. 女儿，你要学会保护自己[M]. 哈尔滨：哈尔滨出版社，2020.

女孩，你要懂得保护自己

保护自己

套装升级版
校园篇

王昊泽 —— 编著

中国纺织出版社有限公司

内 容 提 要

　　校园是一片净土，但那些伤害女孩的事物还是会悄然来到女孩的身边，比如校园霸凌、校园安全威胁、校园性侵等，让女孩的校园生活蒙上阴影。因此，女孩只有保护好自身，才能尽情享受舒心的校园生活。

　　本书就是从女孩校园安全的角度考虑，内容涉及女孩的校园人身安全、校园霸凌、学习以及在学校的人际关系等方面，帮助女孩认识到可能存在的隐患，给女孩们悉心的指导，让女孩学会保护自己的身体和心灵，进而保证自己能够在学校安心学习、快乐生活。

图书在版编目（CIP）数据

　　女孩，你要懂得保护自己：套装升级版 . 校园篇 ／王昊泽编著 . -- 北京：中国纺织出版社有限公司，2023.8
　　ISBN 978-7-5180-9128-7

　　Ⅰ . ①女… Ⅱ . ①王… Ⅲ . ①女性—安全教育—青少年读物 Ⅳ . ① X956-49

　　中国版本图书馆 CIP 数据核字（2021）第 229404 号

责任编辑：刘桐妍　　责任校对：高　涵　　责任印制：储志伟

中国纺织出版社有限公司出版发行
地址：北京市朝阳区百子湾东里A407号楼　邮政编码：100124
销售电话：010—67004422　传真：010—87155801
http://www.c-textilep.com
中国纺织出版社天猫旗舰店
官方微博 http://weibo.com/2119887771
唐山富达印务有限公司印刷　各地新华书店经销
2023年8月第1版第1次印刷
开本：710×1000　1/16　印张：32
字数：414千字　定价：108.00元（全4册）

凡购本书，如有缺页、倒页、脱页，由本社图书营销中心调换

前 言

　　有人说，我们人生中大约有三分之一的时间都是在学校度过的，学校是学习科学文化知识的重要场所，是否能安全度过在校时间，是否能与同学老师和睦相处，对女孩的一生都有重要的影响。近年来，女孩的安全问题逐渐被重视，校园安全也进入了公众的视野，对于纷繁复杂的社会来说，学校相对安全，为此，有人称学校为一片净土，然而，这片净土中，也暗藏着很多危险因素，比如校园人身安全、校园霸凌、校园性侵……面对这些危险，由于女孩身心还不太成熟，或者是社会阅历比较少、经验不足，或者是青春性意识萌动、思想比较单纯，所以很容易轻信他人，从而让自己在不知不觉中遭遇意外状况，而在面对这些突发的意外状况时，这些女孩一般会处于被动地位，或者因为害怕而不知所措，最终不幸遭受身心伤害。所以，女孩一定要提升自我保护能力。

　　校园中涉及女孩生活和学习方面的安全隐患有许多种：食物中毒、体育运动损伤、网络交友安全、交通事故、火灾火险、溺水、毒品危害、性侵犯、艾滋病等。在全国各类安全事故中，学校安全事故所占的比重很大。据了解，我国每年约有1.6万名中小学生非正常死亡：中小学生因安全事故、食物中毒、溺水、自杀等死亡的，平均每天有40多人，就是说几乎每天有一个班的学生在"消失"。

　　除了生命安全威胁外，女孩遭遇男老师性侵、同伴凌辱等，甚至视频被传到互联网上的事件也屡见不鲜。全社会在呼吁关注女孩校园安全的同时，也在警醒女孩，即便在校园，也要多留个心眼，多学习保护自己的能力与技巧。

　　所以，女孩在接受常规的安全教育之余，还应该针对自身的特殊性，接受更进一步的自我保护教育，从而在最大限度上保障自己在校园中的安全。

　　总的来说，身为女孩，在任何环境中、任何情形下，都一定要提高保护自己的意识，在平时更要注意培养应急、应变能力，学习保护自己的各种技巧，在遇到紧急情况时要把"生命安全"记心间……做到这些，女孩才能享受舒心的校园生活，才能在未来轻松应对这个复杂多变的社会，才会在享受青春的同时，踏对青春的步点，从而让生命之花开得更美。

编著者
2022年10月

目　录

1

女孩，你的人身安全比什么都重要

2

保护好自己，才能享受舒心的校园生活

5

6

1

女孩，你的人身安全比什么都重要

　　女孩在离开家后，就会步入学校，学校生活占据着女孩成长的重要部分。一些父母认为，只要进入学校，安全问题就是学校的责任了，其实不然，安全无小事，学校固然能尽量排除安全隐患，但保证安全还需要女孩提升自我保护意识和自我保护能力。女孩要记住，人身安全比什么都重要，女孩只有保证自己的安全，才有可能在学校专心学习，才能保证自己健康成长。

■ 女孩，你的平安是父母的夙愿

　　有一天，妈妈在厨房做饭，琴琴一瘸一拐地从外面开门进来，妈妈看到后，赶紧放下手中的家务，着急问："琴琴，你怎么了？"

　　"没事，妈，就是今天体育课上跳高的时候不小心崴脚了，校医已经给我处理过了。"

　　"好孩子，崴脚很疼的，怎么不打电话叫妈妈去接你回家？"

　　"小芳骑车带我回来的，妈妈上班也累，我就没说。"琴琴轻描淡写地说。

　　阿芳妈妈叹着气说："好孩子，你长大了，但妈妈最担心的还是你的平安，从小到大都是。小时候，怕你走路摔着、过马路不看路，上学了，怕你在学校被人欺负，以后还会怕你所托非人，哎……"

　　"妈妈，你也别太担心了，这次是意外，以后我会保护自己的。"

　　"嗯，在学校要注意校园安全，因为校园生活占据了你人生的很大一部分，校园生活健康、安全，才能保证你健康成长！"

 分 析

　　爸爸妈妈们最大的期望是什么呢？是孩子考试满分？当上班长？还是工作顺利？不，都不是！他们最大的期望是孩子安全、平安健康。随着女孩的成长，他们最关心的不是温度下降可能会导致女孩生病，而是女孩如何规避安全隐患，成长的过程中是否会被性侵或者猥亵，求职和工作中是否会面临性别歧视，长大嫁人了是否会被家暴，怀孕、生育是否会遭受生理、心理上不可逆的"摧残"，怀胎十月中是否会经历伴侣的背叛，是否会经历丧偶式育儿，如果女儿是职业女性还要关心她们如何在家庭和工作中兼顾……这些都牵动着女孩父母的神经……而近几年来，爸爸妈妈们对女孩的校园安全关注度提到了一个极高的境地。

女孩，你要知道，你的平安是父母的夙愿，在成长过程中，在学校生活中，一定要懂得保护自己。虽然我们也倡导互助友爱、互相信任，但是女孩要么因为年幼缺乏一定的分辨能力，要么自身弱小不足以自我防卫，一旦有任何危险，她必然成为受害者，女孩要想平安地生活和成长，就要学会拒绝一切伤害。学会怀疑、学会拒绝，这是自我保护必需的几项素质。女孩幼小的身体和心灵经受不住大的挫伤和打击。

解决方案

另外，女孩需要记住三点内容。

第一，父母是你永远的依靠。现代家庭中，很多女孩和父母之间有代沟，这不仅是因为父母工作忙、没时间，也和女孩的拒绝沟通有关。在家庭生活中，很多女孩都有过这样的经历，很多事情选择独自承受，不愿意和父母分享。当你们有话不能讲、不愿讲时，距离就产生了，这是人为制造出来的距离。换个角度，如果有一天你的孩子有话不愿意对你说，你的感觉又如何呢？

其实，父母毕竟是过来人，人生阅历比你深，你遇到的一些事，也许父母能给你解决的方法，敞开心扉交谈，远比你一个人闷在心里好得多。

第二，老师也是你的朋友。事实上，你遇到的问题只不过是老师遇到的一个个案而已，他能为你提供最好的解决办法。

第三，当你无法向家长以及老师求助时，可以与同龄人沟通，或许同龄人可以理解你，因为她可能也会有同样的体会。

小贴士

总之，女孩们，成长是快乐的，但也是危机四伏的，即便是校园生活亦是如此。女孩要学会自我保护，学会求助于父母和老师，让自己健康成长。

女孩在学校，要担心哪些伤害

小故事

最近，某中学举办了一次"关爱女孩，防止校园伤害"的主题讲座，全校女生都来参加了，这一讲座主要讲述的是女孩如何在学校生活中防止来自各方面的伤害，教导女孩学会保护自己。

讲座结束时，校长说："学校安全工作，是全社会安全工作的一个十分重要的组成部分。它直接关系到青少年学生能否安全、健康地成长，关系到千千万万个家庭的幸福安宁和社会稳定。女孩比男孩更容易受伤害，更需要学校教育工作者的关爱，女孩自身也要有自我保护的意识，比如体育活动中如何保护自己不受伤，遭遇校园暴力和霸凌时如何求助，女孩的健康成长是父母的殷切希望，女孩不可大意……"

分　析

　　未成年女孩大部分时间都在学校，她们是否能安全地在学校生活和学习，对于她们的一生有重要影响，而世界卫生组织发布报告称，在世界大多数国家中，意外伤害是少女致伤、致残、致死亡的最主要原因。在我国，女孩意外伤害、死亡率最高段多数发生在学校和上学的途中。

　　学校中的意外伤害不仅会造成少女的永久性残疾和早亡，消耗巨大的医疗费用，而且削弱了国民生产力，不仅给孩子及家庭带来痛苦和不幸，而且给社会、政府及学校造成巨大的负担和损失。

　　近年来，校园安全问题已成为社会各界关注的热点问题。保护好每一个孩子，使发生在他们身上的意外事故减少到最低，已成为中小学安全教育和管理的重要内容。

解决方案

　　那么，女孩在学校要担心和防范哪些伤害呢？

　　1.踩踏事故

　　在下课、放学的时间，学生会争先恐后从教室蜂拥而出，很容易在教室门口、走廊、楼道发生踩踏事故。在一些学校，因为楼房走廊栏杆的高度不符合要求，校园设深水池，体育设备不定期检查、维修、更换，有些危房在"带病"使用，校园设施老化等原因，使女孩的人身安全遭受着威胁。

　　2.体育活动中的伤害

　　体育活动或课上不遵守纪律或注意力不集中，活动随意，体育器械使用时不得要领而造成的伤害。

3.劳动事故

在学校组织的劳动或者社会实践过程中，因为安全意识差，教师没有将安全事故的预见性放在首位，女孩有可能因此受伤。

4.校园事故

学校安全保卫制度不健全，防范措施不得力，使学生可能受到校内外不法之徒的侵害。哥们义气拉帮结伙、为小事摩擦使用武力、盲目消费导致偷盗、不良交往拉人下水、少数教师有体罚行为等都会对女孩的安全造成威胁。

5.消防事故

不当用电、取暖、饮食而造成火灾、触电、中毒等事故。

原因有两点：一是心怀侥幸，一些老化的电器，仍勉强使用，就存在风险；二是消防知识缺乏，随便使用电器、煤气、蜡烛等易燃易爆物品。

6.学生事故

因学生特殊疾病、特殊身体素质、异常心理状态等而产生的伤害。

7.自然灾害事故

学生自救自护能力差，遇到暴风雨、地震、洪水等自然灾害无法有效防卫而造成的伤害。

8.卫生事故

学校卫生管理重视不够，工作机制不健全，工作措施不落实，特别是有些学校食堂基础设施条件落后、卫生设施差等问题仍很突出，已成为学校公共卫生安全的隐患。

9.设施事故

学校的一些设施陈旧、老化但没有及时检查更新，导致学校里存在许多安全隐患。

10.校园霸凌

女孩如果遭遇校园霸凌且自己无法处理，不要害怕向外界求助；不要懦弱，逃避无法解决问题，要正当合法并有效地保护自己；锻炼身体，树立自信，由表及里地强大自己，勇敢地对校园霸凌说"不"。

小贴士

　　总之，女孩比男孩身体更脆弱，在学校生活中，女孩更应该有自我保护的能力。当然，父母也有不可推卸的引导责任，且父母也应在教育女孩上多一分细心与温柔，而她的强大也会成为父母内心最温暖的力量。

■ 女孩不要为了任何事情丧失做人的基本原则

小故事

　　下面是一位女孩的心声：

　　"考试卷发下来了，我只得了 79 分，我的眼泪像断了线的珍珠似的落了下来，我对自己的考试成绩真不满意，回家怎样跟爸爸妈妈交代？忽然我的脑中闪出一个念头：改成绩！我惊奇地发现一滴眼泪将其中的 1 分化掉了，正好老师在题目上打了一个大勾，如果减少 1 分，我就得 80 分了，那就是优了。我感到万分惊喜，就拿着考卷走到讲台前说：'老师，您把分数弄错了。'我的声音显得非常轻，心'怦怦'直跳。但老师没发现，我就得了 80 分，但此事之后，我如坐针毡，我为了分数做了一个不诚实的女孩。"

 **分 析**

这是一个害怕父母知道自己考不好改了成绩的女孩的日记。这样的经历很多女孩都有过，毕竟分数对于学生来说很重要，但你不能为了分数而忘记了做一个诚实的人。其实，错误已经犯下了，只要下次认真改正了，你就是一个好学生。诚信是做人之本，正确地看待分数，是进步的前提！

女孩天生与男孩不一样，她们不调皮好动，安静、乐于与人合作，喜欢"甜甜"的东西，在对于礼貌以及别人的认可度上要求更高，更喜欢通过一些社会行为来让别人认可自己的价值。但太过阴柔正是很多女孩性格的不足。女孩应该学会刚强、宁折不弯，要坚持自己的原则，对于那些错误的行为，也应该大胆地指出来。

当然，可能有一些女孩会产生疑问：我现在才十几岁，现下的主要任务是学习，其他事应该充耳不闻。其实不然，我们每个人，都应该在心里有一杆秤，对于是非黑白，一定要有辨别能力，这是任何一个社会人都应该有的责任心，你也不例外。如果你能做到这点，你得到的不仅仅是心理上的坦荡和安然，你的精神和责任也会感染别人，使别人因为你的感染也更有责任感。责任作为卓越的原动力，具有传递的效果。

因此，即使你是个柔弱的女孩，你也应该学会辨别是非，不要为了任何事放弃做人的原则，而当你发现有人违背原则，你也应及时制止，把责任心传递给周围的人。如果生活中的每个人都能做到把他人的责任、社会的责任肩负起来，那么，我们的世界一定会美好得多。

 **解决方案**

那么，具体来说，该怎么做呢？

1.要树立正确的做人做事原则

无论是在学校，还是以后在社会生活中，不管干什么，都要有自己的原则。这是责任心的表现。这里的原则既包括办事的方法，也包括为人、处事的立场、主见。这就要求我们不仅不能一味地迁就、顺从别人，还要监督他人不做违背原则和纪律的事。

2.以身作则，让他人觉得你是个有原则的人

生活中，我们对那些做事原则性强、说一不二的人总是充满敬畏之心，他们说的话似乎分量更重。己所不欲，勿施于人，如果你自己都不遵纪守规，又怎能要求别人呢？

3.从树立责任心开始

责任心并不是男孩的专利，女孩也必须有责任心。当今社会已经把是否能为社会服务作为判定人才的一大标准。一个没有责任心的人，将会在他生活和工作的各个领域内面临同样的命运——不被接纳重用，从而让自己陷入任何集体都不喜欢的"怪圈"之中。

女孩有必要在日常生活中培养自己的责任心。当你的责任心得到培养时，你就会形成自己的做人、做事的原则，你就会主动地帮助他人克服困难；主动地参与集体活动、公益事业，逐步地懂得服务社会是每个社会成员的责任。

4.严格约束自己的行为

这并不是要求你一味地听父母的话，而是应该做到守纪、守信、守法，坚决不骂人、打人、偷东西、毁坏公物、随地大小便、乱扔垃圾、墙壁上乱画乱抹等，不要小看这些，日积月累，当你长大后，你就有可能不但给家庭带来痛苦，也给社会带来灾难……

总之，一个能坚持自己原则的女孩绝不是一个自私、狭隘的女孩，

这样的女孩才不会活在自己的小世界里，会立志对国家和社会作贡献，长大后才会有出息。总之，这种品质的获得将会对女孩的一生都大有益处，而这也是女孩自我保护的一种重要方法。

■ 女孩在学校，要保证自己的生命安全

为了全面提高全校女生的安全意识，扎实有效地开展防事故、防校园霸凌、防性侵等安全教育工作，某学校聘请了安全专家为全校女生开展了"关注女孩，珍爱生命，平安校园"安全教育主题会。

会上，这名演讲者让女生们观看安全教育 PPT、视频、图片，让女生们了解了近年来发生在全国的中小学生安全事故案例。一个个真实的案例，让女孩的心灵受到震撼，留下了深刻的印象，从而提高了警惕性。同时，演讲者还进行了全面的知识介绍，让女生了解了自救的方法。校长在主题会结尾说："每个女生都要加强安全防范意识，都要充分认识到安全的重要性和生命的可贵，脑海中常常响起安全警钟声。"

 分　析

在家庭中，不少父母乃至女孩自身都认为，在校外可能会出现意外事故，

可能会遇到坏人，生命安全受到一定的威胁，而到了学校就安全了。其实不然，学校仍然存在很多隐患，如果女孩缺乏自我保护意识和安全防范意识，很可能会因此受伤。

现在各地已把加强女生在校安全的工作纳入教育事业的长期发展规划中，计划做好校园安全建设工作。

那么，校园安全包括哪些方面呢？

校园安全工作的主要内容包括两方面。一是消除安全隐患、预防事故发生。常见的校园事故有：踩踏事故、体育活动事故、卫生安全事故、消防事故、欺凌暴力现象、学生心理健康问题、校外暴力侵犯等。二是做好安全教育、完善各项制度，做好应急处理工作。

可能一些女孩会认为，那些校园安全问题不常发生，但即便如此，也要有忧患意识，女孩为了自己的健康和安全，也要在平时学习一些必要的安全常识以及处理突发事件的方法，注意培养自己的自我保护能力及良好的心态。

解决方案

女孩们可以先通过观看生命安全教育的视频来作为安全学习的入门，对于安全视频里提到的知识，可以进行演练，比如遇到危害要大声呼叫，遇到火灾、地震等要采取简单的自护措施，不要乱跑、等待救援，进而在演习中学会怎么冷静面对，如果有不懂的地方，可以咨询父母和老师。

另外，当某件突发危险事件发生，首先想到的是保护自己，因为女孩的身体素质较差，遇到危险自己先跑，还能有机会去找到专业的人来援助，增加脱困概率，这才是真正意义上的勇敢。

当然，保障女孩在学校的生命安全，还需要学校加大力度，为帮助学校有效预防安全事故，消除安全隐患，我们可以使用智能设备。通过安装人脸识别、门禁闸机等设备智能检测学生出入校门、宿舍、课堂等场所的数据，并推送给家长和老师，掌握学生在校安全情况；了解学生的每日配餐，对餐食可追溯来源，保障学生的饮食安全。通过各个智能设备，可以了解到学生的动态，对学生行为进行分析，进行预警提示，有效预防学生群体安全事故和校园欺凌事件的发生；建立全方位家校互动平台，全面呵护学生成长。

■ 保证校园安全，女孩要提高自我保护意识

　　这天，某中学女生宿舍里来了几名警察，原来是一位叫王薇的女孩在宿舍丢了一台笔记本电脑和一部最新智能手机。这位叫王薇的女孩家境比较富裕，平时花钱大手大脚，早上也总是最后一个起床，离开宿舍后，她没锁门而导致宿舍被盗。

　　警察还询问了其他三名女孩，三名女孩都说自己没有丢失什么贵重财物，警察录完口供后，对这四名女孩说："财产安全、防盗是校园安全的重要方面，你们平时出了宿舍一定要锁好门窗，降低财物失窃的可能。"

🏆 分 析

　　校园内，女生财物失窃案屡屡发生，而这些案件的发生绝大多数是由于女孩自身安全防范意识淡薄，财物保管不当。如在宿舍没有养成随手关门、锁

门的习惯；夏季开门休息；高档贵重物品如笔记本电脑、手机等随意乱放；现金不及时存入银行或将银行卡到处乱放；取钱时不注意保密；卡与身份证放在一起。

亲爱的女孩，当你步入校园，你就已经远离了家门，踏进了社会。昨天的你还依在父母的怀里聆听他们的叮咛，今天却要独自去面对一个纷繁复杂的社会。即使你所处的校园比起复杂的社会来说相对安全，但是依然存在危险。

解决方案

作为女孩，在校园要注意以下几点，这对你非常有益。

第一，要强化自我保护意识。十几岁女孩的主要时间都在学校里度过，社会经验不多，思想较为单纯，对社会的阴暗面和复杂性知之甚少，因此，她们对自身安全关注不够，缺乏必要的自我保护意识。

第二，要切实加强防范意识。防范意识不仅是自身安全的有效屏障，而且是现代人必备的一种素养。

第三，要提高应变能力。女生大多身单力薄，在社会上是弱势群体，很容易成为不法之徒伤害的对象。遇到歹徒侵害时，女学生往往孤立无援，而对方身强力壮，或人多势众，这时若一味硬拼，不仅难以脱离险境，而且会危及生命。最好的方法是在有限的条件下，与之周旋，用智慧摆脱坏人，避免被伤害。据相关报道，某大学一女学生面对一身高体壮的外国人的伤害，机智地与之周旋，摆脱了歹徒的伤害，保护了自己，并为警方破案提供了证据。

第四，切勿因为一时的好奇心或义气而自我暴露。人际交往是女孩身心发展的需要。十几岁的女孩渴望友谊，但在人际交往的过程中，自我保护意识一方面是指对他人要真诚，要自尊、自爱，另一方面是要看清所交往对象的真面目。

第五，增强法律意识。良好的法律意识是每个人都必须具备的，由于没有足够的法律意识，缺乏法律知识，有的女孩会在无意中触犯法律，如同学间的纠纷，有的学生不能采取正确的方法解决，往往采取一些过激的，甚至愚昧的方式，最终造成了严重的后果；而有的女孩则是在合法权益受到侵害时，却不懂得如何用法律来保护自己。

学校通常是通过开设《法律基础》课程等开展法制教育，传授必要的基础法律知识，培养女孩的法律意识。而在现实生活中要求女孩学有所用，要求女孩充分利用自己的知识保护自己，避免被他人伤害。女孩学习法律知识，树立法律意识和公民意识，有利于增强法制观念和法律素质，也有利于自身的成长。

学校是女孩学习文化知识的重要场所，也是女孩成长的重要阵地，谁能保证能避免时时存在的隐患呢？谁又能保证能永远抵抗网络陷阱呢？谁又能保证时刻保持良好心理状态呢？作为女孩，拥有足够的自我保护意识，是自己安身立命的高招，也是正视一切困难的必需。

■ 女孩要记住，父母永远是你的后盾和依靠

小故事

小菲马上要升入初三了，因此，学习压力比以前大多了，她开始不那么贪玩了，也不看电视剧了，一有时间，她就钻进自己的房间学习，因为有做不完的习题和看不完的书，离期末考试的时间也一步步近了。紧张的临战气氛和学习压力，让小菲觉得喘不过气来，小菲也感觉自己的神经绷得很紧，似乎再紧一点就断了。

然而，就在这个时候，小菲在一次坐公交时被一个色狼猥亵了，

当时那人摸了小菲的臀部，小菲吓得不敢吱声，回家也不敢和父母说，自从这件事后，小菲一天天愁眉苦脸的，总是闷闷不乐，脑海里总是浮现那个色狼的脸，经常吓得睡不着。

小菲爸爸是个细心的人，他看出来女儿最近的变化，找来小菲，开始帮助女儿释放一下心里的不快。在一个周末，还和小时候一样，父女俩又来到公园跑步，停下来休息的时候，爸爸对小菲说："能跟爸爸说说你最近怎么了吗？"

"爸，我不敢说。"

"没事的，女儿，你要知道，在这个世界上，爸妈是你永远的依靠和后盾，不管发生什么事，我们也会永远保护你。"

"那天，有个坏人在公交车上摸了我，我当时想喊的，但是我又怕，我怕别人异样的目光，而且，我从小就胆小，这件事一直压在我心里，太压抑了。"

"乖女儿，爸爸知道你心里很难受，现在的坏人越来越猖狂了，爸爸要告诉你，无论如何，最重要是保护自己，如果你怯懦，只会助长坏人的气焰，但小菲，你想想，你这样一天闷闷不乐的，不仅影响学习，对自己身体也不好啊。不妨放松一下，慢慢忘却这件事。"

"那怎么放松呢？"

"当心情压抑时，你应该暂时停止学习，因为这时候学习是没有效率的，心事还会郁结。不妨放松一下，有一些小窍门会起到立竿见影的效果，如深呼吸、绷紧肌肉然后放松、回忆美好的经历、想象大自然美景等，还可以去上网、爬山、聊天、听广播、看电视，甚至蒙头大睡，这样既可以暂时转移注意力，也可以缓解大脑的缺氧状态，提高记忆力。这些方法都可以释放内心的不快。"

"谢谢爸爸，我知道该怎么做了。"

果然，小菲又和以前一样，脸上总挂着微笑，学习也有劲儿了。

分　析

案例中的小菲爸爸是女儿的知心朋友，当女儿因为受到性骚扰而心情压抑时，能开解女儿，帮助女儿解开心结，让小菲重新收获快乐。

的确，未成年女孩在身体的发育和心理的逐渐成熟过程中，如果身体上受到了伤害，难免发生一些不快，产生一些不良情绪。这些不良情绪，一定要找一个发泄的出口，否则，很容易影响身心健康。而此时，父母就是你的依靠和后盾，你可以寻求父母的帮助，也可以向父母倾诉，父母毕竟是过来人，能给你最安全的保护和中肯的建议。

然而，现代家庭中，很多女孩和父母之间有代沟，这不仅仅与父母工作忙、没时间有关，也和女孩的拒绝沟通有关，在家庭生活中，很多女孩都有过这样的经历，很多事情选择独自承受，不愿意和父母分享。当你们有话不能讲、不愿讲时，距离就产生了，这是人为制造出来的距离。换个角度，如果有一天你的孩子有话不愿意对你说，你的感觉又如何呢？

另外，心情不快的时候，也可以投身大自然中，从而忘掉烦恼。大自然的景色，能开阔胸怀，愉悦身心，陶冶情操。当你融入大自然后，你会发现自然的雄伟，一切不愉快在自然面前都显得渺小，你的心情自然会好很多。到大自然中去走一走，对于调节人的心理活动有很好的效果。

所以，当你心情不好、无人倾诉的时候，不妨多接触自然，走出家门，到环境优美、空气宜人的花园、郊外，甚至是农村的田园小路上去走一走，舒缓一下心绪，去除一些烦恼，不要一个人关在屋子里生闷气，自我苦恼。

女孩们，无论身心，都应该成熟了。无论何时，要学会保护自己，要学会防患于未然，当危险和伤害即将发生或已经发生时，不要幼稚地拒绝交流、拒绝沟通、拒绝师长的帮助，与他们对抗，难道就是真的长大了吗？成熟的标志之一是：懂得用正确的方法处理自己的问题。每个女孩要明白，成长是一个漫长的过程，需要自己面对，但也需要他人的帮助。

2

保护好自己，才能享受舒心的校园生活

　　女孩到了校园，就要和老师、同学打交道，其中也包括男老师、男同学。而一些花季少女甚至幼童受到性侵的案件时有发生，给家长敲响了警钟。校园并不是绝对的净土，每个女孩在与异性交往的过程中，都要当心，要留个心眼，要学会保护自己，这样，才能保证自己享受舒心的校园生活，安心地学习，健康地成长。

■ 女孩打扮要落落大方，穿着不要过于暴露

小故事

下面是一位高一女生在微博上发的帖子：

我高一，身高差不多一米六，不胖不瘦，头有点点小（按身体比例来说），过去留过短发，现在是中长发，卷发，但是上学都是把头发扎着的。我初中时，班上的同学都觉得我很会打扮，比较擅长用服装掩饰自己的外形缺点。可是上高中后，我自己都感觉我打扮越来越朴素了。我不是故意变这样的，这是因为，夏天的有一天，我穿着超短裙和吊带衫去上学，被刚进门的妈妈撞见了。妈妈并没有骂我，而是给我发了一条微信，微信上她说："女儿，妈妈不是质疑你的穿着，但是你现在还是学生，还是应该遵守校规，穿校服上学，要不老师又如何管理呢？"看到妈妈的信息，我才如梦初醒，赶紧换上校服。

解决方案

进入中学，学校是不允许学生打扮得花枝招展的，但是女生在这个阶段审美意识在逐渐苏醒，不想总穿着校服，留着呆板的短发。那么，十几岁的女孩该怎么打扮，才能既美丽又不违反校规呢？

1.头发

十几岁的女生不要烫染头发，既可以留长发，也可以留短发，但是一定要保持本色。为了美观，可以每天食用一勺纯正的黑芝麻，结合免洗发膜，尽量

把头发护理得乌黑油亮。

2.皮肤

十几岁正是女生肤质最巅峰的时代，不需要使用大量复杂的护肤品、化妆品，只要睡眠规律，多吃蔬菜水果，配合柠檬水排毒就可以了，记得一定要用温开水泡，而且不能加糖。

3.身材

不要穿各种复杂的服装来掩盖自己身材的不足，应该根据自己的具体情况，尽可能借助体育运动和体育器材塑造完美身形，让自己即使穿着简单朴素的服装也能美观大方。

4.服装

如果是夏季，女生可以穿浅色系的连衣裙或者常规的T恤短裤，服装色系可以丰富一些，还可以穿学院风格的套装，尽量不要穿得五颜六色。

5.鞋帽

为了保暖，冬天适合戴毛线针织帽，还可以戴手套，单鞋最好选择圆头和粗跟，除此之外，平时尽量以运动鞋为主。

6.服装配饰

女生如果想打扮得美美的，长发可以扎马尾，佩戴时尚亮眼的发饰，短发也可以佩戴款式俏皮可爱的发卡，偶尔还可以佩戴胸针、手链，但不要戴项链或戒指。

7.气质

外在打扮到位了，女生散发出来的气质也一定要匹配自己的学生身份，言行举止活泼天真一点或者文静淑女一些都可以，千万不要学社会女性的眼波流转、妩媚万千。

小贴士

　　总之，女孩要知道，每个人都有不同的打扮方式，合体就好，尤其注意不要穿着暴露，要适合自己学生的身份。另外，也要综合考虑自己的喜好，因为衣服是穿给自己和欣赏自己审美水平的人看的。

■ 女孩不要轻易向别人借钱，也不要随便借钱给别人

小故事

　　这天，语文老师上课前告诉大家要订一批复习资料，每人需要交五十元。王晓和丽丽是同桌，丽丽家庭经济条件不好，身上没有零花钱。丽丽对王晓说："能不能借我五十块，我明天就还你。"王晓是个爽快人，刚好身上钱也够，就借给了丽丽，丽丽连连道谢，说王晓是好心肠的人，王晓也乐不可支。

　　第二天一大早，王晓以为丽丽肯定会还钱给她，可是到中午的时候，丽丽都不提这事，王晓心想，丽丽可能是忘了，第二天应该记得，她也不好意思催。

　　第三天的时候，直到放学，王晓也没有等到丽丽还钱。路上，王晓追上走在前面的丽丽，对她说："丽丽，我明天要买发卡了，但我的钱借给你了，你能还了吗？"丽丽一拍脑袋说："天哪，我竟然忘了这事儿，对不起啊，明天一早就拿给你。"王晓说了一句没关系，

然后笑笑离开了。

然而，第四天早上，丽丽还是没还钱，王晓这次理直气壮地说："丽丽，可以还钱了吗？"谁知道丽丽竟然生气了："你干吗老催我，我说了肯定还，又不是赖你的账！再说，你家那么有钱，又不缺这五十块。"

王晓一听，顿时火从心起："我家有没有钱是我的事，你借了钱要还就是你的事。"谁知道王晓还没说完，丽丽竟然大哭起来，说王晓欺负她，为了五十块咄咄逼人。同学们也开始数落王晓，最后还搬来了班主任老师。王晓委屈极了，这一天都坐立难安，放学铃声一响，她就飞奔回家，放声大哭起来。

分 析

这段故事中，女孩王晓所受的委屈来自她借错了钱给同学，她借钱是出于好心，却被人利用，被人道德绑架，从而导致自己受了伤害和委屈。

校园生活中，借钱给同学可以，但不可以轻易借，且不能随便找同学借钱，因为借钱这一行为很容易给自己带来麻烦。

很多女孩都渴望获得友谊，渴望交朋友，但一些女孩却有这样的苦恼："同学找我借钱，借不借？""是不是我借给她钱了，她就会把我当朋友。"女孩一定要明白，真正的友谊应该是志同道合、有共同的奋斗目标，相互扶持，而不是建立在金钱利益上的。

不到万不得已，你不要轻易向别人借钱，也不要轻易借钱给别人。这句话虽然不太中听，却是一句大实话。那么，这是为什么呢？

向别人借钱，容易被人看轻，引人疑虑，让人为难，而借钱给别人，也是件隐患极大的事。因为借钱与银行借贷不同，银行借贷靠的是信用和合同，但借钱则靠的是人情，尤其是同学之间的借钱，更是一张欠条都没有。一些人借钱可能出于善意，借的时候就想着一定要还，后来他们确实还了。这样的人你借钱给他没错，也应该要借。可是有些人借钱本身就出于恶意，借的时候就没想着有还的一天。如果是借钱给了这样的同学，那么，你的钱一定会有去无回。还有的人，开始是出于善意，以为自己能还，但是后来却还不起了，不是不想还，是真的还不起。开始可能他还在想办法还，后来实在没办法了，也只好说狠话，比如："我就是没有，你看着办吧。"这种情况很常见。但是你又能拿他怎么办呢？遇到这种情况，你只能自认倒霉了。

可见，借钱给人，最大的危险不是失去钱，而是永远失去了情，做好事反而把人给得罪了。所谓大恩成仇不外如是。

女孩们，你要明白，友谊需要维系，但是不能靠金钱和礼物来维系，而要靠感情来维系。另外，在平时的交往中，你要多关心朋友和同学，并尽量帮助其解决一些实际的问题，这样，彼此之间的信任会逐渐建立起来。

☀ 小贴士

总之，十几岁的女孩渴望友谊，但你要明白，真正的友谊并不是用金钱来衡量的，且只有处理好与朋友的金钱关系，友谊才能更纯粹、长久。你不要轻易向别人借钱，也不要随便借钱给别人，否则很容易让自己陷入被动。

■ 女孩不要因攀比、炫耀的虚荣心给自己招致祸端

小故事

13岁的米米长得很漂亮，弹得一手好钢琴，是个人见人爱的女孩。但是，她也是个十分"奢侈"的孩子，穿的衣服从头到脚都是名牌。有些时候父母给她买来不是名牌的衣服，不管多好看，她都一概不穿，还为此哭闹了很多次。

父母对她这点也十分头疼，实在不明白为什么孩子这么小就如此热衷于名牌，而米米的理由就是："让我穿这些，我怎么出去见人啊？我的同学都穿名牌，我要是没有，人家会笑话我的。我不穿，要不我就不去上学。"

不仅如此，米米还"逼"着爸爸给她买手机和高档自行车，原因也是"同学都有"。

有一次，米米做完值日后班上已经没人了，正收拾书包准备放学回家，教室门口来了几个高年级的学生，他们对米米说："把你身上的钱都拿出来，不然别想走出校门。"

米米害怕极了，但还是支支吾吾地说："我没有钱，我只是个穷学生。"

"别装穷了，我们盯你很久了，你瞧你穿的戴的，哪样不是名牌，麻利点，都拿出来。"米米没办法，将身上的200元都拿了出来，末了，对方还抢走了她的书包和零食，并威胁米米不要声张，不然他们在社会上的大哥让她吃不了兜着走。

 **分　析**

在现实生活中，的确有这样一些孩子。他们为了表现自己，常采用炫耀、夸张甚至戏剧性的手法来引人注目，例如，用奇怪的发型来引人注目，本该努力学习的年纪，却一味地赶时髦，为了追赶偶像，显示自己，也模仿名流的生活方式。然而，她们没有认识到的是，一味地爱慕虚荣、攀比，很可能会给自己招致祸端，比如案例中的米米，因为爱慕虚荣，吃最好的、穿最好的，而引火上身。

相信很多女孩都读过法国作家福楼拜的代表作《包法利夫人》。

书中的主人公爱玛是一个富裕的农民的女儿，曾经在专门训练贵族子女的修道院读过书，尤其喜欢读一些浪漫派的文学作品。虽然现实生活很残酷，但是艾玛却经常沉浸在自己虚构的奢华生活中无法自拔。现实和虚幻世界的强烈反差使她非常苦闷。成年之后，艾玛嫁给了包法利医生，但是医生微薄的收入根本无法供她挥霍。而且，艾玛非常讨厌其貌不扬的夏尔·包法利极其满足现状的个性。即使在有了孩子之后，艾玛的母爱也没有苏醒。她一心一意、执迷不悟地贪图享乐，爱慕虚荣，竭尽全力地满足自己的私欲，梦想着能够过上贵妇的生活。为了追求浪漫的爱情，寻求她心目中的英雄，艾玛先是受到罗多尔夫的勾引，结果被欺骗了，后来，她又与莱昂暗中私通，中了商人勒乐的圈套，最终导致负债累累，不得不服毒自尽。

在这篇小说中，福楼拜批判了艾玛爱慕虚荣的本性，也深刻地批判了社会的畸形。这种批判引人深思，让人警醒。虽然如此，时至今日，人们也还在犯着同样的错误，并且有愈演愈烈之势。君子爱财，取之有道。如果一个女人依靠自己的年轻貌美来换取安逸的生活，不得不说这是社会的悲哀。

当然，女孩虚荣心的形成是有多方面的原因的，其中多半和不良的花钱习惯有关，现在人们的生活水平越来越好，父母给孩子的零花钱也越来越多，从最初的几元到现在的几十、上百元，而很多女孩到了初中以后，家长怕她们在学校吃不饱、穿不暖，零花钱更是有增无减。她们在家长的默认和纵容下养成了不良的消费习惯：花钱大手大脚、没有节制、想买什么就买什么，只知道有钱就花，花完了再向父母要。久而久之，孩子的金钱观偏离了正常的轨道，甚至逐渐迷失自己，成为一个爱慕虚荣的人。

解决方案

总之，女孩们，虚荣心对你的成长具有很大的妨碍作用。为了防止自己产生虚荣心，你必须从现在起做到以下几点。

1.正确认识荣誉

很多时候，人们为了取得荣誉和引起注意，因而表现出过度的虚荣。通俗地说，很多时候，人们并非因为确实需要一件物品而去努力拥有它，而是为了获得人们对自己的羡慕，为了获得自己表面上的荣耀，所以才竭力地想要拥有一件并不切实需要的东西。这就是大多数人在生活中的虚荣。通常情况下，虚荣的人都很爱面子，希望得到别人的肯定和赞扬，希望每一个人都羡慕自己。

要避免形成爱慕虚荣的性格，女孩就必须以正确的心态面对荣誉，每个人都应该争取荣誉，这是激励自己前进的动力，但决不能以获得面子为目的。许多事实证明，仅仅为了获取荣誉而工作的人，荣誉往往与他无缘。倒是不图虚荣浮利的人，常常会"无心插柳柳成荫"，于不知不觉中获得荣誉。也就是说，只要我们脚踏实地地做好本职工作，而淡化名利的话，荣誉自然会光顾我们。

2.脚踏实地

脚踏实地的女孩懂得通过自己的双手和劳动来获得物质和财富，这样的女孩才是最可爱的、令人敬佩的。

3.防微杜渐，不要让虚荣心滋生

没有人能真正做到完全对名利"视而不见"，年轻的女孩们更是如此，因为她们希望得到肯定，而荣誉的确是个人成绩的表现之一。而你们要记住，"好名之害，与好利同"。虚荣心本身说不上是一种恶行，但不少恶行都围绕着虚荣心而产生。这种心理如同毒菌一样，消磨人的斗志，戕害人的心灵。为此，女孩必须要做到防微杜渐，不要让虚荣心滋生。

■ 女孩与男老师、男校长单独相处要小心

小故事

下面是一个初中三年级女孩的日记：

最近，我们学校初二的一名女生被传怀孕了，开始我还不相信，女生不是到二三十岁才会怀孕生孩子吗？

又过了两个月，那个二年级的女生肚子已经高高地凸起了。我们班的教室紧挨着学校的食堂，每当那个怀孕的二年级女生去食堂打饭的时候，我们班的男生就会趴在教室的窗口看那个怀孕的女生。她上身穿的宽大棉衣，已经不能为她遮掩怀孕的事了。

就在前几天，那个怀孕女生的哥哥，手里拿着一个大钉耙到我们学校闹事儿。他疯狂地大声喊叫："哪个老师做的恶事儿，站出来，我非打死你不可！"

学校感到问题严重了，立刻就给派出所打了电话。派出所的人很快就到了我们学校，把那个怀孕女生的哥哥带走了。

因为这个女生还不到十八岁，属于奸污未成年少女，属于刑事案件，公安部门立即立案侦查。公安部门带那个怀孕的女生到县医院妇产科进行检查。经过县医院妇产科检查，医生说她已经怀孕七个多月了，后来这名女生被开除了学籍，他们班的数学老师也消失了，中间的事儿就不得而知了。

分　析

从这一日记中，我们能看到在中学校园中存在男老师对女学生的不法行为。有些男教师经常在自己的单间办公室里，关门与女学生谈话。谈话的结果是，高中出现了师生恋，初中和小学高年级学生被骗奸或强奸。

现在许多学校都有一些规定：禁止老师与异性学生单独相处。这样可以把一些教师的违规行为控制在萌芽状态，是对学生的一种保护。

一些人可能会说，这是对男老师的不信任，但其实，当不幸发生的时候，我们就能明白防范措施有多重要了。

教师的工作就是教育管理学生，找学生谈话沟通是教师工作的常用方法，如果一个女学生思想上有偏差，或者需要批评教育，在不容易被误会的情况下，比如白天，教室门口，或者操场上，教师找学生谈话是很正常的，不分男女。男教师教育批评女学生，与女学生独处不会发生什么问题。

尽管有言：一日为师，终身为父，教师是尊长。但是，男教师与女学生之间如果走得太近，必将引来诸多猜测。原因除了人们的猎奇心理外，还是因为有一些"害群之马"，他们以教师之名，行与女学生淫乱之实，甚至还逼迫女学生不要声张。

当然，要扼杀这样的潜在威胁，还需要女孩自身学会保护自己，首先要有保护自己的意识。

据公安部数据显示，百分之七十以上的性侵事件，都发生在熟人之间，主要原因就是防范意识松懈。所谓万丈深渊尚有底，唯有人心不可测。女学生要尽量避免和男教师单独相处。不管是校园还是在以后的职场，老男人想诱骗小女生，第一步就是模糊界限，表现得幽默风趣，随性和蔼，营造出其乐融融、一片祥和的盛世太平景象，不经意间摸摸手、拍拍肩。这一阶段主要是观察被摸手小女生的反应，并据此判断是否可以进行下一步骤。但是如果女生在摸手阶段就态度干脆明确，立刻远离，不法之徒一般会就此打住。

曾有名高中女生自曝被老师家的长辈性侵，就是源于对长辈的信任和敬仰，跟着老人进了他的家。但是在事后，舆论反而对女生非常不利，很多人说女孩不够洁身自好云云。还有的老师在事发后，会"打深情牌"，对媒体声称自己在跟女生谈恋爱云云，要么就说是女生为了升学、找工作，故意诱惑并要挟自己。在这个时候，女生有一百张嘴也说不清。所以保持距离，不给对方机会是最好的防范手段。

总的来说，女生在学校，无论是男老师和男校长，与之相处都要留个心眼，尽量与之保持一定的距离，不给对方伤害自己的机会。

与男生相处保持距离，不超越友谊界限

小故事

进入中学以后，会出现一个奇怪的现象，一般情况下，女生会形成一个交友圈子，男生也有一个交友圈子。为了避免别人的口舌，男

女生一般"井水不犯河水"。而小雨就是这样一个女生，她好像从来不和男生说话，她是那么不起眼，无论是长相还是成绩。其实，她自己也很苦恼。

她在自己的日记中这样写道："从小到大我都不能像其他女同学那样与男同学正常相处。如果一个男同学站在我旁边，我会很紧张，上课也不能很专心，总觉得他们在看着我，看我有没有看他们。我很累，我很想像正常人一样。初二那年，我喜欢上一个男孩，我们班的，其实我也不知那是不是喜欢。当时我们班有好多谈恋爱的，我想我是太寂寞了，也想尝试一下。我不敢表白，每天静静地看着他的背影，我就觉得很幸福。我比较内向也很自卑。也许我总看他，他发现了也看我，然后我会立刻把眼睛转移，心怦怦跳，然后看他。我喜欢上这种目光碰撞的感觉。我总是偷偷看他，他发现了却装作若无其事的样子。有时候我都分不清我有没有看他。上课时只要我视线里有他，我就不能专心。后来我觉得全班人都知道我喜欢他了，总议论我，所以我不敢看他了。不仅对他，对班上的男生，我都不知道怎么相处，自习课我把头埋得很低，因为这样我的视线就会很小，我就看不见我斜后方的男同学。长此以往，我的颈椎出了问题。所有男同学好像都很讨厌我。我很苦恼，我到底是怎么了？我该怎么和男同学相处呢？"

分 析

小雨的这种情况，很多性格内向的女孩都会有，即不知道怎么和异性相处。我们也许有这样的体验：到了十几岁以后，男女同学相处似乎比较困难，即使是童年时代很要好的异性同学，这时也会不自然地退避。男女同学在学习、娱乐及各项活动中，界限分明，偶有接触也显得很不自然，不像儿童时代那样无拘无束、天真烂漫。这段时期，心理学上称为"异性疏远期"。同时，有些女孩或多或少地受封建落后观念"男女授受不亲"的影响，认为男女交往有伤风化。因此，慑于舆论、慑于所谓的名声，男女同学间壁垒森严，互不搭界。当然，对于一些早恋的女孩，与喜欢的异性之间又过于亲密。因此，很多女孩就有了疑问，到底怎样和异性相处呢？

解决方案

尊重男同学是交往的前提。异性相吸是青春期发育的必然现象。处于青春期的少男少女会产生一种强烈的要求接近异性、渴望交往的愿望，这种心理很多女孩自己也不能说清楚。面对这种难以捉摸的感情，她们心中会产生这样或那样的烦恼。

其实，男女同学之间的相同点要远多于不同点，女孩不妨大大方方地与男同学交往，了解和接受异性的不同，慢慢地，就能用平和的心态与男同学交往了。

要培养健康的交往方式，提倡男女同学间的广泛接触、友好相处，不管是男同学还是女同学，不要先把性别作为是否可以接触的前提。男同学、女同学都是同学，同学之间不存在可以接触、不可以接触的问题，更不能人为地设置影响互帮互学、共同进步的心理障碍。

和男同学交往，要本着以事情为核心的原则。不妨在老师的指导下广泛开展集体性的活动，如勤工俭学、社会考察、参观访问、文体活动等，在集体活动中互相增进了解、沟通情感，消除由于不相往来而造成的隔阂。

学生时代的男女同学之间，应建立亲如兄弟姐妹那样的友谊关系，尤其是男女同学单独相处时，一定要理智处事，光明磊落，善于把握自己的感情。

　　青春期除了是女孩身体发育的时期，也是性格、人格等逐渐完善的时期，更是情感的萌发期，青春期女孩应该以坦荡的心态和男同学交往，在交往的过程中，以尊重为前提，把握好度，注意一些问题。总之，女孩可以和男孩一起玩，但要学会得体的表现，让彼此之间的情感限定在友谊的范围内，这也有益于消除女孩对异性的神秘感，有益于女孩身心的发展！

女孩不要在男女同学家或者在外留宿

小故事

　　曾有一篇新闻报道：

　　2001 年某市某中学的一名 16 岁学生娜娜和几个同学聚会，父亲要求娜娜当天下午 5 点 30 分回家，然而到了晚上 9 点，还没见到娜娜的影子，父亲开始外出寻找。从曾与娜娜一起聚会的同学得知，当晚 11 点，娜娜和另外一名男同学回了家，而这位男同学说，娜娜夜里自己打车走了。娜娜到底去了哪里，全家人根本找不到。

　　近一年来，娜娜的父母停止了工作，走遍全国许多地方，到处寻找而终寻不见娜娜的身影。这是一个典型的因夜不归宿而引发的不幸事件。

　　无独有偶，王女士夫妻为了能多挣工资，给女儿玲玲创造更好的条件，便和老公每天起早贪黑加班加点，对女儿的教育较少。他们做得最多的就是省吃俭用，将挣来的钱给女儿大方使用。

每次女儿出门买玩具和吃的，王女士夫妇从不拒绝，也很大方。女儿在王女士夫妇的娇惯下，越来越爱慕虚荣，越来越喜欢攀比，花钱毫无节制。

15岁的她开始夜不归宿，这天女儿回来后，王女士静下心问她为什么不住自己家，非要借宿同学家，女儿的回答让王女士悲痛万分。

她说："家里房子又破又旧，有什么好待的，同学家的房子可漂亮了，我才不想回家住。"王女士懵了，她无从反驳，但谁知道，有一天，她接到女儿的电话，女儿在电话中哭哭啼啼地说自己被班上的男同学强暴了。王女士如五雷轰顶。

 分析

对于女孩来说，在外留宿，往往会留下安全隐患。同学之间聚会是可以理解的，但是事要有度，如确实因事不能按时回家，一定要让家长来接自己，这样做，不但让父母放心，也能减少危险发生的可能。

女孩因在外留宿而受伤害的事件屡见不鲜，这看上去是偶然事件，但也存在必然性。首先，夜不归宿或者在同学家过夜本身就是危险的，其次，女孩身单力薄，很容易成为别人侵犯的对象，一旦受伤，将会造成无法挽回的遗憾。

女孩的夜不归宿，一次都是不行的。家长对子女倾注了生命的绝大多数精力，甚至把整个生命都献给了孩子，夜不归宿实际上就是让父母着急上火，特别是不打招呼的深夜不归，更是让父母提心吊胆。

解决方案

　　家长一不要容留别人孩子在自己家过夜，二是不要让自己的女儿在外过夜。要教育孩子按时回家，有事不能按时回家的要事先向家长请假，说明回家的时间。

　　其实，无论男孩女孩，都要教育他们不要在外面过夜，无论多晚都要回家，因为家才是他们生长的地方，父母才是他们平安的港湾。而作为女孩的父母，也不要认为只要给女儿创造好的物质条件就万事大吉了，我们要及时留意和发现女儿情感上的变化，要知道女儿的一些日程安排，了解女儿的动向。

■ 女孩要勇于面对挫折

小故事

　　乐乐与元元从小学开始就是好朋友，她们原本想要考入同一所初中，但是因为乐乐在复习阶段开了小差，也没有掌握好复习方法，所以在考试中表现得并不好，考试成绩很不理想。就这样，元元考上了重点初中，乐乐则进入了一所普通的初中。看到自己与元元之间就这样拉开了差距，乐乐感到非常沮丧。

　　原本，乐乐对于学习就没有信心。在进入初中之后，看到身边很多同学们都在蒙混度日，每天如同和尚一样，当一天和尚撞一天钟，对学习敷衍了事，她渐渐地受到负面影响，也开始放任自流起来。看

033

到乐乐这样的表现，元元不止一次地鼓励乐乐，让乐乐一定不要放弃，而是要在初中的时候努力学习，奋力追赶，说不定将来她们还能进入一所重点高中和同一所名牌大学，继续当好同学和好朋友呢！对于元元所说的话，乐乐固然心向往之，却缺乏毅力，更不能够完全按照元元所说的去做。

转眼之间，初一读完了，她们升入了初二。初二是初中学习的分水岭，到了初二之后，乐乐与元元在学习上的差距越来越大。有一天，乐乐打电话向元元抱怨道："我真是倒霉呀，就因为小学升初中的考试没考好，所以进入了这么一个破初中。我的身边都是一些混日子的人，我自己也感到彻底绝望了。"元元感受到乐乐沮丧的情绪，当即对乐乐说："你抱怨有什么用呢？时间这么宝贵，你与其抱怨，还不如趁此机会多背两篇语文课文，多背几篇英语课文，或者多做几道数学题呢。周围的环境固然会对你产生一定的影响，但只要你自己内心笃定，下定决心要考取重点高中，你一定可以做到的。荷花还出淤泥而不染，你难道连荷花都不如吗？"听着元元毫不客气的指责，乐乐忍不住哈哈大笑起来。元元乘胜追击，说："我在重点高中等着你。就看你敢不敢来挑战我了。"

被好朋友挑战，乐乐当然不能轻易认输。从此之后，她一改往日里颓废自弃的样子，振奋精神，努力学习。终于，她在学习上有了非常突出的表现。升入初三之后，她的学习更是突飞猛进，总分不断提高。后来，乐乐以一分之差与重点高中失之交臂，去了一所略差一些的高中。但是对她而言，这已经是非常好的结果了。在高中阶段，她更加振奋信心，努力奋进。得知元元想报考人民大学之后，她也把人民大学作为自己的奋斗目标。最终，乐乐与元元双双考入了人民大学，这对好姐妹、好同学成功在同一所大学读书了。

 分 析 ◆

　　在成长的过程中，女孩会遇到哪些挫折呢？她们或者会在人际相处中遭遇挫折，或者会在学习方面遭遇挫折。然而在学习上遇到挫折对女孩而言是很正常的，这是因为没有任何人能够在学习方面一帆风顺。哪怕是那些被誉为学霸的人，她们的学习成绩也会有所波动。如果因为一次考试失利就一蹶不振，那么我们的成绩就会一落千丈。对待学习，我们要认识到学习成绩有所波动是正常的，这既是我们在学习上遭遇的挫折，也是我们反省学习态度，寻找学习方法的绝佳契机。越是成绩出现波动，我们越是不能绝望沮丧，更不要以此为借口而彻底放弃努力。

　　女孩只要拥有顽强不屈的意志和拼搏向上的精神，才能战胜眼前的一切坎坷与逆境，从而走到柳暗花明又一村的更高境界之中。古往今来，很多伟大的人之所以能够做出成就，并不是因为他们天赋异禀，而是因为他们在面对困难的时候始终满怀希望，满怀信心，始终牢记着自己的目标，不忘初心，并为之而不懈奋斗。

　　遗憾的是，现实中很多女孩都生活得一帆风顺，她们从小到大得到了父母无微不至的照顾，不管做什么事情，都有父母为她们安排好一切。渐渐地，她们认为所有事情都应该顺遂如意。又因为从未尝到过失败的滋味，所以她们一旦遭遇失败的打击，就会全盘否定自己，认为自己一无是处，干啥啥不行。其实，失败不仅仅意味着我们的挑战没有获得成功，也意味着我们可以从中汲取经验和教训，进而找到新的契机，转败为胜。有的人在遭遇失败之后一蹶不振，最后彻底失败；有的人在遭遇失败之后越挫越勇，勇往直前，最终取得圆满成功。

　　正如一位名人所说的，所谓成功就是比失败再多努力一次。对女孩来说，如果始终被失败纠缠，就意味着她们在失败的打击下，彻底放弃了努力，如果女孩能够越挫越勇，踩着失败的阶梯努力向上，那么失败就会给予她们一种特殊的力量，帮助她们取得成功。

成功能给我们带来很多光环和荣耀，失败同样也能帮助我们汲取经验和教训，使我们有更加出色的表现。有些女生天生畏缩，为了避免失败，他们彻底放弃尝试，殊不知她们这样虽避免了失败，也彻底失去了成功的机会。从辩证唯物主义的角度来说，每一次尝试都既有可能成功，也有可能失败，既然如此，我们就要把成功与失败看成是孪生兄弟，而不要把她们看成是天生的死敌。我们固然憧憬获得众人的喝彩、鲜花和掌声，但是也要做好准备迎接失败的到来。人生之所以璀璨而又充实，就是因为成功与失败会交替出现。面对失败，我们应该越挫越勇，也要有获得成功的坚定信念。当我们在失败的道路上不断地跌倒，不断地爬起，我们就能持续地挑战和超越自己，最终取得成功。

任何时候，我们都不要对抗挫折，而是要勇敢地面对挫折。挫折尽管意味着失败，但失败却是人生路上的新起点，会给我们带来新契机。

■ 要独处，不要孤独

小故事

丁丁性格内向，从幼儿园开始，她就非常孤独，身边很少有朋友。在小学阶段，她终于结交了小文，与小文成了好朋友。然而，在小升初的考试中，他们的成绩相差很大，虽然和小文进入了同一所中学，却被分到了快慢班。小文进入了快班，丁丁进入了慢班。所谓快班就是学习强度更大、进度更快的班级；所谓慢班就是学习以正常的进度进行、学习强度正常的班级。这样一来，丁丁跟小文在学校里的接触就少了。

有的时候，丁丁跟小文相约放学一起回家，但是快班的学习进度比较快，放学之后，老师还会补课一段时间，这就导致丁丁放学之后，小文还在上课呢，所以丁丁就没有办法和小文一起回家了。渐渐地，丁丁又恢复了形只影单的状态，不管上学还是放学都独来独往，下课的时候也没有兴致和同学们一起玩，就自己一个人趴在桌子上看着窗外发呆。有的时候，她还会看自己带来的课外书。不仅如此，同学们都知道丁丁性格孤僻，所以不管是学习分组还是体育课上分组，大家都不愿意接纳丁丁，不愿意和丁丁在同一个小组，丁丁越来越孤独了。

周末，丁丁跟小文终于在一起玩了。小文询问丁丁现在上学的情况，以及与班级里同学们交往的氛围，丁丁发自内心地对小文说："小文，我可真想跟你一起去快班啊，只可惜我的学习不如你好，不能进快班。要是我能跟你在一个班，我就会快乐多了。在这个班级里，我总觉得自己是个局外人。有的时候，我也想跟同学们在一起玩，但是她们玩得好好的，只要看到我靠近，马上就会分散开，这让我特别尴尬。我想，我就是一个倒霉蛋，不管我走到哪里，都会让大家不开心，所以我干脆就躲在没人的地方，让大家'眼不见，心不烦'。"

听到丁丁的诉说，小文非常同情丁丁。她鼓励丁丁说："丁丁，哪里有人是天生的倒霉蛋啊，更没有人是天生的开心果。你只要摆正自己的位置，让自己在同学中间起到更好的作用，积极地融入同学们，时间久了，他们就会发现你的好。"

在小文的鼓励下，丁丁终于鼓起勇气和同学们相处。在她坚持不懈地努力之下，同学们渐渐地接受了她。虽然现在的丁丁依然没有很多好朋友，但是她再也不会形只影单了。

分 析

父母即使再爱孩子，也不可能取代同龄人在孩子成长中的重要作用。尤其是对于青春期的女孩来说，她们极其渴望融入同龄人的团队，得到同龄人的认可和接纳。她们固然可以独处，却不能忍受孤独，因为孤独使她们无法与同伴相处，更不可能在与同伴相处的过程中获得进步和成长。当然，孩子还是要具有独处的能力，这样才能与自己好好地相处，更多地关注自己的内心，也能够沉下心来做自己想做的事情。所以对于青春期女孩而言，要独处，而不要孤独。

解决方案

尽管孤独的滋味很难受，但是青春期女孩却很容易在内心深处滋生出孤独的情绪。作为青春期女孩，要想打败孤独，就应该做到以下几点。

首先，主动伸出橄榄枝。很多青春期女孩性格内向，明明想要融入同龄人的团队，却不知道如何向对方张口，或者即便与对方在一起相处，她们也往往觉得非常尴尬，浑身不自在，不知道应该如何与对方拉近关系。在这种情况下，她们自然不受人欢迎。要想拥有好人缘，要想处处受人欢迎，女孩就要学会主动伸出橄榄枝。例如，面对陌生人，主动和对方搭讪，面对熟悉的人，主动向对方示好。相信没有人会拒绝一个对自己笑脸相迎的人。只要女孩够积极，够主动，真正做到面带微笑，就一定能够得到同伴的欢迎和青睐。

其次，积极地改变自己的性格。人们常说，江山易改，禀性难移。其实对青春期女孩来说，改变自己的性格并不是一件难事，这是因为青春期女孩正处于塑造自身个性的过程中。那么在此期间，女孩切勿让自己养成高冷范，时刻保持着高高在上的冷酷模样，而是要学会体贴和关心他人，在他人需要帮助的时候积极主动地帮助他人，也要学会以热情去对待他人。当青春期女孩在与他人相处的过程中坚持这么做，那他就会如同一团火一样给他人带来温暖，带来友爱，自然也就会受到他人的喜爱与欢迎。

再次，面带微笑。微笑是全世界通用的语言，即使在语言不通的国家，人与人之间用微笑也能够传达善意。每个人都希望自己的身边充满了快乐，所以他们会情不自禁地接近那些面带微笑的人。当发现有人愁眉不展的时候，他们就会在不知不觉的状态中远离他人。所以男孩要把微笑当成自己最好的容貌，要让微笑长驻在自己的脸上，长驻在自己的心间。当女孩真正变成一个积极乐观爱笑的人时，她就会给周围的人带来积极愉悦的情绪，届时，相信肯定会有更多的人围绕在女孩身边。

最后，善于发现自己与他人的共同点，经常与他人共情。很多女孩都觉得自己是独一无二的，因而非常自负。但是对于交朋友而言，只有找到共同点，才能拉近与对方的距离，才能真正地走近对方。所以女孩在结交朋友的时候，不要总是表现出一副高高在上的模样，也不要言语刻薄，对待他人很尖酸。只有发自内心地尊重他人，认真倾听他人的表达，只有言语宽和，谦让他人，说他人喜欢听的话，谈论他人感兴趣的话题，只有保持谦逊的姿态，不要处处与人争长论短，女孩才会拥有好人缘。

当然，上述四个招式并不一定会让女孩马上就结交到很多朋友。女孩要努力调节自我的心理状态，才能改变自身孤独的状态，在结交很多朋友之后，女孩也应该更多地关注自己，也要继续独处。对于人心，女孩不用过多揣测，而要相信当自己真诚友善地对待他人时，就会得到他人同样的对待。

在因为孤独而感到寂寞的时候，女孩不妨积极地参与集体活动。在学校生活中，很多集体活动都是丰富有趣的。如果女孩对这些集体活动敬而远之，那就不能丰富自己的生活，慢慢地，你就会离身边的同学和朋友越来越远。因此，女孩必须积极地融入集体活动，在集体活动中展现出自己的才华，这样女孩才会有更好的成长表现，与同学和朋友之间的关系都会更加亲密。

　　人与人交往其实是有圈子的，女孩要加入适合自己的圈子。在同样的圈层里，我们与同伴之间会有更多的共同语言和共同话题，与同伴的相处也会更加和谐愉快。在独处的过程中，女孩会更多地反观自己的内心，也会让自己更快乐地成长，这在女孩的人际交往中都是很重要的。

3

绝不沉默，女孩要向校园霸凌说"不"

　　很多人喜欢把学校比作净土，认为校园里的生活阳光明媚，与世无争。但事实上，几乎每隔一段时间，就会有关于校园霸凌的新闻在网上曝出，并引发人们的热议。女孩因为胆小、不敢声张，不敢告诉老师和家长，导致校园霸凌根本不会被曝光。事实上，每个女孩都要以绝对的自信和勇气与霸凌者周旋，并及时告知父母和老师，不给对方欺负自己的机会。

■ 面对同学的恐吓、威胁、索要钱财，女孩不要胆怯

小故事

　　涛涛与丹丹、菲菲是同班同学，丹丹和菲菲是很好的闺蜜，她们经常一起上学和放学，一起说说笑笑，但自从发生了一件事，她们再也开心不起来了。

　　原来涛涛会向她们索要钱，还会吓她们，她们是女生，害怕凶神恶煞的涛涛，只好乖乖将钱给了他。

　　涛涛从两个女孩那里要的钱，少则十几元，多则上百元。拿着这轻易得来的钱，涛涛过得逍遥自在，可丹丹和菲菲却过得心惊胆战。

　　这种活在担忧中的日子持续了两年多，直到后来，丹丹和菲菲的爸爸妈妈都发现，孩子身上的零花钱总是没得特别快，有时候明明给了好几百，但转眼间钱就花完了。在他们的"严刑逼问"下，两个女孩才道出了实情，原来一切都是这个叫涛涛的男孩的问题。而这两年时间里，他向两个女孩索要的钱财达到了五千元。

　　在得知这一切后，丹丹和菲菲的父母一起向公安机关报了案，这才终止了涛涛继续勒索的行为，丹丹和菲菲才终于逃离了被恐吓、威胁的噩梦。两位受害女孩最终得到了法律的救助，为自己讨回了公道。

分 析

　　在这一案件曝出后，我们不禁要问，这件事难道非要等两年才能解决吗？

非要在失去了巨额钱财和遭受了长期的心理折磨后才能靠法律来为自己讨回公道吗？

其实，问题的症结在于两名女孩的恐惧、害怕和侥幸心理。她们认为，只要给了钱，就能"消灾"了，所以，当涛涛提出了索要钱财的要求后，她们在所谓的一番"权衡"后，就乖乖给钱了，以为这样就不会被对方威胁和打骂了，这种情况在很多霸凌事件中发生，而女孩子身体弱小，且胆小，稍微一被吓唬，就只剩下乖乖听话了。假如勒索者再说一些"如果你不给钱，我就扒了你的衣服，然后拍照，再放到网上"这样的狠话，那么，爱面子且又胆小的女孩，就更加不敢反抗了。

很明显，被勒索的女孩和勒索者的心理，是恰恰相反的。在这些勒索者看来，女孩很胆小，只要他们吓唬一下，她们就给钱，既然要钱这么容易，那下次再多要点也不困难，也正是这样的心理，助长了他们的气焰。

女生在遇到这种情况时，其实要解决的有两点，第一是保护自己，第二是吓退勒索者。

解决方案

女孩在面对勒索时，要记住以下几点。

1.不要表现出自己有钱

被勒索，不要一害怕就乖乖地将钱双手奉上，就算对方说"我看见你花钱了，还花得不少呢"或者"别装了，我明明看到你花钱了"，也要立刻"圆个谎"，告诉对方现在自己没钱，如果对方想要，可以和对方约一下某个时间再给他。

当然，称自己没钱，可以适当放低一下姿态，女孩子可以撒娇，比如说"好不巧啊，我刚把钱花掉了"，或者说"今天我没带那么多钱呀，可为难了呢"。此时可以发挥女孩子"能言善辩"的优势，用好话、软话来哄得对方暂时不对自己有太大的敌意和威胁。避免激怒对方，做出更激烈的行为。

2.根据具体情况采取应对措施

接下来就可能会有两种情况：一种情况是对方妥协了，比如答应你可以过几天再来要钱，还有一种就是更嚣张了，甚至抢了你的书包过来找钱。

面对这两种情况，我们的应对措施也要理智冷静。

对于第一种情况，我们就要趁着对方给你的时间积极联系父母、学校、老师，如果有必要，还可以将这样的事情反映给公安机关。

对于第二种情况，如果他来翻书包，那就先让他翻。趁着他翻书包的时候，假如自己能跑，就以最快的速度跑开，并寻求最近的老师或者其他教职工的帮助。

如果自己当时被困住了，就要想尽办法通知附近的同学或朋友，请他们来帮忙。

不过，如果大家都怕这些人，没人敢帮忙怎么办？这时我们就先保护好自己不受伤害，钱财就先任他拿走。当勒索者离开之后，再立刻将自己的遭遇告知老师或父母。

总之，无论什么情况，都不要想着用钱了事，想着反正"只有一次，也没什么吧"，更不要觉得如果告诉了老师，勒索者会来报复。其实，这些勒索者就是典型的"欺软怕硬"，要在第一次遭遇这类事的时候就如实反映给老师和父母，请他们帮忙确认是否要走法律途径。

☀ 小贴士

总之，面对恐吓、威胁、勒索，我们就要记住一条解决问题的原则，那就是"态度坚决、思维灵活、行为迅速"，即快速地将问题暴露出来，坚强地应对发生在自己身上的不幸，灵活地处理各种情况。

■ 对任何校园暴力说"不"

菲菲、小丽和娟娟原本是好朋友。有一天，菲菲在娟娟面前无意中说了小丽的几个缺点，从此，小丽就不理菲菲了，然后还事事针对菲菲，看着只顾和娟娟说笑的小丽，菲菲很难过。更严重的是，小丽居然让一个在社会上的哥哥带人找菲菲的麻烦，有次还打了菲菲，菲菲不知如何是好。

分　析

这里，菲菲就是遭到了校园暴力，校园暴力的形式有很多，从辱骂、扇耳光、拳打脚踢，到被迫下跪。近几年，几乎每隔一段时间就会有类似的事件出现，在引发热议的同时，不少家长的心中也产生了困扰：如果我的孩子成了受害者，我应该怎么办？是教育孩子做个"忍者"，还是要让孩子以暴制暴？

不少家长认为，孩子只要送进学校，就万事大吉了，其实不然，女孩到了学校以后，也不只是学习，还要与老师、同学打交道，还会出现这样那样的一些问题，而如果这些问题没有处理好，不仅影响学习，甚至孩子的心理成长也会受到负面影响。而在女孩遇到的很多问题中，近几年来最受关注的就是校园暴力，校园暴力不仅在男生间常见，在一些女孩身上也频有发生。

解决方案

最重要的，女孩要学习一些应对校园暴力的方法。

（1）如果遇到校园暴力，一定要保持镇静，不要惊慌。采取迂回战术，尽可能拖延时间，有勇有谋地保护自己。争取有机会求救。

（2）必要时，向路人呼救求助，采用异常动作引起周围人注意。

（3）人身安全永远是第一位的，不要去激怒对方。

（4）当自己和对方的力量悬殊时，要认识到自己有保护自己的能力，以及通过理智和有策略的谈话或借助环境来使自己摆脱困境。

（5）遇到自己和对方力量相距不是太远时，可以考虑使用警示性的语言来击退对方。但要避免使用恐吓性的言语，以免反而激发拦截者的逆反心理。

同时，家长也要了解一些应对校园暴力的策略。

（1）告诉孩子如果遭遇校园暴力事件一定要及时跟家长老师沟通，不要在忍气吞声中一个人默默承受身体和心理上的创伤。

（2）如果孩子遇到校园暴力事件后，在心理上出现害怕上学、害怕出门、交友焦虑等情况，需要及时与专业人士交流，从心理层面给予帮助。

（3）孩子遭受暴力后要稳定孩子的情绪，理解和同情孩子。同时家长要抽出时间多多陪伴孩子，给孩子足够的安全感。

（4）知道孩子遭遇校园暴力之后第一时间和学校沟通，了解孩子在校的真实情况，并拿起法律的武器来保护孩子。

教育心理学家发现，容易遭受校园暴力的女孩往往在性格上缺乏自信、人际交往能力较差，这种性格的形成一般与父母的教育方式有很大的关系。有些父母总是不断批评女孩的缺点而忽视女孩的长处，女孩缺少来自他人的欣赏与肯定，长此以往，十分不利于自信心的建立。而校园暴力的施暴方则常常表现出心理失衡的特点，究其根源，同样是因为在成长的过程中难以得到父母的认可。同时，如果女孩长时间生活在家庭暴力中，也很容易成为校园暴力的主角。

事实上，如果父母一直重视家庭教育，给女孩一个有利于健康成长的环境，从小培养女孩健全的人格，就能够很大程度上避免女孩遭受校园暴力。而女孩即使遭遇校园暴力，家长也不要着急，首先要问清事情的来龙去脉，其次要接纳女孩的情绪，理解女孩，以女孩的感受为中心。有时候女孩所遭遇的困难恰巧是父母走进女孩内心的契机，而在沟通过程中，如果父母发现女孩存在心理问题，也不要碍于面子不愿承认，应当及时请专业人士进行疏导，以免错过最佳解决时机。

预防和应对校园暴力，家长该怎么做？

1.重视与老师、学校的沟通与联系

不少家长忽视与班主任老师的沟通与交流，又很少去观察学校周围情况，因而对女孩上学期间的安全情况缺乏了解。家长可以找机会与女儿同学聊聊天，了解女孩学校是否有校园暴力现象。

2.以预防为主

家长平时可以结合一些常见的校园暴力现象来引导女孩，进行预防教育。在预防教育中，一定要引导孩子学会分辨事情的对与错，曲与直，不能诱导女孩片面出手，或者为不受欺负而以暴制暴。当然，也要教女孩一些自我保护的方法，让女孩平时有心理准备，遇事能从容处理。

3.女孩遭遇校园暴力时，家长自己先要管理好情绪

在女孩遭遇校园暴力时，家长容易出现激动情绪，甚至做出不理智的行为。这时建议家长自己先平静下来，反思自己是否了解女孩学校的安全情况，是否对孩子做过如何自我保护的教育？是否曾引导女孩分辨校园暴力的严重后果？如果是理性的家长，在通过一番分析之后，会根据已有的现实情况，在与打人孩子沟通，通过班主任、学校协调解决，还是通过法律途径解决等选择中得出最合适的解决方案。

4.不要盲目指责打人的孩子及其父母

如果女孩遇到校园暴力伤害，一定要及时收集相关人证和物证等关键证据。然后，再去找当事孩子了解情况。一般说来，打人孩子或是其家长，面对证据不敢推脱责任，即便是诉诸法律也有理有据。切莫光顾着指责班主任和校方，引发对方反感，导致他们不愿意配合与协助解决问题。

■ 为什么别人要给我取绰号

月月是个14岁的女孩，一天她问妈妈："我们班里的同学都喜欢给他人起绰号，私底下交流的时候也用绰号代替同学的名字。从一年级到现在，他们总是给我取一些诸如'小猪''胖墩'等很难听的绰号，每次同学们这样叫我，我的心里总是很不舒服，您说我该怎么办？"

分 析

其实，月月所遭遇的就是校园霸凌中的精神侮辱。前面，我们细细分析了女生校园霸凌的特征，的确，起绰号这种霸凌方式相对于身体霸凌，在女生中更为普遍，这和社会长期以来对女孩的期待有关。她们中很多人从小被教育要成为"淑女"，要娴静优雅。虽说对于男孩也有"君子动口不动手"之类的教纲，但为锻炼所谓的"男子气概"，家长对于男孩肢体冲突的容忍度明显要高于女孩。

动手不成，女孩的矛盾多数只能动口解决了。2011年美国的全国调查发现，校园霸凌事件中通过谣言、恶意捉弄、取绰号等方式进行的关系性攻击其实远高于身体攻击。在14~17岁的青少年中，有四分之三的学生曾经遭受过关系性攻击。41%的青少年女孩都曾是关系性攻击的受害者。

其实，无论哪个年代，"起绰号"这件事在学生时期都很盛行，有的人甚至有五六个绰号。

绰号通常大致归为两类，一种是没有恶意的，比如因为学习好被叫"学霸"；另一种则比较令人不喜了，特别是以别人的生理特点来起的绰号，便带有很强的歧视意味，这就是我们说的校园霸凌了。

相关资料显示，包括"起侮辱性绰号"在内的语言欺凌，在校园霸凌现象中占比不容忽视。2017年5月，由南京大学社会风险与危机管理研究中心和中南大学社会风险研究中心联合发布的《中国校园欺凌调查报告》显示，语言欺凌行为发生率明显高于人际关系、身体以及网络欺凌行为，占23.3%。

比如，一些身体肥胖的孩子被叫"小胖墩"、戴眼镜的被喊作"四眼仔"、姓朱被叫作"猪"，这些是对她们"幼小心灵的至深伤害""抹不去的阴影"。教育专家称："当语言欺凌发生时，一个群体，多次、长期地对一个人进行攻击，证明这个受害者的同伴交往是不健康的。而一个孩子的成长，恰恰需要从健全的同伴交往中获取能量，通过这种能量，将自己嵌入到集体和社会中。这是语言欺凌对青少年最严重的危害。"

最近，一则新闻引起了大家的热烈讨论——广东省教育厅等13个部门，联合出台了《加强中小学生欺凌综合治理方案的实施办法（试行）》，对校园欺凌的分类、预防、治理等问题作出明确规定。其中，给别的学生起侮辱性绰号，也属于校园欺凌。

那么，什么样的绰号算得上"侮辱性绰号"？这是大家最关注的问题。

《实施办法》中虽然明确定义了中小学欺凌，是指"发生在校园内外、学生之间，一方（个体或群体）单次或多次蓄意或恶意通过肢体、语言及网络等手段实施欺负、侮辱，造成另一方（个体或群体）身体伤害、财产损失或精神损害等的事件"，并表示"给他人起侮辱性绰号"属于情节轻微的一般欺凌事件。但网民对"侮辱性绰号"量化标准仍存在争议。

■ 为什么大家都排挤我

小故事

　　一个周五的最后一节课，语文老师给大家布置了一篇话题作文，以"我最烦恼的事"为话题，第二周的作文课上，老师点评了一篇作文，是来自班上一个学习成绩较好的女生的，其中有这么一段：

　　"我是一个女生，我认为我性格还算外向的，长相虽然算不上出众，但是自我感觉还可以。学习也不错，能排到班里前十名，可是就是人缘不好，男生还好点，尤其是女生，好像都很反感我，看到她们在一起玩，我也想去，可是却不知道怎样加入他们。有次我尝试走过去，有个女同学赶紧说：'高攀不起，学霸。'我有一次听到一个女生说，她的同桌跟她说比较反感我，也没有说原因，还说不许我那个好朋友告诉我。虽然我是知道了，可是我很无奈，也许是因为我说话的缘故吧，因为我真的不知道该怎样和女生们交谈，怎样才能让别的同学喜欢和自己说话，有共同语言。我到底该怎么办？"

　　老师念完以后，班上已经哗然一片了，因为虽然老师没说出这个女孩的名字，但同学们已经猜到了，老师补充道："我把这篇作文读出来，并不是说这篇作文写得好，也不是对这个女同学有任何的意见，只是为了引起重视，希望所有同学，以后不管怎样，都要相亲相爱，毕竟我们这是一个集体，我不希望有任何同学感到这个集体很冷漠。"

　　这次作文课上完后，那个女孩好像得罪了很多人，和她说话的人更少了。

分　析

　　不受同学欢迎、人缘差，这的确是困扰青春期女孩的一个问题，每一个女孩都希望自己受大家的欢迎，能融入周围同学中。然而，我们发现，在校园中，女孩之间存在一种排挤现象，我们称为校园排斥。

　　校园排斥是中小学校园中常见的心理和行为现象。的确，到了十几岁，女孩之间会根据自己的喜欢亲近和远离同伴，如果是无意的，倒也正常，但如果刻意排挤和孤立某位同学，就是校园排斥，这是女生校园欺凌的惯用手段。为此，我们很容易联想到那句，"女孩子一个人不安全，多叫几个人吧"。从结伴出游到手拉手上厕所，女生似乎在自己的小团体里找到了那份安全感。

　　校园排斥是一种长期的、发生率较高的客观存在，校园排斥与校园霸凌相比显得更隐性、更"温和"、更持久，当事人更少主动求助。

　　某大学曾经举办了一次关于中学女生校园排斥的课题研究活动，课题小队通过在两座城市发放的1000份实体问卷，得出了一些普遍结论，比如：情绪稳定和校园排斥并无直接关联、自尊过强和过弱的人受到的排斥程度更大、男性比女性受到的排斥更强……

　　他们还抽取4位来自不同学校，年龄和性别各不相同的受害者进行访谈，通过问题设计和背景追踪，找到佐证以上结论的线索：男性对自己受到排斥的认知度不高，因而"玩笑"常常越界成为排斥；在排斥中自尊过强其实就是自尊过弱；很多时候排斥并不直接作用于性格，而通过心理暗示改变受害者性格……

当然，这并不意味着女孩之间的校园排斥不存在，实际上，女孩比男孩更敏感和脆弱，因排斥而受到的心灵伤害更大。然而，我们发现，校园排斥常常被归因为被排斥者性格问题而致的不合群、融入性差，来自外界的人为因素常常被忽略或轻视。群体中的众多"第三方"也更难引起警觉及产生援助或施救的愿望。

的确，学校和家庭在校园排斥现象中应该起到一定作用。要解决女孩校园排斥问题，学校需要及时了解女生群体中的领袖的话语和行事作风，需要关注情绪或行为异常的学生，鼓励表达并了解成因，根据年龄特点开展专题团队辅导，修正女生团体的互动模式，重构团队文化。同时视情况进行个别辅导，创设情境，示范与演练应对策略。

教师和家长的介入需要有策略性，重在预防性的教育引导，让学生团体中的相关人员都能明确相处之道，建立共同遵守的规则，了解彼此在人际互动中的可接受行为的底线和边界，平等友好地相处。

■ 遭遇霸凌事件，一定要大胆讲出来

小故事

有这样一则新闻，2018 年 10 月的一天，云南一位 14 岁的少女

刘某，因为不堪忍受"校霸"同学长时间的欺负，10月11日上午11时许，在家中喝农药（瓶装磷化铝）自杀，后送当地人民医院急救，经过十多个小时最终抢救无效身亡。

爆料发布后，因涉及"校园欺凌"的话题，引发不少当地学生和家长的讨论。有家长在后台留言表示："自己的儿子也曾在该校遭遇校园欺凌，周围人认为家长自己在大惊小怪。"该校的毕业生也表示："对这个学校的校风很清楚，打架斗殴基本每周都有。"

对此，当地警方介入调查，证实了这位女生自杀前被两位同学打过，两位同学一人打了刘某一耳光。在刘某被打之前，刘某与其他学生没有发生过冲突。两位打人的学生，在与刘某发生冲突前，平时没有欺凌其他学生的情况。打人学生因还是未成年，家庭和校方需承担部分责任。

分析

校园霸凌一直是个历史悠久的世界性难题，其中本就不乏女生的身影，只是直到最近才开始被更多人关注。然而，除了被我们看到的暴力事件之外，日常生活中被老师家长当作"女生间小打小闹"而忽视的霸凌事件又有多少？即便媒体报道让霸凌现象浮出水面，相关法律真的能保护好受欺负的女孩们吗？身为受害者，女孩如果遭遇到校园霸凌，要经历多少噩梦才能够忘记这一幕又一幕？她该如何抬头做人，她该如何消除心理阴影，如何继续走下去？这都是要面对的难题。

实际上，到现在为止，遭遇校园欺凌事件，仍然以学校处理为主，不过，近几年中小学校园欺凌、校园暴力事件引起社会各界广泛关注。2017年教育部等11部门联合印发《加强中小学生欺凌综合治理方案》，文件中表明学生欺凌事件的处置以学校为主，教职工发现、学生或家长向学校举报的，应当按照学校的学生欺凌事件应急处置预案和处理流程对事件及时进行调查处理，由学校学生欺凌治理委员会对事件是否属于学生欺凌行为进行认定。原则上学校应在启动调查处理程序10日内完成调查，根据有关规定处置。

 解决方案

那么，在校园生活中，女生自己该如何应对校园欺凌呢？

1.独自面对时

一个人遇到突发霸凌状况，要尽快走开。通常施暴者只是借机发泄不快，如果你没有反应，对方往往不会再纠缠。如果对方突然出手或者追逐，可以立刻向最近的人群奔去。

如果实在不能避开，气势上不能软弱，施暴者总选那些看上去比自己弱的人下手。目光要坚定，保持沉着冷静，腰杆也要挺得笔直，传递出"我也不好惹"的信息，或者直接告诉对方"你这样做是不对的，老师知道了会批评你的"。

2.大声说出来

如果已经遇到校园霸凌，要勇敢地向老师、学校或权威部门反映。告诉他们施暴者是谁，他们具体做了什么，在哪里，什么时候，持续多久了，造成了自己怎样的困扰。当你觉得霸凌已经威胁到你的人身安全，那你必须说出来！

如果相关部门迟迟没有回复，试着向其他权威机构求助。这听起来很复杂，但是只要坚持不懈，问题就能解决。

你也要向父母倾诉。或许你会担心他们反应过激，但是他们依旧是最愿意帮助你的人。

3.打理好自己的情绪

遭遇霸凌并且克服它带来的伤害并不是一桩简单的事情，所以如何摆脱校园暴力带来的心理阴影是每一个受害者都需要面对的困境。

尽量尝试着表现得和平常一样，自嘲或幽默地调侃会减弱不安的情绪，或者跟自己信任的人积极交流。要把注意力放在个人和情绪管理上，罗列出积极的目标，并且努力实现它们。这样带来的成就感会增加你的底气。

另外，女孩要记住，平时要多和父母老师相处，并且要努力做一个有胆量的人，要敢作敢为，要勇敢，不要遇事就退缩。有事可以和父母老师说，要勇敢地告诉父母、老师你的问题，他们一般都会帮你解决的。

4

融入校园，快乐的学生才受他人欢迎

　　有人说，成长中的女孩就如同一朵逐步开放的花，尤其是到了十几岁以后，女孩在花期一定要开得灿烂，这个年龄段也是未成熟到成熟的转型期，更是由未成年到成年的衔接期。这一时期女孩的大部分时间都是在学校度过的，女孩学习如何与同学和老师打交道，是为未来进入社会做好热身，女孩要学会在校园与人相处，就要拥有一些品质和精神，丰满自己的个性，给别人喜欢自己的理由，你的青春就是灿烂的。

■ 如何不伤感情地拒绝他人

　　"妈妈，我们班刘娜又让我给她带早餐，真烦人。"女孩跟妈妈抱怨道。

　　"帮助同学不是应该的吗？"

　　"可她每天都这样。本来那天早上，她说自己要迟到了，给我打电话让我带早饭直接去教室吃，但后来，她每天都说自己要迟到，我也不知道怎么拒绝她。"

　　"乖女儿，你是个善良的孩子，但帮助别人也要有度的，别人能做到的事，却让你去帮忙，你就不该答应，你要知道，'老好人'总是会被别人欺负……"

分析

　　案例中，妈妈的话是有道理的，毫无原则地帮助别人就会成为一个吃力不讨好的"老好人"。

　　可能不少女孩会误认为，"我只有顺从和帮助别人，才能变得可爱"，但这样，你只会成为别人口中的"老好人"，对于任何人的任何请求都来者不拒，而最后你会发现，自己已经筋疲力尽，却"吃力不讨好"，甚至使自己成为一个"取悦别人"的人。如果你是这样的人，那么这种情况将会恶性循环，你身边的人都希望你随时随地在他们身边，为他们服务。不会拒绝让你疲惫，感到压迫和烦躁，不要等到你的能量耗尽时，才采取行动。

可是，女孩怎么能拒绝别人呢？其实，拒绝是你的权利，也是你负责任的表现。懂得自重，就应该学会说"不"。

在以下几种场合，你应该拒绝他人。

1.当对方所期待的帮助是欠考虑和不合适的时候

假如你平时上学和放学主要是通过骑车，但是你的一位女同学却要你载她去十几公里外甚至更远的地方。她肯定有其他交通手段可以选用，你完全有权利认为这一要求欠考虑，可以拒绝。相反，如果她住得不远，且半路受伤了，那么，你可以送她去就近的诊所或医院，这种要求就是不过分的。

2.当有人想干扰歪曲你的某种信念时

你永远不要认为有义务为他人说谎，比如，一个朋友为了欺骗老师，说作业落在家里了，你不想违心地办事，就要敢于说"不"。

3.当有朋友提出让你代替他完成某种义务时

比如，对朋友父母的关心，应该是他应尽的义务，你不能代替。

解决方案

当然，拒绝别人是一件令对方不快的事。那么，有哪些方法，可以令对方在被拒绝后感到理所当然，从而对你的拒绝没有怨言呢？

1.要有笑容地拒绝

拒绝的时候，要面带微笑，态度要庄重，让别人感受到你对他的尊重、礼貌。这样，就算被你拒绝了，他也能欣然接受。

2.要有理由地拒绝

这样，即使你拒绝了对方，也会让对方觉得你已经尽力，还是会感动于你的诚恳。

3.要有代替地拒绝

可以说："你跟我要求的这一点我帮不上忙，我用另外一个方法来帮助你。"这样一来，他还是会很感谢你的。

4.要有帮助地拒绝

也就是说你虽然拒绝了，但却在其他方面给他一些帮助，这是一种恰当而有智慧的拒绝方式。

5.要有出路地拒绝

拒绝的同时，如果能提供其他的方法，帮他想出另外一条出路，实际上还是帮了他的忙。

6.要留退路地拒绝

不要把话说死，把路堵绝，这事难度太大，办成的可能性极小，但是为了朋友的感情，我愿意尽最大努力。这样即使事情办不成，朋友也会领你的情。

总之，青春期女孩应该竭尽全力地帮助他人，尤其是主动地和心甘情愿地帮助需要你的朋友。但是，如果你是被某种心理上的压力所迫，对一切都点头答应，实际上这是一种错误的做法，你这是在委屈自己，同时，当你能力不足却答应别人的时候，也会给别人带来不快和麻烦。因此，理智拒绝，而不是盲从，这是一个青春期女孩应该学会的语言技巧，掌握拒绝别人的策略，做自己力所能及的事，才是有责任感和成熟的表现。

与老师产生矛盾冲突，如何是好

　　某中学初三年级三班有个叫刘莉莉的女生，个性大大咧咧，很像男孩，人缘比较好，但却因为和体育老师的一次冲撞而遭到了严厉的批评。

　　那是一个晴朗的下午，在第6节课的上课铃响之后，陆陆续续的只有20位左右的学生到了运动场上集合。体育教师面对这种情况，就叫体育委员去班上把其他学生叫来。慢慢地，其他人都来了。但此时，刘莉莉还在远处的沙池边上跳远。体育老师用力吹了几下哨子，刘莉莉才小跑过来。

　　在刘莉莉快要站回队伍时，体育老师喝道："站住！"并用眼神狠狠地盯着刘莉莉。

　　"你没听到老师吹哨子吗？为什么还慢慢地、大摇大摆地过来？"老师问，刘莉莉没回答。

　　看到刘莉莉没反应，体育老师一下子火就上来了，批评了刘莉莉一句。平时性格就比较火爆的刘莉莉也被激怒了，居然也指着体育老师大骂，甚至想上前厮扭，旁边的学生见状，迅速上前把刘莉莉拉开。

分　析

　　可以说，刘莉莉和老师的冲突是两人都有错，教师向学生发火，有他不对的一面，但作为学生的刘莉莉，她的行为也是不恰当的。

每个女孩到了十几岁以后，都会呈现出情绪多变的特征，一个小小的事件都有可能点燃她们，对于老师的管教，她们也不似从前那样听话，但无论如何，女孩要明白，不管老师做什么，他的出发点都是为了你，希望你能成人成才，老师是你的第二个家长，对于老师，你要理解。当你对老师有了不良情绪的时候，多从自己身上找原因，多从自己这里找出路。因为老师也是人，我们应该容许人家有不足。而且老师是恩人，不管你承认不承认，也不管他喜欢不喜欢你，他在课堂上给你的不比别人少。学会尊重老师，你会收获不少的！

解决方案

那么，女孩们如何处理与老师之间的矛盾呢？

1.尊敬老师是前提

有人说，教师是太阳底下最光辉的职业，这句话一点也不假，老师从踏上岗位的那一刻起，就无私地奉献着自己的青春。老师对学生严厉，也是希望学生学好，要问老师希望得到什么回报的话，就是希望看到学生成才、成熟，希望看到学生从自己那里学到最多的知识。

因此，女孩们，不管老师怎样严格要求你，你都要理解老师、尊敬老师，见到老师要礼貌地打声招呼。另外，要用实际行动尊重老师的劳动：上课认真听讲，不破坏纪律，把老师留的作业保质保量地完成。尊敬老师，尊重老师的劳动，是师生和谐相处的基本前提。

2.努力学习，用成绩回报老师

老师们希望每个学生都取得好成绩，因此，对那些学习用功、成绩优异的学生，老师总是格外关注，因为他们是老师教学成果的最好证明。因此，要想获得老师的支持，成绩是最好的武器，学习成绩的上升，会让老师看到你的努力，自然会喜欢你。

3.主动关心老师

比如在某个节日的时候，你可以精心地制作一个礼物，并写上你想对老师说的话，如在给班主任老师的贺卡上写道："亲爱的老师：这一年来给您添麻烦了，感谢您的辛勤培育。在新的一年里，我打算把各项成绩都提高一个层次，请您继续关注我，帮我一把，好吗？"相信，任何一个老师看了这张贺卡，都会被你的上进心打动的。

4.犯了错误要勇于承认，及时改正

人无完人，女孩也会犯错，老师都能理解，并都愿意指正你的失误。而有的女孩明知自己错了，受到批评，即使心里服气，嘴上也死不认错，与老师搞得很僵。也有一些女孩，"一朝被蛇咬，十年怕井绳"，受过老师一次批评心里就特别怕那个老师，认为他是对自己有成见。这都是没必要的。错了就是错了，主动向老师承认，改正就是好学生。老师不会因为谁有一次没有完成作业、一次违反了纪律就认为他是坏学生，就对他有成见。相信老师是会全面、客观地评价学生的。

5.正确对待老师的过失，委婉地向老师提意见

在有些学生心里，老师就是完人，老师不应该犯错，实际上，这种想法是不正确的。老师也是人，也会犯错，也会有失误。其实，根本不可能存在没有缺点的人。老师不是完美的，如果他有的观点不正确，或误解了某个同学，甚至有的老师"架子"比较大，或是太严厉，这都是可能的。心理学的相关研究发现，人们会对没有缺点的人敬而远之。

如果你发现老师的不足，要持理解态度，向老师提意见时语气要委婉，时机要适当。相信，老师会感激你的指正。如果老师冤枉了你，不要当面和老师顶撞，这样不但无助于问题的解决，还会恶化师生的关系。暂且忍一忍，等大家都心平气和再说。不管怎么说，老师是长者，作为学生应该把他们置于长者的位置，照顾老师的自尊心和面子。

小贴士

　　女孩们要像对待父母一样对待你的老师，要把老师当成你的第二个家长，要尊敬、爱戴你的老师，和老师搞好关系，因为与老师关系融洽既可以促进学习，又可以学到很多做人的道理。

■ 得体地赞美别人，嘴甜的女孩更讨喜

小故事

　　周末这天，妞妞剪了一个新发型，可是剪完以后，她很不满意，因为和自己想象的效果完全不一样，她甚至周一都不想上学了，不过周一她还是硬着头皮来了学校，当她极其不安地到了学校的时候，她在校门口遇到了同桌小米，小米随口说了一句："这发型很适合你哟。"妞妞的怨气一股脑儿全消了，心情变得大好，一天的学习也都有劲头了。

分　析

　　从这个故事中，女孩应当有所启发，一般来说，女孩比男孩更善于说他人喜欢听的话，与同学和老师相处，学会得体地赞美别人会更受人欢迎。但你还需要注意，运用赞美的语言来达到我们的目的时，我们还必须要注意一些问题，凭空的、空泛的赞美谁都会，仅仅是几句好话而已，但这起不到赞美的作

用，反而还会弄巧成拙。

我们知道，人人都长着一双爱听赞美之言的耳朵，任何人都无法拒绝赞美，即使是那些仁人志士与君子。正如卢梭说："贤人哲士是绝对不追求运气的，然而对赞誉和激励却不能无动于衷。"在日常交往中，人人需要赞美，人人也喜欢被赞美。真诚的赞美不但会使被赞美者产生心理上的愉悦，还可以促进人际关系的和谐。

为此，成长期的女孩们，也应该认识到赞美的力量，无论是在学习还是在生活中，你都需要赞美，赞美是认可别人能力和价值的表现。可见，如果你想搞好与他人之间的关系，就需要多去发现别人的优点、成绩，而不能只看到自己的优点。

我们不难发现，那些嘴甜、喜欢赞美他人的女孩，总是比较受人欢迎。的确，当一个人听到别人的恭维话时，心中总是非常高兴，脸上堆满笑容，口里连说："哪里，我没那么好""你真是很会讲话！"赞美虽是一件好事，但绝不是一件易事。女孩们，你需要记住的是，人们都喜欢赞美，但不喜欢被人虚情假意地奉承。因此，赞美别人时如不审时度势，不掌握一定的赞美技巧，即使你是真诚的，也会变好事为坏事。所以，赞美的话不是随便说的，一定要有的放矢，说到对方的心坎上才能起到作用。

任何人都需要赞美，赞美是一种最低成本、最高回报的人际交往法宝。青春期女孩初入社会，在人际交往中，学会赞美别人，就从心理上拉近了和对方之间的距离，为进一步交往奠定了基础。赞美也有一定的原则。

 **解决方案**

1.赞美要真诚

赞美必须真诚，这是赞美的先决条件。只有名副其实、发自内心的赞美，才能显示出它的光辉，它的魅力。其一，赞美的内容应该是对方拥有的、真实的，而不是无中生有，更不能将别人的缺陷、不足作为赞美的对象，比如，对一个嘴巴大的人，你夸他："瞧，你的小嘴多可爱！"或对一个胖子说："呀，你多苗条！"还有比这更糟糕的赞美吗？这种赞美不但不会换来好感，反而会使人反感，甚而造成彼此间的隔阂、误解，甚至反目。其二，赞美要真正发自肺腑，情真意切。言不由衷的赞美无疑是一种谄媚，最终会被他人识破，只能招来他人的厌恶和唾弃。

2.赞美要适时

交际中认真把握时机，恰到好处的赞美是十分重要的，一是当你发现对方有值得赞美的地方时，就要善于及时大胆地赞美，千万不要错过机会。二是在别人成功之时，送上一句赞语，就犹如锦上添花，其价值可"抵万金"，考了好成绩，评上先进，受到奖励。这时，人的心情格外舒畅，如果再能听到一句真诚的夸赞，其欣喜之情可想而知。

3.赞美要适度

赞美的尺度掌握得如何往往直接影响赞美的效果。恰如其分、点到为止的赞美才是真正的赞美。使用过多的华丽辞藻，过度的恭维、空洞的吹捧，只会使对方感到不舒服、不自在，甚至难受、肉麻、厌恶，其结果是适得其反。假如你的一位同学歌唱得不错，你对他说："你唱歌真是全世界最动听的。"这样赞美的结果只能使双方都难堪，但若换个说法："你的歌唱得真不错，挺有韵味的。"你的同学一定很高兴，说不定会情不自禁一展歌喉向你送上一曲呢！所以赞美之言不能滥用，赞美一旦过头变成吹捧，赞美者不但不会收获交际成功的微笑，反而要吞下被置于尴尬地位的苦果。古人说得好，过犹不及。

 小贴士

　　赞美也是一种语言的艺术，但赞美一定要恰当，应有一定的事实基础，否则赞美就会变成人们常说的"拍马屁"和"阿谀奉承"，青春

期女孩要学会用事实赞美别人，赢得别人的好感，达到交往和沟通的目的！

开开玩笑，做个快乐的美少女

小故事

　　某班最近新来了一个插班生，这个女生叫苏玲，性格活泼、活力十足，似乎什么都懂，什么话都敢插，给本来死气沉沉的高考班带来了生气。尤其是在吃午饭的时间里，整个教室里只听她和几个女生叽叽喳喳，高谈阔论。

　　一次，康震教授正在央视"百家讲坛"开讲《苏轼》，语文课代表很喜欢看这类节目，就与另外一个同学说起此事，苏玲见状，走过来插话了："苏轼！我知道，他又叫苏东坡。"一旁的另外一个同学来劲了，冲着她讥笑道："又来了，你肚子里的东西倒蛮多嘛。那我考考你，'三苏'是说哪三个人？"只听苏玲马上脱口而出："爸爸叫苏联，儿子叫苏东坡，女儿叫苏格兰。"不待他们缓过神，只听一个同学笑着骂道："低能啊！苏家都跑到英国去了。"苏玲不示弱："你这也不知道呀，苏格兰就是大名鼎鼎的苏小妹。"

　　大家再也忍不住，哄堂大笑起来。大家看到苏玲一本正经的模样，不敢相信她开玩笑可以开到这个份儿上，彻底被惊到了。

分 析

的确，在同一个班级中，可能同学们都喜欢苏玲这样的女生，也愿意和她交往，因为他们总能给我们带来无穷无尽的欢乐，总是能在繁重的学习之余让我们开怀一笑。

社交艺术是每个人都希望掌握的，对于涉世不深，但迟早得走向社会的青春期女孩来说，可能更是求知若渴。女孩除了加强自身修养，明白社会交往的一些基本原则外，还需要掌握一些经常用得着的方式、方法，即人际交往中的常用技巧，开玩笑就是其中之一。

做个善于开玩笑的人，不仅可以减少尴尬，还可以制造一种轻松的气氛。要学会开玩笑，就要先学会培养自己的幽默感，这是很重要的。

当然，一个善于开玩笑的人，并不是不看场合乱开玩笑，在社交中，你要让人觉得你这个人是有幽默感的，而不是粗俗的，要善于通过观察环境，来确定自己的策略。

解决方案

1.要根据说话的对象来确定

人的性格各不相同，有的活泼开朗，有的大度豁达，有的则谨小慎微。对于不同性格的人，开玩笑就要因人而异。

对于性格开朗、宽容大度的人，稍多一点玩笑，往往可使气氛活跃；对于谨慎小心的人，则应少开玩笑；对于女性，开玩笑要适度，对于老年人，开玩笑时应更多地注意给予对方尊重。总之，开玩笑要以不伤害对方的自尊心和让对方感到轻松、愉快为准。

2.要根据说话对象的情绪来确定

同一个人，在不同的情况下会有不同的心境和情绪。当说话对象情绪比较低落、需要安慰和帮助时，这时不要和对方开玩笑，弄不好对方会认为你是在幸灾乐祸。开玩笑要选择在大家心情都比较舒畅时，或是在对方因小事而不高兴，并能通过笑话把对方的情绪扭转过来时为好。

3.要按说话时的场合、环境来确定

开玩笑要讲场合、环境，当别人正在专心致志地学习和工作时，开玩笑会影响别人；在庄重的集会或重大的社会活动场合，开玩笑会冲淡庄重的气氛；在一些悲哀的环境中，更不宜开玩笑，这样会引起人们的误解。此外，在大庭广众之下，也应尽量不要打趣逗笑。

4.玩笑一定要注意内容健康、情调高雅

切忌拿别人的生理缺陷开玩笑，把自己的快乐建立在别人的痛苦之上。同时，还要忌开庸俗无聊、低级下流的玩笑。开玩笑的内容应带有思想性、知识性和趣味性，使大家在开玩笑中学到知识，受到教育，陶冶情操，从中收到积极的效果。

🌞 小贴士

总之，女孩对怎么开玩笑、玩笑和幽默的关系都应该有一定的认识。培养自己的这种能力，不仅可以使自己的生活多姿多彩，还可以带动别人进入你的幽默世界中，从而建立一种很好的社会关系。

■ 学习让更多同学欢迎你的方法

小故事

一个女孩走进心理咨询室，微笑中又有几分忧虑："老师，怎样才能让同学们都喜欢我呢？"

老师笑了："你能把这个问题讲得具体一点吗？比如，你碰到了什么具体的难题，有什么具体的故事。"

"是这样，我是个挺在乎同学关系的人，我也在往这方面努力。但是，我感到同学们并不是都很喜欢我。可是，我们班上的另一个女孩却非常有人缘，她不当班干部同学们喜欢她，她当班干部同学们也喜欢她。您说，这是怎么回事？"

"你能仔细想想那个同学们喜欢的女孩有哪些表现吗？想起什么说什么。"

女孩沉思片刻说道："她喜欢帮助人。同学们谁有困难都愿意找她，只要是她能做的，她总是尽力帮助。她也常常主动帮助同学。她还总是微笑，她也不喜欢炫耀自己，她很少和同学闹矛盾，她还很善于说话。学习也很努力……"

"你能发现这些很好，你不必非要大家都喜欢你。世上哪有让所有的人都喜欢的人？你今天专门来讨论这个问题，说明你将会更好地进行人际交往，将会如那个女孩一样让大家喜欢。"

 **分 析**

女孩到了十几岁以后，都开始关注友谊了，都希望自己可以交更多的朋友，可是在处理和同学之间关系的时候，因为人生阅历的不足，会产生一些失误。不受同学欢迎，人缘差，这的确是困扰女孩的一个问题，每一个女孩都希望自己受大家的欢迎，能融入周围同学中，如何做到让别的同学喜欢你，女孩要从自身找原因，这样才能有针对性地改变自己。女孩可以先和好朋友聊聊原因，再回想下自己在哪方面做得不够，也可以让她们帮忙问问班里的其他同学为什么不喜欢你。也可以拿张纸出来，写出你认为班上受欢迎的女孩交际好的原因，为什么受欢迎，比方她的说话方式、内容，再与自己作对比，也就能找出原因了。

解决方案

其实，与人交往并不是难事，只要拥有良好的交往品质，这包括以下几种。

1.自信

自信是人际交往中重要的一个品质，因为只有自信，才会将自己成功地推销给别人认识，无数事实证明，自信的人更容易赢得他人的欢迎。自信的人总是不卑不亢、落落大方、谈吐从容，而并非孤芳自赏、盲目清高。他们对自己的不足有所认识，并善于听从别人的劝告与帮助，勇于改正自己的错误。培养自信要善于"解剖自己"，发扬优点，改正缺点，在社会实践中磨炼、摔打自己，使自己尽快成熟起来。

2.真诚

"浇树浇根，交友交心。"想要交到真正的知心朋友，就要学会真诚待人，真诚的心能使交往双方心心相印，彼此肝胆相照，真诚的人能使友谊地久天长。

3.信任

在人际交往中，信任就是要相信他人的真诚，从积极的角度去理解他人的动机和言行，而不是胡乱猜疑，在心里设防护墙，因为信任是相互的，尝试信任别人，你也会获得信任。美国哲学家和诗人爱默生说过：你信任人，人才对你重视。以伟大的风度待人，人才表现出伟大的风度。

4.自制

与人相处，经常可能会因意见不同、误会等原因发生摩擦冲突，而面对摩擦，学会克制自己的情绪，就能有效地避免争论，达到"化干戈为玉帛"的效果。青春期女孩，要想克制自己，就要学会以大局为重，即使是在自己的利益受到损害时也是如此。但克制并不是无条件的，应有理、有利、有节，如果是为一时苟安，忍气吞声地任凭他人无端攻击、指责，则是怯懦的表现，而不是正确的交往态度。

5.热情

在人际交往中，热情的人总是不缺朋友，因为别人能始终感受到她给的温暖。热情能促进人的相互理解，能融化冷漠的心灵。因此，待人热情是沟通人的情感，促进人际交往的重要心理品质。

小贴士

人际交往是一门学问，读书时代是培养交往能力的重要时期，这也是积累人生阅历和社会实践能力的重要时期。拥有良好的交往品质是交往的前提，每个女孩应该把心打开，让自己融入集体，让自己人生的重要时期多姿多彩！

■ 积极快乐才有好心情

　　乐乐人如其名，是一个非常快乐阳光的女孩。从小，她就特别爱笑，不像其他孩子常常哭闹，所以妈妈才会为她起名叫乐乐。也许是这个名字带给了她一生的快乐，她不管在什么时候都乐呵呵的，即使因为一些事情而感到伤心，也很快就会擦干眼泪，再次欢笑起来。快乐让乐乐拥有积极的心态，在面对很多难题的时候，有些孩子也许会主动选择放弃，但是乐乐却从来不会放弃。他不管遇到多么大的难题，都能够积极地迎难而上。正因如此，她从来不会感到灰心沮丧，而是充满了希望。

　　这次期中考试，乐乐因为复习得不充分，考试成绩出现了很大波动。原本，她是班级里的第一名，年级的第二名。但是在这次期中考试中，她在班里只考到了七八名，在年级里只排到了十名开外。看到这样的成绩，妈妈感到非常担忧，乐乐却乐观地安抚妈妈说："这样才好呀，我有进步的空间了。如果始终考第一名，我哪里还有进步的空间呢？这也给我敲响了警钟，因为期中考试没考好。所以我期末考试一定会考得非常好。"

　　听到乐乐的话，妈妈感到又生气又好笑，说："那你就不能每次都保持第一名，而且保持稳步上升的状态吗？"乐乐哈哈大笑起来，说："妈妈，你不要这么贪心呀！有退步才会有进步，所以你要怀着乐观的心态看待这个问题。"妈妈转念一想，认为乐乐说得也很有道理，所以就接受了乐乐的解释。但是，妈妈笑着对乐乐强调："期末考试一定要给我交上满意的答卷啊！"乐乐当即对妈妈竖起大拇指，表示一定会达到妈妈的要求。

 分 析

同样一个问题，换一个角度来看待，就会有不同的感悟。曾经有一个老太太每天都在家门口愁眉不展，邻居看到老太太的样子感到非常纳闷，他问老太太："老人家，今天阳光这么好，你可以坐在家里晒太阳，安享晚年，为何不开心呢？"老太太对邻居说："今天阳光这么好，我的大女儿是卖雨伞的，雨伞一定不好卖，我怎么能开心得起来呢？"

邻居看到老太太这么为孩子着想，也很理解和体谅老太太，同情地摇摇头就走开了。又过了几天，下起了大雨，接连阴雨。老太太还是愁眉苦脸地坐在门口，邻居更纳闷了，问老太太："老人家，这几天阴雨连绵，您大女儿的伞一定卖得很好，您怎么还是不开心呢？"老太太说："我大女儿的伞虽然卖得好，但是我二女儿是开染坊的，接连阴雨天气，我二女儿染好的布都没有办法晾晒了，这可怎么是好呀！"

听到老太太这么说，邻居忍不住笑起来，对老太太说："老人家，你应该这么想呀。前几天太阳好，你二女儿可挣到钱了；这几天阴雨连绵，您大女儿又挣到钱了。您家可多好呀，不管是大太阳还是阴雨天，都能赚到钱，这是要发大财啊！"听到邻居这么说，老太太这才开心地笑了起来。

每个人的心情是由看问题的角度决定的。如果我们怀着悲观沮丧的态度去看待各种问题，我们就会越来越绝望；如果我们怀着乐观积极的态度去看待各种问题，生活就会充满了希望。就像事例中的老太太一样，同样是大晴天和阴雨天，换一个角度来看，就能够每天都笑呵呵的。而如果按照悲观的思维去看

待天气，老太太每天就都是愁眉苦脸的。

乐乐是一个积极乐观、性格开朗的孩子，所以她在面对很多难题和困境的时候，不会灰心沮丧，而是始终充满希望，勇往直前。

人们常说，心若改变，世界随之改变。对于女孩而言同样如此。青春期的女孩情绪复杂多变，既然如此，就更应该调整好自己的情绪，积极地面对很多问题。尤其是在遇到难关的时候，切勿沮丧地放弃，而是要从积极的方面去思考和分析问题，也要试图想办法解决问题。所谓天无绝人之路，只有想出办法，男孩才能更好地解决问题。

■ 记住，不需要让所有的同学都喜欢你

小故事

"我今年高三，是文科班的，高三是辛苦的，上课也总是死气沉沉的，师生之间的上课互动效果很差，常常出现就一个老师唱'独角戏'的情况，而我比较喜欢历史、政治、地理，所以在上这些课时比起一般同学来要积极得多，当老师说出上半句，我能对出下半句；当老师提出一个并不需要点名让人回答的问题时，我主动在自己的座位上把答案说出来；我总是积极主动地配合老师的教学思路，但问题也随之而来，我周围的某些同学（多限于女生，因为文科班女生占大多数）在我回答问题时纷纷看着我，有的还发出笑声，用一种鄙视和轻蔑的眼光看着我，还说我出风头，说我有强烈的表现欲，于是他们开始疏远我，有一些同学开始劝我不要表现得太张扬，而我认为我积极发言

的出发点并不是为了表现自己，而在于让自己学得更好、更全面，但由于周围同学对我的误解，我很苦恼，我该怎么办？"

分 析

这个女孩是被同学误会了，这种行为出现的原因是青春期半成熟的心理状态。青少年因为缺少自信，渴望得到老师的肯定，但是由于独立意识的作用，他们又要表现出与成年人的距离，来证明自己是有个性的人。正是由于这种矛盾心理，她们会嫉妒老师对某些同学的欣赏，同时也会觉得这个同学跟他们不一样，不能像他们那样让老师无可奈何，这就是女孩感觉被疏远的原因。这些同学疏远这名女孩，其实是迫使女孩和他们一样，对此，女孩要明白，坚持做自己就好了。坚持做好自己，不要被他们的行为影响自己的心情，虽然现在他们表面不理你，心里却是佩服你的，如果你跟随了大众行为，他们会因得胜而轻视你的。

的确，女孩总是希望自己可以最大限度地让周围的人喜欢自己，和每一个人都能交朋友，这种想法是不现实的。要知道，生活中并不是所有的人都能成为朋友。每个人都有自己的人生态度、处事方式、兴趣爱好和性格特点，选择朋友也有各自的标准和条件。

所以，女孩们不要刻意地去让周围的人喜欢你，也不必要讨好每一个人。很多女孩认为，要想和对方成为朋友，请对方吃饭、送礼，就一定能让对方喜欢自己。其实，交朋友的原则是追求心灵的沟通。人生活在世界上，离不开友情，离不开互助，离不开关心，离不开支持。在朋友遇到困难、受到挫折时，如果伸出援助之手，帮助对方渡过难关，战胜困难，要比赠送名贵礼品有用得多，也牢靠得多。既为朋友，就意味着相互承担着排忧解难、患难与共的义务。唯此，友谊才能持久长存。

朋友不在多，在知心。朋友唯独只有知己，我才可以看清你，你也可以看清我。只有如此接触，交流才不会出现问题。朋友多了，朋友的界限会模糊，而失去对真正朋友的判定。不会和自我世界相冲突的朋友，才能被称作朋友，即使黏着、依赖着，都是朋友的一种表现，因为这就是我的世界，只是因为是你，唯独是你，才会在你面前表现出如此的我。如果你能理解，就笑笑接受，你也应该表现出真实的你，因为我们是朋友，不要因为我的行为，而让你丧失自我世界的原则。真实的我们会有矛盾，却不会让矛盾升级为一种冲突，这就需要各自的谅解。只有如此才会有友情。可以互相生气、赌气，但是平静过后，我们仍旧可以笑笑，还是继续以往的生活。

所以，女孩们，不要总是认为自己朋友不多，珍惜身边的每一份友情就好。你不用让每一个人都喜欢你，无论这份友情是不是已经过去，无论它会不会有将来。也许不会天长地久，也许会淡忘，也许会疏远，但却从来都不应该遗忘。它是一粒种子，珍惜了，就会在你的心里萌芽、抽叶、开花，直至结果。而那种绽放时的清香也将伴你前行一生一世。

■ 修炼好性格，刻薄、自私的女孩没人爱

小故事

陈晨现在是一家大型器械公司的销售经理，小时候的几个闺蜜听说她有今天的成就，都觉得不可思议，因为从小到大，陈晨都是一个

很木讷的女孩，不怎么爱说话，那么，她是怎么获得成功的呢？在一次闺蜜的聚会上，大家讨论起了她。

"其实，我觉得不奇怪，她虽然不像别的女生一样一天叽叽喳喳的，但她很靠谱啊，你们还记得吗？上初中那会儿，她在班上的人际关系超好，因为她说的每一句话，做的每一件事，都不偏不倚，她也从来不骗我们，不搞恶作剧，平时，我们有什么学习上的问题，她也总是细心地为我们解答，我记得到初三的时候，我们不得不住校，她在生活上也很照顾我们。现在想起来，她那时候就已经体现出了领导的风范啊……"这是陈晨的一个同学对她的评价。说完这些，大家也都笑了笑。

这会儿，陈晨来了，大家都围过去问长问短。她这样陈述自己这些年来的经历："以前我是做文职的，但后来我转了行。我刚转行的时候，完全是从头开始，并且面临很大的挑战，加上原本就比较内向，不怎么能说会道，不过我坚信，可以从其他方面弥补自己目前的不足之处。你们知道吗？万事开头难，做销售也是如此，要想说服那些客户，我们首先就要准备一个能打动客户的开场。但据我得知，很多前辈们经常花样百出地开场，却并未得到客户的认可，此时，我就想，与其挖空心思，还不如开诚布公地开场。于是，我用心地收集客户和产品的各种信息，整理所有潜在客户的资料，认真去打每一个电话。与客户沟通的时候，我也不会拐弯抹角地说话……后来，这些客户都成了我的好朋友。并且，从前的那些朋友对我的事业都很支持，他们一听说我做了销售，只要需要产品，都主动给我打电话，接下来这五年，我准备开个自己的公司，我相信，只要用诚心就能打动人，就有源源不断的朋友。"

分 析

这里，我们看到了一个好性格的女孩在人生路上不断收获成功的故事，她的成功就来自她的诚心，年少时的她就已经是个被大家称颂的好女孩，这样的女孩，又何愁交不到真正的朋友呢？

人生短短几十载，朋友给予了许多我们不曾拥有的东西——希望，欢乐，泪水，感动，气愤……因为有了这些，我们的生命才五颜六色，不再是单调的灰色。青春期的女孩，对待朋友，就要真心，真心地对待每个对你好的人，滴水之恩，涌泉相报。

解决方案

当你尝试着做到以下几点的时候，你就能修炼出好性格了。

第一，将心比心，站在朋友的立场上为他想想，设身处地地去帮助值得帮助的朋友，毕竟来世间一遭，你我有缘才会相识，下辈子不会再相见了。

第二，包容朋友对你的伤害，朋友的伤害往往是无心的，帮助却是真心的，忘记那些无心的伤害，铭记那些真心的帮助，你会发现这世上你有很多真心的朋友……

第三，和朋友保持一定的距离，近了关系会变得复杂，太远了，就失去了联系，不近不远刚刚好，只能感受到彼此的真诚与情谊。每一个人都有一方属于自己的乐土，当你心情沮丧的时候，当你灰心失望的时候，当你觉得好友渐渐淡漠的时候，你的朋友会随时出现在你的身边。

第四，正确看待你和朋友间的摩擦和矛盾。在日常生活中，就算最要好的朋友也会有摩擦，朋友也许会因这些摩擦而分开。但每当夜阑人静时，你望向星空，总会看到过去的美好回忆，你们之间那小小的矛盾也就不值一提，你的怨恨也就消减了。

小贴士

　　总之，女孩不要做自私的人，不然活得很累，不要去计较太多，其实，若计较，那时候你已经失去了很多很多，还有最重要的东西—— 一颗真心，别人与你相交的真心。

5

同窗之谊，当你和同伴之间发生矛盾怎么办

　　每个女孩到了学校后，都要和同学打交道，人缘的好坏是一个人做人是否成功的重要标准，每一个女孩都希望自己受大家的欢迎，能融入周围同学中，然而，成长中的孩子们之间难免有摩擦，此时能否处理好与同伴之间的矛盾，考验到女孩的情商，但无论产生矛盾的原因是什么，女孩都要先自我反省、从自身找原因，然后再根据具体原因寻找解决方法，这样，才能化解矛盾、增进友谊！

■ 什么是真正的友谊

小故事

丽丽最近有点不高兴，她的妈妈王太太经过问询后才得知，原来丽丽最好的朋友小芳最近有了新朋友，便不理丽丽了，王太太心想，怪不得这孩子最近也不来家里"蹭饭"了，也不和女儿一起说小秘密了。

一次交谈的过程中，小芳告诉王太太，她认识的这帮哥们儿人都很好，经常请自己吃饭，还带自己去玩，王太太心里便有点担忧，怕小芳交了不良朋友。

果然，不到半个月，小芳就跑来对丽丽说："原来他们并不是什么好人，那天，他们说要带我去玩，我们去了台球室，我亲眼看见他们勒索别人，我现在怎么办，他们肯定还会再来找我的。"

王太太对小芳说："别担心，以后回家的路上就和丽丽和菲菲一起，人多，他们不敢怎么样。另外，小芳，阿姨要告诉你，你这种交朋友的原则是不对的，这些社会不良青年就是要对你们这些单纯的青少年下手，他们往往用的就是同一种伎俩，朋友贵在交心，而不是物质上的，你明白吗？真正的朋友是帮助你成长成才的。"

听完王太太的话，小芳和丽丽都似乎不太明白，于是，针对择友标准，王太太给孩子们好好上了一课。

 **分 析**

　　十几岁是每个孩子的人格发展和形成期，这时候，交什么朋友，与什么样的人交往，会对女孩的一生产生影响，不但影响着自己的言行、穿着打扮、处世方式、兴趣趣味，还影响着女孩自身的价值观和对自我的认识。

　　每一个女孩或多或少有几个谈得来的朋友，但对于朋友的真正含义，却没有理解。了解什么是真正的友谊，能让女孩正确地认知世界，学会用正确的价值观去做人做事。那么，什么是真正的友谊呢？

　　真正的朋友是有道德的，在你有困难的时候，他不会对你施加任何的压力；真正的朋友会是理智的，会是有头脑的，他不会看到你此时的不顺而袖手旁观，他会在背地里劝解你，他会私下里与你交流。真正的朋友不会因为一点私利，就把朋友的情谊抛在一边。

　　真正的朋友不会人云亦云，不会在你的伤口上再撒上一把盐，不会因为别人对你的栽赃，而远离你，而是在这个时候，伸出援助之手来关心你、关怀你。他也不会在你得意的时候吹捧你，而是提醒你戒骄戒躁。

　　友谊是每个女孩人生的重要组成部分。对女孩来说，结交朋友似乎是这个世界上最自然不过的事情。毕竟，她们整天待在教室里，一块儿吃午餐，一起在操场上玩耍。由于年龄相近、志趣相投、关系融洽、地位平等，同伴群体能满足女孩游戏、友谊、安全、自尊、认同等方面的需要。每个女孩都要明白，友谊是一笔宝贵的财富，为此，女孩在周围的生活圈子中要多交善友，这会让你一生受益无穷！

 解决方案

1.拓宽自己的交友面

女孩可以通过广交朋友来完善自己，扩大自己的交友圈子，接纳不同类型的朋友，多层次、全方位的朋友无疑对女孩的发展是有益的，当然，你还应把那种见利忘义、损人利己的"小人"排除在外。

另外，女孩要有广阔的胸怀，因为只有心胸开阔的人才能包容朋友的过错。你要明白：如果你能有一两个敢于直陈己过、当面批评自己过失的诤友，那就是真正的朋友。

2.培养敏锐的观察力，女孩要谨慎交友

古语云：近朱者赤，近墨者黑。是否能交到益友，关系到女孩的一生。所以女孩要学会谨慎交友。女孩需要记住：在还未了解对方基本品质之前，仅凭一时的谈得来和相互欣赏，就急急忙忙把自己的信任与情感全盘托出，是容易为以后不良关系的展开埋下隐患的。

女孩要广交朋友，但不能滥交，要恪守"日久见人心"的古训，通过与对方多次交往与活动，通过观察对方的言谈与举止，洞悉对方的个性、爱好、品质，觉察他的情绪变化，从而判断他是否值得深交。

3.要与不良朋友划清界限

孔子曰："损者三友，益者三友。"女孩交上好的朋友，有利于自己学习进步和个人身心全面发展，一生受益无穷。但女孩毕竟是孩子，还缺乏社会经验，也缺乏分辨是非的能力，为此，女孩要谨记：要与有道德、有思想、有抱负的人做朋友，要与遵纪守法、正直、善良的人做朋友，要与学习认真、兴趣广泛的人做朋友，而对于那些不良朋友，一定要划清界限，要知道，有些女孩受周围不良朋友的影响，拜金主义、享乐主义思想不断滋长，追求奢侈的生活作风，放纵自己，不仅荒废学业，还有可能走上违法犯罪的道路。

另外，女孩结交朋友要靠诚心和真心，结交朋友要靠自己的为人，真朋友不会因为你有难处就离开。即使朋友在你最困难的时候离开了你，你也不必懊恼，因为你可以认清谁是真正的朋友。在朋友最需要你的时候，你不要袖手旁观，不要对朋友疏远，这样的朋友才是真正的朋友！

■ 多点包容，珍惜闺蜜情

小故事

　　小琴和小芳并不是同学，她们是在一次英语课上认识的。她们有许多共同点，比如同样的英语基础，同样的学习热情，同样的学习志趣。就这样，她们俩因为英语学习而相识了。她们在枯燥的学习中，也享受到了很多乐趣。比如，她们学的是线上课程，语音只是视频教学，至于读音准不准，没有人给矫正，她们俩经常因为说同一个句子互相听不懂而产生争论，一写到纸上，原来并没有分歧，过后，越想越好笑。她们在学习中，正好形成了互补，就这样，她们互相帮助，互相鼓励，经过一年半的艰苦学习，最后，经过相当严格的考试，终于拿到了英语课程的单科结业证书。并占据了三个正式毕业的学员中的两个名额。在英语的学习中，她们不但收获了知识，重要的是她们彼此成了好朋友，让彼此品尝到友情的甜蜜，从此，她们便成为无话不谈的闺蜜。

分　析

　　每个成长期的女孩都有谈得来的好朋友或者姐妹，因为年轻的女孩很容易沟通，同时青春期又心无城府，毫无隐瞒，很多不能向父母透漏的秘密和心事都能向自己的闺蜜一吐为快，因为有了闺蜜的存在，女孩的青春期才变得多姿多彩，变得不再彷徨和惊恐，闺蜜之间的那些小秘密也夹杂着青春的美好。女孩们，要珍惜和闺蜜间的友谊，她们是你一生的朋友！

每个青春期女孩，都要学习如何维系和闺蜜的友情，不可做尖酸刻薄的人，不要斤斤计较，以下是几点建议。

解决方案

1.有了摩擦时，多点包容

人与人之间相处，难免存在摩擦，朋友之间也一样，很多矛盾和摩擦的激化容易让友谊产生裂痕，朋友之间就可能闹翻。青春期的女孩应立足长远，冷静思考，积极化解，不要轻易地抛弃朋友。在处理朋友关系时，尤其不要害怕朋友跟你发脾气。人心情不好时，总会选择向亲人或者朋友发泄，因为会觉得这样比较安全。朋友跟你发火时越不理智，越说明他没有把你当外人，所以才敢这样说一些过分的话。其实朋友间重在"谅解"两字，不管发生什么也要给对方一个解释的机会，不能放任不管，谁都要面子，但自己再要面子都要放下，朋友就好像自己的亲人一样，需要自己去关心和爱护……永远记住一句话：不要让小小的争端损毁了一场伟大的友谊！

其实，多一点的宽容、多一点的理解、多一点的忍耐，那么也许就会少一些朋友间的矛盾。而如果发生了，首先要懂得冷静，好好平静一下自己，也许在你的平静之中，会意外发现其实问题可以迎刃而解。俗话说，"来日方长"！朋友之间不光只是温情和欢笑，也会出现矛盾。要知道矛盾就是友情的试金石！它是对朋友关系的考验，经不起这种考验，朋友也就散了！经受住了这种考验，朋友间的感情就会更加深厚！

2. 帮助别人和关心别人

闺蜜之间应该互相帮助、互相学习，共同监督并且一起进步，这样的友情才会长久，也才是积极的，能促进女孩成长的。

3.学会分享

分享能让友情更亲密，你可以和闺蜜分享学习方法、穿衣心得等。当然，做这些事情还需要表现出诚心，而且需要坚持下去，凡事多为对方着想一点，自然能拉近你与朋友的关系。

■ 我不希望朋友考得比我好

小故事

　　这天，在某小区门口，两个中年妇女在讨论自己的女儿："现在的孩子，怎么小小年纪就有嫉妒心呢？对门张姐的女儿成绩好，我无意中夸了一句，女儿就愤愤不平地说：'老师包庇她。'开始我也没当回事。期末考试前，那女孩的几张复习的试卷丢了，就来我们家，向我女儿借试卷复印，女儿一口咬定卷子借给表妹了。可是女儿根本就没有表妹，而且，那天晚上，我看见女儿的书桌上竟然有两份复习试卷，那女孩的试卷很有可能是被女儿偷了。我当时真是六神无主了，女儿怎么会这样呢？我意识到问题的严重性，焦虑万分，因为任何思想成熟的人都明白嫉妒是思想的暴君、灵魂的顽疾，我想帮助女儿改掉嫉妒的陋习，可我真不知道怎么办。"

 分 析

的确，对青春期的女孩来说，她们已经有了升学的压力，开始明白了竞争的重要性，同时，也会不自觉地常常喜欢与他人作比较，但当发现自己在才能、体貌或家庭条件等方面不如别人时，就会产生一种羡慕、崇拜、奋力追赶的心情，这是上进心的表现。但同时，因为青春期心理发展尚未成熟，她们对自己各方面能力还认识不足，遇上比自己能力强的人时就会感到不安，就很容易产生嫉妒心理。嫉妒是对才能、成就、地位以及条件和机遇等方面比自己好的人产生的一种怨恨和愤怒相交织的复合情绪。

我们都知道，生活于一定群体的人，往往会不自觉地与周围的人进行比较，比较就有差异，于是，人们很容易产生嫉妒心理。美国著名心理学家布鲁纳曾经指出，好胜的内驱力可以激发人的成就欲望。但如果不能正确地认识竞争，就会导致人们在相互的竞争中产生嫉妒心理。嫉妒过于强烈，任其发展，则会形成一种扭曲的心理：心胸狭窄，喜欢看到别人不如自己，并喜欢通过排挤他人来取得成功。

每个女孩都需要朋友，因为女孩早晚要成为一名社会人，但似乎这些孩子间有一个威胁友谊的最大杀手——嫉妒，因为在同龄的孩子之间，往往免不了竞争。因此，很多女孩在面对比自己优秀、比自己成功的朋友时，就会产生心理不平衡，"和她做朋友，感觉自己像个小丑一样，简直是她的附属品"，这种心理很多女孩都有过。

这样的友谊，表面上还相安无事，但女孩的内心已经开始有一块阴云笼罩着，一旦出现一些小事，就一触即发。两人之间的友谊会消失得越来越快。实际上，绝对的公平并不存在，如果你不能清除这种不平衡心理，你就不能以一种轻松的心态去面对你的朋友。

解决方案

那么，青春期女孩怎样才能消除嫉妒心理呢？

1.反省自己，发现别人的长处

作为成长中的女孩，以这样的心态面对比自己优秀的朋友或者同学，不仅能学会用客观的眼光看自己和对方，也能弥补自己的不足，这样就不至于为一点小事钻牛角尖，还能交到帮助自己成长的真正朋友。

2.友善又和谐地与人相处

人际交往在青春期心理健康发展中占有非常重要的位置，脱离人际交往的人是不可能健全成长的。通过别人的评价和帮助，女孩可以更多地接受知识，更真切地感受人与人之间的关爱，同时也可以更好地明了自己在别人心目中的位置，及时地改正不足之处，这样可以形成更为完整的自我形象。这对排解内心的嫉妒心理也非常有帮助。

3.接纳自己，然后完善自己

一般的人都不可能十全十美，也不可能一无是处。接纳自己就是指不仅仅看到自己的优点，还要学会用正确的眼光看待自己的不足，然后不断地完善自己，这里的关键是要求女孩要相信自己是有价值的人，从而全力以赴地去实现自己的价值。

☀小贴士

所以，女孩们，在学习或者生活中，如果你的周围有比你优秀的朋友，千万不要嫉妒，女孩的心胸也是宽广的，用心交友，以人之长补己之短，你不仅能获得友谊，还能完善自己！

■ 多点友爱，女孩绝不背后议论他人

这天课间，露露一个人去卫生间，当她准备出来的时候，听到班上几个女生叽叽喳喳地说："你们听说没，王欢交男朋友了，听说还是社会上的人呢。"

"我也听说了，那天放学后我是看到有个男人来接她，我以为是她哥哥，哎，真是太……"

"也不奇怪，你看她长得不怎么样，但很爱打扮，说不定交了很多男朋友呢。"

"我看，要是她爸妈知道，非得气死不可……"

啊，原来她们聊的是自己的好姐妹王欢，简直是胡言乱语，王欢哪里交什么男朋友了？来接她的男生是她爸爸的员工而已，这些人太八卦了。想到这，露露主动站出来说："在背后议论人家的是非好像不大好吧，另外，王欢的事我一清二楚，你们觉得学习成绩那么好的她会谈恋爱吗？"露露一番话说得她们哑口无言。

很快，王欢听说了这件事，她很庆幸自己有个这么仗义的朋友。

 分 析

故事中，露露在听到同学们议论其他同学时，并没有参与到其中，而是主动站出来为他人澄清，她为此获得了朋友的信任和肯定。

我们都知道，女孩比男孩更感性，她们都希望自己能交到几个闺蜜，有几个能说知心话的朋友，为了获得对方的信任，她们常常会聚在一起交谈一些私密事，这是联络感情的一个方式。但无论如何，你都不要在背后议论他人。一个心慈友爱的女孩多不仅能站在他人角度考虑，对于他人的是非，也能做到三缄其口。其实，你不妨想象一下，如果你是当事人，你成为他人议论的对象，你会有什么感受呢？

可能有些女孩议论他人的原因是和对方产生了矛盾，此时，你可能有负面情绪，但你若在背后议论对方，那么，这对于你们彼此之间的矛盾毫无帮助，还会让对方对你的误会更深。

因此，渴望获得友谊的女孩们，做一个友爱的女孩，首先就要做到管住自己的嘴，决不在背后议论他人。

解决方案

为此，从现在起，你要努力做到以下几点。

1.尊重他人

与同学、朋友相处，都要以尊重为前提。而如果你不喜欢对方，那便更要重视"尊重"的作用，因为两个相互讨厌的人，往往观点更不一致，如果此时不讲"尊重"，会产生更多分歧，制造更多敌对情绪。对自己越是看不顺眼的人，越应该主动征求对方意见，主动尊重对方，这样可以使两个人之间变得融洽，使对方更尊重你。

2.不要在背地里说他人坏话

人们常说，似乎有女人的地方，就有"小道消息"和"八卦新闻"，更有背后的指指点点。相对于男性来说，女性似乎更闲不住，而这也是很多女孩总抱怨自己得罪人的原因。因此，不要在背后议论同学，尤其是自己讨厌的人，更不要说出讨厌他的理由。你们之间的分歧和恩怨更不要对第三方说起，如果别人提起，最好敷衍地说"观点不一致"，而不要用情绪字眼。"背后不道他人是非"是最起码的做人态度。

3. 出现分歧应就事论事

天天与同学、朋友打交道，难免会产生一些分歧，如果真出现冲突，应理智进行解决，就事论事，不要掺入以往恩怨或者个人情绪，否则会更加复杂。尤其是双方在公事上出现较大分歧时，应理智地说出自己这样处理的理由，然后询问对方这样处理的理由，综合考虑后再做出决断，不应意气用事；不应该武断认为对方在针对你；不应该用过于激烈的情绪用词；更不应该进行人格侮辱或人身攻击。如果分歧不能达成一致，不妨做成两种方案，可以请长辈或老师裁断。

小贴士

每一个女孩都希望自己周围的学习和生活环境是和谐的，而实际上，如果有人无风起浪，在背后议论他人是非，同学、朋友之间会心生间隙，那么，和谐就成了空话。因此，任何一个女孩都要明白，你若想获得良好的人际关系、大家和睦相处，你就要以适当的情绪、语言、举止和善意的态度，在同学、朋友间创造和谐的关系。

■ 做错了就要跟朋友道歉

小故事

"我半年前说话伤了一个男同学。事后我很后悔，但是没有向他道歉。后来他对我很冷淡，现在看见我也不打招呼了。我也不敢主动喊他，因为心虚。再过一个月，他就要转学走了，可能我们以后都不会再见了。我不想留下遗憾，很想请他原谅我，但是隔了这么久，更加不好意思开口了。我有他的 QQ、邮箱和家庭电话。以前我们多是用 QQ 交流，但是不知道他有没有屏蔽我。我偶尔可以遇见他，但是多数情况下他和其他人在一起，说话不方便。我应该用什么方式向他道歉？我应该怎么说呢？"

分 析

　　女孩在发现自己对同学和朋友犯有过错的时候，会出于害羞和胆怯等心理，不愿意道歉，结果导致和同学、朋友的疏远。其实，只要你学会和朋友道歉，这些问题都可以迎刃而解。

　　人无完人，没有人不会犯错误，更何况正处于成长期的孩子们。女孩们在与同学、朋友、亲人相处的过程中，难免会因为说错话、做错事而让交际对方心生不悦，此时，你有两种选择，要么是主动承认自己的错误、向对方道歉，要么是为自己找个借口或推脱责任。哪种做法能帮你成功渡过难关？很明显是第一种，承认自己的错误会让对方看到你的诚意和友好，进而对你留下良好的印象。相反，假如你不肯主动承认错误、把话说开，将会给对方留下指责你的机会，而同时，双方也会因此产生隔阂甚至闹僵，因为对方心中这种不悦的存在会随着时间的推移而逐渐加深。而相反，如果我们能在犯错之后立即主动认错，对方心中的这种不快便也会随之消失，也会对我们敢于认错的这种交往品质留下良好的印象。

　　事实上，一个人有勇气承认自己的错误，也可以获得某种程度的满足感，这不仅可以消除罪恶感，而且有助于解决这项错误所制造的问题。卡耐基告诉我们，即使傻瓜也会为自己的错误辩护，但能承认自己错误的人，就会获得他人的尊重，而且展现出高贵自信的姿态。

女孩们，在你的记忆里，是不是曾经因为做错某件事没有主动承认而一直耿耿于怀呢？如果有，那么，你不妨敞开心扉，主动承认，相信你会获得心灵的释然。

解决方案

美国著名心理学盖瑞·查普曼博士提醒说："孩子在小时候就能学会道歉的语言，随着年龄的增长，他们对道歉的重要性会有更深的领悟和理解，为今后的道德和人际关系发展奠定基础。"那么，女孩们，当你做错事时，该如何向他人道歉呢？

1.先道歉后解释

有错就应该先承认，只有以诚恳的态度，才能取得对方的谅解。道歉时，千万不要找一些客观的原因为自己开脱，因为这样对方会怀疑你道歉的动机和诚意，也会加深彼此间的误会。当然，对于非要解释不可的地方，你可以先道歉再解释，这样才能表示自己的诚意。如："对不起，这事我做得确实不对。事情是这样的……"

2.注意道歉时的语气和态度

只有语气温和的道歉，才能显现出你的诚意。为此，你需要做到，道歉时目光柔和、友好，并多用一些礼貌用语，如"请包涵""请原谅"等。同时，道歉的语言切忌啰唆、重复，其实，只要表明自己的态度即可。

3.假如你觉得道歉的话说不出口，可用别的方法代替

比如，如果你与某个朋友产生了一点误会，对方很生气，你不好当面道歉，你可以打个电话询问："还生气呢？"即使对方以前再生气，面对你的道歉，他一般都会说："生什么气啊。"

可见，打电话致歉是个好办法，致歉的方法其实还有很多，比如书信、请客吃饭等。

4.没有错，有时也需要道歉

道歉的目的是化解人际的冲突和矛盾，因此，有时候，即使你没有错，也可以道歉，这种情况多发生于管理工作中。比如，如果你的下属在工作中有不如人意的地方，那么，为了能达到让他反省的目的，帮助组织挽回一些损失，作为管理者的你应诚恳庄重地向对方或公众表达歉意，以求得谅解。

总之，在道歉的语言技巧这部分里，我们需要掌握：先道歉后解释；假如你觉得道歉的话说不出口，可用别的方法代替；道歉时的语气和态度要把握好；没有错，有时也需要道歉。

我们掌握了道歉的语言技巧，还应该根据场合、情况的不同，注意一些小事项：

（1）切记道歉并非耻辱，而是真挚和诚恳的表现。

（2）道歉要堂堂正正，不必奴颜婢膝。

（3）把握道歉时机，应该道歉时马上道歉，耽搁时间越久越难启齿，有时甚至追悔莫及。

■ 成绩太差，被同学歧视怎么办

小故事

有个女孩这样回忆自己的初中岁月：

"我小时候不知道学习，很爱玩，从初中开始成绩大幅度下滑，只是因为上课时候不听讲，回答不上问题，就被同学起外号，被老师体罚。我性格也很内向，从此变得自卑，成绩也一日不如一日，我的父母也不能宽容和理解我，经常打骂我，现在想起那个时期真有如噩梦一般。"

 分　析

这应该是很多成绩差的女孩的共同心声。如今，成绩似乎成为评价一个学生能力和人品乃至一切的重要标准，但作为一个女孩子，毕竟心理承受能力相对较弱，在这种单一标准的比较中，她们开始自卑、堕落、自暴自弃。

调查显示，各国容易发生歧视的情形有所不同。中国高中生最容易因成绩不好受歧视。日本高中生因为长相、性别受歧视比例最高。韩国高中生因为家庭情况不好受歧视比例最高。美国高中生因为长相问题遭受歧视最多。

这个调查结果表明，很多学生因为成绩太差被歧视，这一点在女孩身上屡见不鲜，因为成绩差，她们活在父母的指责中，活在老师的催促中，活在同学的嘲笑中。

作为家长、老师和同学，这些做法是不可取的，而作为女孩自己，更应该主动改变别人的看法，不要因为成绩差，就放弃继续努力和学习，你可以通过以下方法让自己重新被人重视和尊重。

解决方案

第一，发挥自己其他方面的专长，事实证明，有特殊技艺的女孩更能吸引

别人的眼球，更能赢得同龄人的赞扬和崇拜。

第二，与人为善，一个成绩差，但性格美好的女孩子不会被人歧视，她接受到的更多是帮助。

第三，努力学习，毕竟任何时候，学习都是一个学生的天职，同学和老师以及家长都会看见你的努力，他们常常会伸出援助之手。

第四，积极加强心理训练，提高各项心理素质。比如，为自己设置各种可能遇到的危险情境，然后有针对性地进行训练，从而提高自己的心理素质，提高心理适应和平衡性，并增强信心和勇气。

第五，为自己树立榜样，提升自信和勇气。你可以通过学习英雄人物的事迹，用英雄人物的精神来激励和鼓舞自己。你还应在平日的训练和生活中有意识地磨炼自己，这样，你就会变得自信勇敢起来，也就能超越现在的境地。

姚颖是个很普通的女孩。在她上小学的时候，她的学习成绩并不好，一度被同学们歧视，因此，每次她都想竞选班长，但却因为怕被同学们嘲笑而没有付诸行动。在六年级的时候，她看了一本小说，故事中女主人公是个双目失明的女人，但她并不自卑，她每天都会站到人群中去享受阳光，她还大胆地参加了歌唱比赛，最后，她真的成功了。

在那以后，姚颖决定也要变得自信起来，于是，她也向老师报名了。在参加竞选演讲时，她对全班同学说："我是个普通的女孩，我并不是全班第一名，我也没有当过班长，但当班长是我一直以来的心愿，我也有信心一定能协助班主任老师管理好班级纪律工作，希望大家相信我……"当她说完这一番话后，同学们鼓起了热烈的掌声。

最后，全班大多数同学都投了她一票。

现在的姚颖已经上大学了，她说，这是她最难忘的一次记忆。

这则故事中，我们看到了一个小女孩在受到鼓舞后变得自信，并敢于参与竞争的过程，最终，因为她的自信，她成功说服了同学们。

总之，女孩遇到别人的歧视，不应该自甘堕落，而是应该让这种精神压力成为你学习和努力的动力，和善地和周围的每一个人相处，别人就会改变对你的看法！

■ 我讨厌那些在我背后说我坏话的同学

　　小芳和圆圆是一对很要好的朋友，两人很投缘、无话不谈甚至形影不离，小芳家经济条件比较好，而圆圆家每月的收入只够基本的家庭开销。一次，当小芳经过老师办公室的时候，听见了老师和圆圆的对话。

　　老师问圆圆："你觉得江小芳怎么样，我指的是在待人处世上，因为今年班上很多同学推荐她当班长，你们走得比较近，应该对她了解比较多吧？"

　　圆圆回答道："她只是在生活上比较照顾我，其实，她那个人很霸道，什么事都认为自己是对的，对待同学也不友好。我觉得她不适合当班长。"

　　站在门外的小芳一下子崩溃了，她没想到她平时最信任的好朋友居然在背后说自己的坏话。

分 析

　　案例中，小芳遭到了闺蜜的背叛，其实，对于成长中的女孩来说，这种事时有发生，其中主要以被对方在背后说坏话为主，而被说的一方则感到很崩溃：为什么要在我背后说坏话，我难道做错了什么吗？

对于这一点，女孩先要了解对方为什么说你坏话，那么，女孩为什么会被同龄的女孩背叛呢？又该怎么面对这种背叛呢？

女孩你要知道，她说你坏话，可能是她在各方面不如你，学习成绩不如你，外貌不如你，家庭经济条件不如你等，所以她会嫉妒你把什么好东西都占尽了，她会觉得不公平，凭什么自己就要比你矮一截似的。所以可能利用你对她的信任，从而三天两头给你制造一点小麻烦，比如故意把你心爱的东西弄丢，惹你伤心。对待这样的朋友一定要大方，不要以自己的优势作为提升地位的资本，朋友是没有地位高低之分的。

有些朋友可能还会暗地里和你竞争，攀比吃穿用度，太过于注重你们两姐妹之间的感情，会使你忽略她的一些行为。

还有一种人，有可能一开始接触你就有自己的想法，为了达到自己的目的，表面上与人为善，但并没有在交往过程中付出真心，这样的人有时也会给自己带来情感上的伤害。

面对这些背后的中伤，你不必歇斯底里或者采取报复举动，你应该感谢这些背叛让你了解到了什么是真正的友谊，同时，包容她的背叛，更能显出你的气度和胸襟！

解决方案

为此，女孩们，你需要做到以下几点。

1.热心帮助

如果你的成绩引起了某个人的嫉妒，那么，你最好和他保持一定距离，这是让自己安全的最好方法，但如果你希望化敌为友，你还应该学会在背后帮助他、关心他。并且，如果你能掌握一些沟通与交流的技巧，寻找一个机会委婉地指出他存在的不足，让他明白自己的缺点，他就会把注意力放到提升自己这一点上，当他真的进步后，他就会对你心存感激，嫉妒心理自然也就能消除了。

比如，如果你的同学因为你的学习成绩好而嫉妒你，那么，你可以和她分享你的学习方法、心得等，让她也提高成绩，当她因为你的指点而获得进步时，她会非常感谢你的。

2.懂得示弱

和朋友、同学在一起时，不要总是想着要表现得比朋友优越，因为他们可能会产生一种自卑感，也就容易对你产生嫉妒心理，而相反，如果我们学会示弱，把光彩让给他们，他们就有一种被重视的感觉。正如法国哲学家罗西法古所说："如果你要得到仇人，就表现得比你的朋友优越吧；如果你要得到朋友，就要让你的朋友表现得比你优越。"比如，你可以将自己的缺点坦白公开，缓和对方的自卑感，使之产生与自己一样的平等感。

3.大肚能容

嫉妒之心人人有之，我们要用宽容的心谅解对方，而不应该与之针锋相对。如果以恨对嫉，小气量对窄心肠，就会火上加油，两败俱伤。另外，即使你取得了成绩，也不应该孤高自傲、不可一世。谦逊点，与他人共享成果，这样能有效消除他人的嫉妒心。

4.拉大距离

人们嫉妒的对象往往是那些和自己在能力、地位等方面相差不多的人，只是在竞争和比较中自己稍逊一筹。因此，要消除他人的嫉妒心，你可以通过拉大距离的方式，不断努力，以达到一个对方根本望尘莫及的层次，对方自然自叹不如。

常言说："选邻要谨，择友必慎。"真正嫉妒我们的，往往是与我们朝夕相处的朋友或者同事、同学等，这是令人防不胜防的。因此，我们交友时要远离那些心胸狭窄者，与那些善良、大度的人为友才能尽量避免被人抓住辫子作为攻击的把柄。

■ 与同学产生矛盾怎么办

小故事

　　童童、莉莉和阿芳是最好的朋友，但偶尔也会闹一些小矛盾，尤其是阿芳和莉莉之间。阿芳是一个内向，不喜欢多言多语的女孩子，而莉莉大大咧咧，口无遮拦，有时候，因为一件小事，两人就会展开"战争"。

　　一天，大清早的，童童还在睡觉，莉莉气呼呼地跑来，对童童说："阿芳怎么能这样，我怎么交了这样的朋友？"

　　"怎么了，发生什么事情让你发这么大的脾气？"

　　"昨天原本准备让你陪我去买周杰伦唱片的，你不是有事嘛，后来，我就打电话给阿芳，阿芳在卫生间，电话是她妈妈接的，她妈妈说好，一会儿就出门，结果我在她家楼下等了半天，也没看见她出来，于是，我就去她家找她，她却在家看电视，我问她为什么耍我，她说她根本不知道我找她的事，我一生气，就骂了她，结果她就说打电话给她妈妈，你说，她这人怎么这样？"

　　好不容易把莉莉劝回家，刚吃过午饭，阿芳也来了，她对童童说："莉莉那人太霸道了，那天，的确是我妈妈忘了跟我说，我那天准备打电话问我妈妈到底是怎么回事，结果莉莉就气急败坏地骂我，她这朋友我是不想交了。"

　　听阿芳说完，童童长叹了一口气，她将这件事告诉了我，看着这些孩子为友谊伤神的样子,突然觉得年少时的友谊是那么的弥足珍贵。

 分 析

　　女孩十几岁以后，就开始希望自己能交到好朋友了，因为无论任何人，没有真挚的朋友都是孤独的，不懂得怎么立于世是无法生存的。但青春期的孩子往往是感性的、情绪化的，很容易因为一些小事而产生矛盾，为此，很多女孩认为，又不是我的错，不需要道歉！

　　其实，朋友之间有矛盾和误会了，沟通很重要！只要把问题拿出来开诚布公地说，就很容易解决！如果彼此之间的问题没有那么严重，就不要拖得太久，误会一旦形成如果不及时解释的话就会逐渐深化，最终将无法挽回！如果等到那时再想去挽回，可就为时已晚了……

　　所以，女孩们，如果你真的很在乎你们之间的友情，那么为什么不主动找对方谈谈？当然，在谈话的过程中一定要控制好自己的情绪，不要进一步激化矛盾，要相信朋友一定会感受到你的真诚的！事情只要说开了，朋友之间的那点矛盾和误会就会自然而然地化解了！

 解决方案

1.要反省自己

　　如果你的朋友中，个别人对你有意见，可能是对方的问题，但如果你被大家孤立或者被众人排挤的话，估计就是你的问题了。此时，你要做的就是反省自己，看看自己哪里不对，可以反省一下，自己是不是太"自我中心"了——凡事很少为别人着想，自己想怎样就怎样，或对朋友不怎么关心等。

2.控制自己的情绪

　　"血气方刚"是年轻人的专利，情绪失控会造成很多悲剧。当你被激怒时，或者当你觉得自己血往上涌，只想拍桌子的时候，千万要转移注意力，或

者数数，或者离开那个环境，当你学会控制情绪时，你就长大了。

3.要学会大度、宽容

朋友之间，难免个性不同，生活习惯不同，要学会彼此尊重和包容。人都是重情谊的，你帮他，他也会帮你，互相帮助中，友谊更加深厚。在深厚友谊的基础上，彼此给对方提一些意见是很容易接受的。不是什么原则上的大错误，不要斤斤计较，要多包容。

4.要正确看待每个人的长处和不足

人无完人，金无足赤。如果你发现你的朋友在外面彬彬有礼而跟你在一起有点粗鲁，可能正说明他真的把你当朋友，不能因为谁有某种不足就讨厌他，如果这个缺点不是品质上的，不是道德问题的话，要宽容对待。大家能够走到一起，本身就是一种缘分。

5.帮助别人和关心别人

经常帮助别人的人，自己也会得到别人的帮助。比如同学肚子疼了，给她灌一个热水袋，倒点热水；同学哭了，送她一块纸巾，拍拍她的肩膀。不用说话就能把关心传递过去，这都会让你和姐妹们的感情升温。

6

学习问题，为什么我总是学习吃力又考不好

现代社会，随着科技的发展，人们对知识的重视程度日益明显，每个女孩也都知道"知识成就命运"这个道理。正因如此，女孩年龄逐渐装增长，就由天真无邪的童年开始进入背负压力的青春期，久而久之，她们似乎已经不再是为自己读书，而是为父母。其实，女孩，你要知道，人生是自己的，学会享受生活和学习，你就会变得轻松，就能在学习和生活之间轻松地游走，人生的重要时期——青春期也就能充实快乐地度过！

■ 别人都敷衍，我要不要也这样

小贝是个学习态度较好的女孩，但有时候也会犯糊涂。

有一天，当闺蜜来喊她出去玩的时候，她却躲在家里抄课文，同学们问她怎么了，她说这是在惩罚自己，让自己记住教训。好不容易，她被同学们劝出去了，还没一会又回来了。她主动对爸爸说："昨天下课的时候，老师让我们回家默写第一课的第五自然段，我想：默写多麻烦啊！老师又看不到，抄吧！说抄就抄，哈！太高兴了，不一会儿，我就抄完了，等着吃饭，然后，我就出去玩了。可是今天早上，老师不但检查作业，而且要检查背诵课文。这下完了。当背课文时，我就像霜打的茄子一样，垂下了头。当时，我特别后悔。这下子，我明白了：不仅是学习，无论做什么事，都不能耍小聪明，投机取巧，要不然自己会吃亏。"

"你能明白就好，青春期学习的任何知识，都将受用一辈子，是马虎不得的，更别说耍小聪明了。"爸爸语重心长地说。

"我知道了，下次再也不会了。"

分 析

和案例中的小贝一样，很多女孩在学习上都会犯这样一个错——敷衍作业，吃了心浮气躁的亏。

事实上，在课堂上，老师也教育学生们："学过的知识好比一个脚印，想记牢就再踏上一脚，踩实了。"其实意思十分简单，要脚踏实地地学习，不可以耍小聪明。说一句脚踏实地很简单，但做起来难。在开始时，有多少女孩信誓旦旦地承诺自己要脚踏实地走好每一步，可真正走起来，就忘了承诺。有更多的人羡慕别人的速度，其实光有速度不行，要有成果才行。学习与走路是一样的，人生之路是自己走的，要一步一个脚印地走。自己的路自己走，踩实了踩轻了都是自己的。有时一步可以让你悔恨终生。

其实，敷衍作业就是一种浮躁的态度，那么，这种态度是怎么产生的呢？为什么一些女孩喜欢敷衍作业呢？

可能是学生本身贪玩、无心学习或由于不擅长甚至不会某门学科而放弃对这门学科的学习。部分学生为了按时上交作业，担心没有交作业被老师批评，而采取抄作业的方式。

可能是作业负担过重。青春期的女孩一般处于中学阶段，这一阶段每日每科作业平均时间较长，但很多家长还为她们布置了很多课外作业，学生要么熬夜，要么抄，要么不做受批评。

可能是有些女孩觉得老师布置的作业自己都会，做起来浪费时间，可又不得不做，就通过抄作业来应付。

可能是自己懒于去思考，直接在家里玩，第二天去学校一抄了事。

可能是应对考试，使自己的解题过程接近标准答案。

要杜绝敷衍作业，女孩首先要认识这一行为产生的心理原因，并找到合理的解决方法，对女孩来说，敷衍作业首先会严重影响学生的学业成绩、班级学风的建设，甚至影响学生的品质。青春期女孩一旦开始敷衍作业，就很容易养成懒惰、投机取巧的不良习惯，这对学生的成长极其不利。那么，对待作业的正确态度是什么呢？

 解决方案

1.形成正确的完成作业的态度与意识

任何一名女孩都要明白，"抄不如不做"，作业是让学生对自己学习情况进行及时反馈，所以你一定要独立自主地完成作业，只有这样才能增强自己解决问题的能力，才能真实地了解自己的学习情况，遇到解决不了的问题时，可以和同学讨论，也可以去请教老师，千万不能一抄了之，一旦敷衍作业，影响的不光是学习态度，更是自己的自尊和品德。

要纠正敷衍作业的习惯，就要从思想上认识敷衍作业的危害性，认识到"不做只是代表学习不行，但敷衍就代表品质有问题"，要树立"即使学习差，但做人一定不能差"的信念，从思想上杜绝敷衍作业的想法，进而让自己认识到"抄不如不做"。

2.培养良好的做作业习惯

女孩在做作业时一定要独立、认真且自己完成，不可三心二意，关于这些，我们在前面已经分析过。

3.在平时就培养诚实、勇于承担的品质

对于某些习题，如果你不会，你就写上"不会"二字，这是一种诚实的表现，你没有去撒谎、没有去抄袭，而是选择了勇敢承担，这对你以后的成长非常有利。

总的来说，任何一个女孩都要明白，敷衍、抄袭作业对于学习毫无用处，反而会加重自己的懒惰和投机取巧心理。

■ 考试就意味着要排名次，我压力很大

小故事

　　小美是一名初中生，一次在和妈妈谈心时，她说：

　　"我们班老师平均一星期给我们一次大测验，每两天给我们一次小测验，大考小考不断。我们一天也就是在给自己和周围的同学统计成绩，然后进行排名。你说，这样的学习有什么意义，我们到底能学到什么？"

　　"考试是为了检验你们的学习成果呀。"妈妈随口一说。

　　"但是我的压力太大了，只要成绩不理想，就要被老师约去谈话，问我最近是不是思想开小差了，老师还会通知家长，搞得现在我好像就是为了家长和老师在学习和考试一样……"

分　析

　　和案例中的小美一样，其实很多女生误解了学习的重点，学习的重点不是为了每次考试后试卷上那一个鲜红的数字，而是获得知识的过程。分数的确是老师判断你在这段时间的学习状况的依据，但分数也只是其中一个依据而已。女生们不要太在意分数，知识量的大小并不会因为分数的高低而有所增减。

　　老师对学生学习状况了解的一大法宝就是考试，当然，老师的这种做法失之偏颇，对学生的了解应该深入学生的学习和生活，以切实帮助学生解决学习

困难，激励学生，而不是仅仅用考试这种落后的教育方式来管理学生。

女孩们可以向老师表达自己的想法，建议老师改变管理方式，给你们一个可以呼吸的自由空间，别为考试而累。

解决方案

考试有压力是每个学生的正常心理反应，比如紧张、焦虑，但如不及时排解压力的话，将会影响到考试能力的发挥，比如紧张甚至怯场等，运用一些适当的方法，就可以将考试压力转换为动力。

1.运用言语和想象放松

可以设置一些情境，通过想象，放松自己的思维，如"蓝天白云下，我坐在平坦绿茵的草地上""我舒适地泡在浴缸里，听着优美的轻音乐""我在一片平静的湖面上，欣赏日落时洒在湖上的余晖"，在短时间内放松、休息，恢复精力，让自己得到精神小憩，你会觉得安详、宁静与平和。

2.增强信心，提高压力的承受能力

为此，应当加强意志和魄力的训练，培养自己不畏强手、敢于拼搏的精神。

3.正确认识自己考试前的焦虑心情，也就是压力

没有压力是不正常的，这样一想，就会觉得有所安慰，也就能排解心中的压力了。

4.降低自己的考试成绩定位

比如，你本来能拿全班第一，但你告诉自己，第二也没关系，名次不重要，内心考不好的惶恐也就能宣泄掉了。

5.考前要做足准备

相对来说，准备充分的人对考试的紧张度会小很多。考试前应尽量温习你的课本、笔记或其他资料，将这些资料重组及整理，分析、掌握重要的概念，

而不是将一大堆资料不明不白地塞进脑子里。也可多做自我测验，尝试回答有关问题。如能与一班志同道合的同学，一起切磋研究及温习，也会产生很大的效果。

6.放弃一些消极的思想

"我比不上其他同学。""如果'考砸了'了怎么办！""如果老师出的试题是我不懂的就糟糕了。""如果考试时将所读过的都忘了怎么办？"太多此类消极的思想只会增加你的忧虑。"我准备充足，考试时只要保持冷静，自能发挥水准"的思想才是正确的。

7.在考试时要保持冷静

进场前切勿与同学讨论彼此的温习情况或猜测试题，导致互相惊吓。考试时要小心阅读试卷的指示及试题，分配好时间，再开始作答。专注于你的作答而不是其他同学的表现，如写了多少张纸等。如可能的话，先拣你觉得容易的问题作答，以增强自己的信心。如果发觉自己太紧张，可停下来，用一两分钟的时间深呼吸，待心情放松了再继续。

小贴士

考试能力的发挥很大一部分是和考试心态联系在一起的，女生们也要学会在考试前排遣掉心中的消极情绪，这样才能考出自己的水平，达到检验自己学习情况的目的！

考试考砸了怎么面对

小故事

晓华是某市一所重点高中的学生，成绩优异，她的父母对她寄予了厚望，希望她能有个灿烂的前程，然而，谁也没想到，晓华在高考完离开学校不到 48 小时，便在家里自杀了。

那么，她为什么会走上这样一条绝路？究竟是什么让花季少女一步步走向了崩溃？后来，她的母亲在她的房间翻出了她的遗言和日记，她内心的恐惧和焦虑才被父母了解。

那天早上，母亲叫晓华吃饭，但她找遍了楼上楼下，却怎么也找不到女儿的身影。

最后，她来到二楼屋顶凉台上，只见女儿躺在地上，浑身冰凉，一动不动。女儿自杀了。在晓华的房间，母亲发现了她写在一张白纸上的遗言：

"亲爱的爸爸妈妈，我对不住你们。事到如今，我才发现其实我是那样舍不得你们。但我也实在没办法了，请你们尽快忘掉我吧！你们是我最亲的人，而我却伤你们最深，我知道我不应该如此自私，但我已走到绝路了，高考是我人生中最重要的事情之一，可是我却考砸了，我不知道自己的明天会怎样。我现在的决定已伤害了所有关心我的人。请不要为我伤心，为我流泪。我希望关心我的人能够开心、快乐地度过每一天。"

分 析

一个花季少女，因为高考失利就了断了自己年轻的生命，这给很多女生们一个警示，一定要学会给自己减轻考试压力，以正确的心态接受考试结果。

事实上，任何一名学生，也包括青春期的女孩，考试过后，一旦发挥不好，都会产生一定的心理压力，轻者影响女孩的心情和学习兴趣，重者对女孩的身心健康产生严重的影响，有的甚至走向极端，包括前面故事中的晓华。

小乐是个认真学习、刻苦努力的女生，可令她自己甚至是老师苦恼的是，一到考试，她就怯场，无法发挥自己正常的水平，结果就考砸了。她烦躁不安，觉得自己很没有用，对不起老师和父母，也提不起精神来重新学习。

学习期的孩子尤其是女生心理相对比较脆弱，面对考试失利，自然是有一定心理压力的。压力是学生主观认知在客观条件下作用的结果，考试前，她们对自己的能力和水平有个评估，而当考砸以后，在客观结果上就形成了一种差距，而这种心理压力也就产生了，这种心理的危害是相当大的，轻者产生心理阴影，重者会做出一些过激的行为。

解决方案

那么，该如何缓解这种心理压力呢？

第一，给自己的心理承受能力做个比较恰当的估计，缓解压力，减轻心理负担。

第二，降低过高的学习目标。重视学习过程而不要过于计较考试结果，把考试当成作业，把作业看作考试，以平和的心态来对待考试，这样，即使考砸了，也不会太过失望。

第三，改变认知，端正考试动机。考砸后心理压力过大是学生对考试扭曲的认知，导致情绪上的紊乱和行为上的异常。考试作为学校一种常规的检测教师教学效果和学生学习效果的手段，是一件很平常的事，但有些学生将考试的作用和意义过分地夸大，对自己要求过高且常绝对化，认为考试失败会带来可怕的后果，带着强烈的求胜动机和沉重的心理负担去考试，结果焦虑越来越严重，临场发挥事与愿违，考砸后不能从这种心理预期中走出来，产生巨大的压力。

考试后的女生们可以通过以上方法减轻考后紧张的状态，这对考砸后的压力有一定的减缓作用。其实，考试的结果并不重要，用轻松的心态考试，或许你收获的又不一样！

■ 学习到底为了谁

小故事

莉莉是个成绩一般的学生，考试分数一般都在及格与高分之间徘徊，这次考试终于突破八十大关了。

那天放学回家的路上，莉莉特别高兴："这下子我妈该有面子了吧，她总是说我把她的面子丢光了，每次我回家，她和几个阿姨聊天时，都说我没出息，我听着很不舒服。这次，我考好了，我非得让她给我买套名牌，我给她争面子了。"

"不是吧，你这种想法不对哦。我们学习又不是为了父母。"菲菲说。

"不是为了父母是为了什么，我们考好了，他们才有面子啊。"

"莉莉，你这种想法是错误的，学习、考大学，以后都对我们有好处，父母迟早有一天会离开我们，他对我们严厉，也是为了我们啊。"

"可是为什么我妈妈会那么说，说我把她的脸都丢尽了？"

"那是气话啊，哪有父母不爱孩子的？"

"是啊，那我以后要好好学习，不辜负妈妈的期望。"

"这就对了嘛。"

分 析

不可否认，很多父母在教育女孩的时候，都有一定的个人愿望，希望女儿按照自己的愿望成才，也有一些私心："我的梦想是成为芭蕾舞舞蹈家，可是我那个年代根本不现实。现在我要培养自己的女儿来帮我完成这个心愿。""院子里那几个女孩考试都是前几名，我女儿居然还有一门功课不及格，我怎么出去见人啊，真丢脸！"

这些话或多或少地被紧张学习中的女孩听到，让这些女孩认为：我是在为父母而学习，因为父母要面子，学习成绩是父母在人前炫耀的资本！

有这样的想法，与很多家长培养孩子的方法和动机有很大关系。正所谓"望女成凤"，每一位家长都对自己的女儿寄予了殷切希望，希望女儿有出息。然而，事实上这导致了很多孩子并不"买账"，他们似乎铁了心要跟家长"对着干"——不爱学习、不想去学校、不参加培训，甚至不和家长说话，不理会家长为自己所做的一切，就更别说理解家长，体会家长的良苦用心了。这些，都让家长很苦恼，到底女儿是怎么了？

其实，女孩应该明白，"可怜天下父母心"，所有的父母对自己孩子严格的根本原因都是为了你们，你们应该理解父母的用心良苦。有自己的思维和自己的观点固然可以，但你要明白，自己学习到底是为了什么，真的是父母的面子吗？当然不是，是为了充实自己，培养自己，让自己成为一个有用的人。如今的社会，竞争这么激烈，不学会一技之长来充实自己，你们怎么能具有竞争力呢！

抱着这样的学习动力，女孩们应该为自己设立一个目标，让自己成为一个有独立能力的人。然后按照这个目标，去努力实现它。在学习中，遇到问题的时候，要学会调节；在悲观失望、意志消沉时能及时调整自己，重新振作起来；能够适应社会，与他人和谐相处、有效合作，具备解决和化解矛盾、激励团队的能力；保持终身学习的信念——这些素质远远比一次考试考了多少分、在班上排第几名、考上某所大学重要得多。

慢慢地，你会发现，当你离这些目标越来越近的时候，你就能成为一个独立的个体，也就明白了自己到底为什么学习了。

所以，女孩们一定要认识到学习的重要性，不要浪费大好的学习时间，但也要注意学习方法，注意劳逸结合，学会高效率地学习，这样，才能学得好，事半功倍！

■ 我就是不想上学怎么办

小故事

　　学校每个月的家长会又来了，这次家长会的主题是"如何帮助孩子高效地学习"。家长会的目的就是众多的家长一起交流心得，互换教育的意见，为孩子找出更好的学习方法。在这一点上，周太太似乎很有经验。

"周玲玲是怎么学习的呀？"很多家长凑在一起讨论。

"听说，你们家周玲玲并不是每天晚上做题到深夜，我每天罚我们家王刚做好些习题，可是学习成绩就是不见好啊，这是怎么回事呢？"

"是啊，我看我们家女儿也是，每天回来忙忙碌碌的，有时候饭都顾不上吃，努力学习，可学习成绩还是处在中等水平。"

"是啊，孩子总是学不好，学习兴趣就差，我家女儿经常说自己不想上学了，可怎么办！"

 **分 析**

在我们的生活中，很多女孩有这种感觉，自己仿佛要窒息了，每天不停地学习，烦死了。学习了一天，好不容易放学回家，父母又催着努力学习、努力做作业、看书等，除此之外，她们还要面临残酷的学习竞争。一些女孩问，到底什么时候才可以摆脱学习，于是，她们开始厌学，甚至经常有逃学的冲动。

其实，缓解孩子的学习压力是个社会性问题，需要全社会的共同努力，但是作为青春期女孩，只有激发学习兴趣、热爱学习，才能有学习的动力，才有可能学得又快又好。

女孩们，如果你有以下表现，你要警惕，你可能已经有厌学情绪了。

第一，不认真上课，注意力不集中，思维涣散，或者打瞌睡，或者做小动作，严重的还会干扰其他同学听课。

第二，课下不愿意自主学习或者根本就不学习，对于老师布置的作业或者练习，也是草草了事或者根本就不予理睬。对考试、测验无所谓，只勾几道选择题应付了事，既不管耕耘，更不管收获。

第三，逃学，这是厌学最突出的表现，也是最严重的表现。这些学生总是找理由旷课，然后外出闲逛、玩游戏等。严重者，甚至会跌到少年犯罪的泥坑里。

众多调查资料表明，厌学症是目前中学生诸多学习心理障碍中最普遍、最具有危险性的问题，是青少年最为常见的心理疾病之一。从心理学角度讲，厌学症是指学生消极对待学习活动的行为反应模式，主要表现为学生对学习认识存在偏差，情感上消极对待学习，行为上主动远离学习。

 解决方案

如何有效地矫治中学生的厌学症呢？可试着从以下几点入手。

1.改善环境，愉悦心境

要改变对生活的态度、对学习的认识，很多女孩厌学的主要原因是学校、家长甚至社会，女孩可以尝试着和周围的人沟通，倾诉你内心的真实想法，当然，这需要家长和老师的理解，一个好的环境需要社会、家庭、学校之间相互配合。社会的鼓励、家长的关怀、教师的重视、同学的友好都有利于营造一个重学、乐学的氛围，消除厌学学生被抛弃、被歧视的感觉，对学习由厌恶感、恐惧感变为愉悦感、舒适感，从而积极、主动、愉快地开始新环境中的生活、学习。

2.改变观念，接受自我

女孩要重新认识自我价值，形成良好的自我意识，这是变厌学为乐学的重要一环。对自己表现出来的优点从正面予以肯定，并不断强化。你会发现，你其实能学好的。

3.培养兴趣，树立信心

兴趣是最好的老师。女孩可以在实践中培养兴趣，品尝到学习的成功感和趣味感，并逐步养成良好的学习习惯和正确的学习方法，进而树立信心、坚定信念，彻底矫治厌学的心理障碍。

　　当然，对于有严重心理障碍的青春期女孩，靠以上常规性的辅导和转化还不能根治的，就必须尽早请心理医生诊断，利用医学手段来治疗厌学症。患有厌学症的女孩要切实解决心理问题，这样才能更顺利地健康成长。

参考文献

[1]章程.读懂青春期女孩[M].北京：化学工业出版社，2015.

[2]周舒予.女孩，你要学会保护自己[M].北京：北京理工大学出版社，2015.

[3]向阳.女儿,你要学会保护自己[M].北京：台海出版社，2018.

[4]蔡万刚.女孩，你要懂得保护自己[M].北京：中国纺织出版社有限公司，2019.

女孩，你要懂得保护自己

套装升级版
情感篇

王昊泽 —— 编著

中国纺织出版社有限公司

内 容 提 要

　　成长是快乐的，也是烦恼的，每个成长期的女孩都会迷茫，她们既快乐又感伤，既纤弱又坚强。此时，女孩如果不懂得保护自己，做出错误决定，将会造成无法挽回的损失，甚至对自己的一生都产生影响，需要有人为她们拨开迷雾，而这就是本书的写作目的。

　　本书是每个女孩成长路上的心灵导师，从心理学的角度出发，帮助女孩梳理成长中的烦恼心事、解除内心的困惑、找到人生的方向，进而让她们以乐观的心态、真实的本领去迎接未来的人生！

图书在版编目（CIP）数据

　　女孩，你要懂得保护自己：套装升级版.情感篇／王昊泽编著. -- 北京：中国纺织出版社有限公司，2023.8
　　ISBN 978-7-5180-9128-7

　　Ⅰ.①女… Ⅱ.①王… Ⅲ.①女性—安全教育—青少年读物 Ⅳ.① X956-49

　　中国版本图书馆 CIP 数据核字（2021）第 229276 号

责任编辑：刘桐妍　　责任校对：高 涵　　责任印制：储志伟

中国纺织出版社有限公司出版发行
地址：北京市朝阳区百子湾东里A407号楼　邮政编码：100124
销售电话：010—67004422　传真：010—87155801
http://www.c-textilep.com
中国纺织出版社天猫旗舰店
官方微博 http://weibo.com/2119887771
唐山富达印务有限公司印刷　各地新华书店经销
2023年8月第1版第1次印刷
开本：710×1000　1/16　印张：32
字数：414千字　定价：108.00元（全4册）

凡购本书，如有缺页、倒页、脱页，由本社图书营销中心调换

前　言

　　生活中十几岁的女孩们，这几年你是否发现：随着自己身体的发育，比如月经的初潮、胸部的发育，你的心情、情绪也在发生着变化，你感觉焦躁不安、无法集中注意力学习，你从前的生活完全被打乱了，但这还不是令你最烦恼的，更糟糕的是，你发现不知道如何与周围的男同学相处了。你会做一些奇怪的梦，比如和男同学接吻、做亲密动作；你对某位男老师好像产生了特殊的情感，但又说不上来到底是什么；男同学给你塞了一份情书让你手足无措。退回去吗？会不会太伤人了？你会在心里想：为什么爸爸妈妈总要约束我的生活，简直要窒息了！班上的女生都交了男朋友，我要不要也交一个？我为什么长得这么矮，同学们都嘲笑我……

　　的确，这是每个女孩在成长到十几岁以后的必经过程，因为青春期来临了，青春期是女孩人生的第二个重要阶段，是一次新生，在这之后女孩将会以一个成熟女人的姿态生活，但这需要一个过程。青春期是一扇门，是一扇走向成熟的门，每个女孩都必须跨过这个门槛，有付出，有汗水，有痛苦，有挣扎，"羽化成蝶"的过程实为不易。在这一成长的过程中，女孩是"破茧成蝶""蜕变成功"，还是"头破血流"，就要看女孩是否懂得保护自己。懂得保护自己，就是克制自我、坚守自己的底线，就是认真努力学习，就是懂得如何调节自己的情感、情绪，就是懂得如何让自己心情愉悦。但无论如何，女孩唯有保护自己，才能在暴风雨般的青春期后开出属于自己的人生之花。

　　也许每个青春期女孩处于人生的岔路口时，都容易选择错误，但一旦走错，就会出现一些无法挽回的错误，此时，女孩需要一位指导者，而这就是我们编写本书的目的。

　　这本书主要是从心理学、教育学角度，给女孩提供一些成长必知的常识，里面包含了整个青春期的闺中密事，不仅如此，女孩阅读它，可以更清晰地了解青春期的神秘，从而梳理一些心事，树立自尊、自爱、自立、自强的人生观。最后，女孩们不要害怕，去经历吧，去感受吧，去战胜自己吧，去展现自己生命的美丽吧，这就是成长！成长是艰辛的，但也是独一无二的，但无论如何，请记住，保护好自己。

编著者

2022年10月

目 录

烦躁不安，青春期的我为什么这么情绪化

情窦初开的年纪，收起那份青涩的触动

3

正确对待性萌动，不要试着尝禁果

4

防患于未然，青春期女孩绝不给"大灰狼"侵犯机会

5

识别假象，青春期女孩要有清晰的洞察力

6

快乐好心情，青春期女孩要有掌控自己心情的能力

7

慎思笃行，青春美少女要走好人生每一步路

1

烦躁不安，青春期的我为什么这么情绪化

　　处于青春期的女孩，往往会产生各种各样的情绪。部分女孩情绪变化很明显，经常大起大落，高兴时兴致勃勃、笑口常开，学习上也有劲头；不高兴时则情绪低落，不理睬任何人；有时还会无缘无故烦躁不安、使性子。为此，不少女孩会产生疑问，我这是怎么了？其实，这是青春期的常见问题，到了青春期，随着身体的迅速变化、学习压力的加大，女孩开始有了自己的想法，这些都让女孩开始焦躁不安，每个女孩都要认识到坏情绪是正常的青春期心理反应，但也需要加以控制和疏导，否则，久而久之，心灵就可能蒙上阴影。

■ 为什么我总是心情忧郁

　　有个中学女生在和自己的网友聊天时打出了这样的一段话：

　　"如果在现实生活里，我根本无法说出心里的感受，不知道向谁诉说。我经常有想死的念头，即使是碰到一点小事，都会很生气，要不然就很伤心。以前还有自残行为，变得不是很相信别人了，脾气倔强，不服输也不认输，喜欢一个人到没人的地方听音乐，难过的时候还哭。我希望每天都不会有人和我讲任何一句话，全身没有力气，不想动，上课的时候经常睡觉，听也听不进去，注意力难集中，总觉得自己很可怜，就算是我死了也没人会难过，我是多余的，情绪大多数是低落的，看到人多的地方就想走。我这是什么心理疾病啊？"

　　在网友的几次劝导下，女孩总算承诺去咨询心理医生，而据医生说，她是得了抑郁症。

分析

　　青春期的女孩因为学习压力、生活和情感上的失利或者心理上的创伤，很容易产生一种不良情绪——抑郁，更为严重的会患抑郁症。她们感觉就好像世界末日即将来临，自己也将灰飞烟灭，恐惧悄悄地走进她们生活的每一个角落，吞噬她们的灵魂，不知不觉中削弱她们的信心，甚至使她们连穿什么衣服、午饭吃什么这样的小事都无法做出决定。她们对于周围事物的感情变得淡漠，还有无望感和无助感，觉得自己空前的孤独。她们会觉得自己软弱，孤立无援，一切已无法挽回。更可怕的是她们根本无心改变，因为她们认为那都是徒劳的，不可能成功。所有的安慰怜悯都无法穿透那堵把她们与世人隔开的墙壁，任何热情关怀都不能打动她们的心。

抑郁症的具体表现如下：

1.抑郁心境

这是抑郁症患者最主要的特征，轻者心情不佳、苦恼、忧伤，终日唉声叹气；重者情绪低沉、悲观、绝望，有自杀倾向。

2.愉快感缺失

对日常生活的兴趣丧失，对各种娱乐或令人高兴的事体验不到乐趣。轻者尽量回避社交活动；重者闭门独居、疏远亲友、杜绝社交。

3.疲劳感

无明显原因的持续疲劳感。轻者感觉自己身体疲倦，力不从心，生活和工作丧失积极性和主动性；重者甚至连吃、喝、个人卫生都不能顾及。

4.睡眠障碍

有70%～80%的抑郁症患者伴有睡眠障碍，患者通常入睡无困难，但几小时后即醒，故称为清晨失眠症、中途觉醒及末期失眠症，醒后又处于抑郁心情之中。伴有焦虑症者表现为入睡困难和噩梦多，还有少数的抑郁症患者睡眠过多，称为"多睡性抑郁"。

5.食欲改变

表现为进食减少，体重减轻，重者则终日茶饭不思，但也有少数患者有食欲增强的情况。

6.躯体不适

抑郁症患者普遍有躯体不适的表现。患者常检查和治疗不明原因的疼痛、疲劳、睡眠障碍、喉头及胸部的紧迫感、便秘、消化不良、肠胃胀气、心悸、气短等病症，但多数对症治疗无效。

7.自我评价低

轻者有自卑感、无用感、无价值感；重者把自己说得一无是处，有强烈的内疚感和自责感，甚至选择自杀作为自我惩罚的途径。

8.自杀观念和行为

这是抑郁症最危险的行为。有严重抑郁症的患者常选择自杀来摆脱自己的痛苦。

解决方案

由以上几点，可见青春期女孩抑郁的危害性，那么，究竟怎样才能摆脱抑郁这种不良情绪的困扰呢？

（1）面对忧郁要处之泰然，因为悲伤是生活的常态。

（2）找些事情做，转移注意力，例如，散步、下棋、骑脚踏车、阅读等。

（3）找朋友倾诉，加以发泄。

（4）大哭一场，尽情地流泪。

（5）冷静地分析情况。

（6）运动有助于克服抑郁情绪，如果平日就有运动的习惯，不妨试着耗尽全身力气。

（7）尽量外出，不要待在家里，以免使情绪更低落，外出也能增加认识世界的机会。

（8）参加活动，令生活充实，减少胡思乱想的时间。

当然，这只是一些能缓解抑郁的方法，当得了抑郁症以后，女孩要在家长的陪同下就医治疗，让自己重新找回勇气和快乐！

■ 心中总是有一股无名之火

> 妞妞今年读初三，国庆节的时候，她和妈妈一起去看在外地的姑妈一家。姑妈家有个表姐，刚上大学，妈妈想让妞妞跟表姐"取取经"，于是两姐妹很快聊上了。
>
> 妞妞告诉表姐："我最近不知道怎么了，好像总是爱发火，有时候，也没人惹我，但我也会生气，现在爸爸妈妈好像都怕我了。"
>
> 表姐说："其实，我知道你也不想这样，这是因为你现在正处在叛逆的青春期，情绪多变，心中有无名火，我前几年也和你一样，现在想想自己真是莫名其妙，但就是控制不住……"

分 析

很多青春期女孩每个月总有几天脾气暴躁，爱发无名之火，这是青春期女孩一般都会有的不良情绪，其实这和生理因素有关，尤其是在月经期，这种无名之火更为明显。

这种情绪一般表现为爱生气，事后又后悔。这是女孩激素水平变化引起的性格变化，即使你有意识地控制，可对自己也无能为力。你可能仅仅意识到了体内激素水平变化对情绪的影响，却搞不懂为什么有时候你看起来像乖乖女，有时候却脾气暴躁，宁愿独处。

实际上，你身体中激素的周期性变化影响了你。在月经期将要到来时，除非已经受孕，不然黄体会逐渐萎缩，卵巢中雌激素和孕激素的分泌量逐渐减少，子宫内膜的厚度有所下降，直至崩解。这几天女性情绪处于低潮，易出现脾气暴躁、紧张、情绪波动的现象，自杀倾向更较平日高出7倍。

这就是女孩爱发无名之火的原因，这段时间，如果你敏感地觉察到自身的这种变化，就要有意识地安排更多轻松的事，避免在这个时期决定重大的事件等。

月经期不仅情绪进入低谷，女孩皮肤也开始出现状况：皮肤粗糙、痘痘爆发。而且，由于体内滞留了很多的水分，你有可能会臃肿发胖。

女孩还可能出现经前紧张征：抑郁、易怒、易激动、焦虑、头痛、注意力不集中和疏于社会活动；你的身体会出现乳胀、腹膨胀和四肢水肿。为了缓解这种不适，这个阶段你需注意少摄入盐分较高的食物，多进食大豆制品、谷物、新鲜的蔬果，这有助于保持身体内环境的稳定。另外，此时阴道酸性增加，是真菌增长的高危时期，必须小心预防真菌感染，譬如穿舒适的棉质内裤。你身体的抗凝血系统处于被激活的状态，要注意保暖和休息，避开可能的出血情况，比如外科手术、献血……当然也要避开妇科检查。

解决方案

如若心中有无名之火时，女孩还要找到合适的方式处理自己的愤怒，具体来说，你可以：

1.总结自己发怒的原因

当你的情绪稍微冷却下来以后，你可以试着总结自己发怒的原因。你是不是因为同学总是对你的体重或发型冷嘲热讽而气恼不已？是不是你的朋友在你背后说了你的坏话？要预先想好发生这种情况时消除怒气的方法。

2.使用建设性的内心对话

赫尔明指出："许多怒火中烧的人不分青红皂白责备任何人和事：什么车

子发动不了了；孩子还嘴了；别的司机抢了道之类。使怒气徘徊不去的是你自己的消极思维方式。"既然想法是导致情绪的主因，那么，如果你是个容易愤怒的人，你就应该调整内心的想法，准备一些建设性的念头以备不时之需。例如："我在面对批评时，不会轻易地受伤""不论如何，我都要平静地说，慢慢地说"等。

3.不要说粗话

不管你说的是"傻瓜"还是更粗鲁的词语，你一旦开口辱骂，就把对方列为了自己的敌人。这会使你更难为对方着想，而互相体谅正是消除怒气的最佳秘方。

的确，愤怒是一种大众化的情绪——无论男女老少，愤怒这种不良情绪都在毒害着他们的生活。因此，女孩们，现在的你处于青春叛逆期，但如果你常常动怒，那么，你最好学会以上几点调节情绪的方法，从而浇灭愤怒的火焰。当你能熟练运用这些灭火方法时，你就会发现，自己花在生气的时间愈来愈少，而花在完成工作的时间，也就相对地愈来愈多了。

为什么我想和老师大吵一架

小故事

初二女生小月最近和老师产生了一点矛盾。

上周一下午的一堂物理课前，她到教室外买水喝。由于未听到上课铃声，她回到教室时，物理老师孟老师已经准备开始讲课。进教室后，她发现自己的椅子不知被谁挪到了讲台上。为了听课，她要将椅子搬回自己的位置。可能是因为稍稍迟到惹怒了老师，孟老师从小月上讲台搬椅子开始便训斥她。小月说，她看到老师的态度后，心里也有了点"情绪"，随后将椅子向自己位置拖去，椅子与地面摩擦发出了噪声。老师开始数落她，而小月从小就没受过委屈，脾气也不好，也开始不满。

接下来，老师和学生之间你一句我一句地吵了起来……

 **分 析**

的确，反抗老师是青春期孩子的常见行为，但女孩要明白一点，人生中最重要的时间就在学校，教师对我们的学习成绩起到一些辅助性的影响，但没必要太在意他的看法，即使他做得不对，也不应该和他起正面冲突，否则不仅会影响你的学习，还会给你带来更大的不快。

可能很多女孩都被老师管教过，大部分的原因不外乎上课不听课、打架、考试成绩差等，但青春期的女孩一般都不服老师的管教，那么，青春期的女孩为什么不服老师的管教呢？

1.青春期孩子的逆反心理

在青春期到来之后，生理的变化也带来激烈的心理震荡。当她们把目光从外部世界转向内部世界以后，发现自己已不是原先的"我"了，儿童时代的"我"变成了一个全新的"我"了。她们发现不但身体不是"我的"，就连个性也不是"我的"，而是父母、老师和其他人造就的。于是她们生气了，随之便与原来的"我"决裂，要求摆脱家长和老师的束缚，要求独立、自主，从原先的一切依赖中挣脱出来，寻求真正的自我，独立意识空前强烈。因此，如果老师管教她们，她们就会觉得又做回原先的"我"了，于是，她们急于发泄自己。

2.老师"不恰当"的管教

这里的"不恰当"，一般指的是老师对学生的误解，比如，误认为她偷了东西等。

另外，很多中学老师还沿用小学时候的"保姆式"的管教方式，而青春期的女孩渴望独立，很容易对老师的这种教育方法产生逆反情绪。

3.繁重的课业负担

青春期的女孩一般都已经进入中学，学习强度要远远高于小学。课程增加、科目众多、难度增大、课时加长、作业增多，如果跟不上这种强度的变化，就会让女孩对老师产生逆反心理，进而不服老师的管教。

学习是女孩生活中最主要也是最重要的部分，但如果女孩子不服老师的管教，甚至出现一些负面情绪，那么，很可能会导致其对学习产生厌烦情绪，甚至厌学等。

在学生时代的十几年生涯中，老师与学生似乎是"天敌"，老师和学生似乎是对立的。青春期的女孩，相对于男孩来说，更对老师有一种畏惧心理，而也有一些女孩，个性过于张扬，和老师相处时，表现得过于轻松，毫无师生之别。其实，师生之间的相处也是一门学问。青春期的女孩与老师交往时，总的原则是不卑不亢，不多交往，保持教学与学习的关系，尊重老师，轻松和谐地交往。

解决方案

和老师正确交往，要记住下面三点。

第一，有些人认为，不要跟老师走得太近。这是没必要的，也是一种狭隘的想法。师生之间除了教与学的关系外，还可以是朋友之间的关系。老师因为从事教育事业，对学生的心理世界了解较多，学生可以跟老师吐露私事，甚至是一些难以启齿的事情，老师或许能给你指点迷津。你会发现，与和同龄人相处相比，和老师相处起来更是一种享受。

第二，你也不要故意讨好老师，每个女孩都希望可以得到老师的重视和喜欢，于是会借助告知其他同学的错误来加深自己给老师的印象。例如，打小报告，殊不知，老师在惩罚犯错误的同学的时候，也对你产生了不好的印象。

第三，不要畏惧老师，老师也是人，老师对你严厉是希望你能成人成才，和老师之间，可以课上是师生，课下是朋友。

其实，每个女孩都希望能成为老师眼中的优秀者，希望老师喜欢自己，因此，那些对抗也只是表面的，教师仍然是女孩的理想目标、公正代表，她们希望得到教师的关心理解，每个女孩都要学习和老师轻松交往的方式，这不仅有助于青春期女孩学习上的进步，更有助于身心的健康发展。

■ 我想做个坏女孩

小故事

有位妈妈谈到自己的女儿时这样说："我女儿今年刚高一，特别善良，对身边每个人都好，宁可亏待自己，也不会亏待他人。思想也特别简单。性格外向，朋友很多，总的来说，就是父母眼里的乖乖女。但最近她变得特别奇怪，脾气很暴躁，上次我给她织的那条围巾，她居然整个拆了。还有吃饭的时候，她好像故意跟我较劲，我没做的她说想吃，做了的她说不想吃，还跟一些社会上的坏孩子混上了，我不知道她怎么了。今天早上她出门之后，我就偷偷看了她的日记，我知道这样不对，可我实在没办法了。她的日记中写道：'我老是觉得生活没有什么实质的意义，生活稍微有些不如意，就想死了算了。总觉得想得到的东西好像很快就能得到，对物质、对名利又没有什么特别的渴望。就在早上，我就想从顶楼跳下去死了算了，当这种想法闪过我脑海时，我内心在挣扎，突然觉得好可怕，我问自己为什么会想到去死？我的回答是解脱还是自己软弱，我不知道，我真的不知道我会不会有一天就自杀了。另外，我每天走在路上，看见那些奇装异服的社会青年，我就忍不住过去找他们说话，他们好像过得比我自由，可是玩过以后回家，还是那么空虚，我到底是怎么了？'"

分　析

案例中的这位女孩之所以想变坏，是因为精神高压引起的。青春期是每个女孩人生最灿烂的阶段，但也有脆弱无助的时候，繁重的课业负担、父母的期望、对美好世界的憧憬和对爱情的幻想在女孩的内心交织着，于是，女孩想放纵自己，想做坏女孩，想抛弃学习、抛弃父母，甚至想到死。

弗洛伊德说过，女孩在悔恨与羞耻中转变成女人。每个女孩内心都有乖乖女和坏女孩两个方面，有时候就有做坏女孩的冲动，这是由于精神压力和内心的自我压抑。

"乖乖女"可以理解为听从父母、老师的教诲，成绩优异，循规蹈矩的女孩子。她们很受大家的喜爱，总是表现出"顺从、讨好"的模样。由于受中国传统的教育影响，有些父母也偏爱把女儿培养成乖乖女，一味要求她们完美，却往往忽视了她们心理的承受能力。乖乖女在经历青春期时会比其他的孩子经受更多的考验。其一来自父母：一贯听话顺从的做法让她们不敢反抗父母的权威，认为那样会是对父母的伤害；其二来自学业：不敢有丝毫懈怠，保持成绩优异是"乖乖女"的特征；其三来自内心：不允许自己失败，随时保持温顺、乖巧的样子。

而"坏女孩"可以理解为不爱学习、和成绩差的学生或者社会无业青年混迹在一起等叛逆的女孩子。

那么，为什么很多"乖乖女"会有想变成"坏女孩"的不良情绪呢？这是由于这些"乖乖女"长期"小心翼翼"地生活和学习，精神处于高度紧张状态，当心情不好或者学习上遇到困难的时候，就对那些坏女孩产生了一些羡慕之情，羡慕她们可以自由自在，不用顾虑家长的感受、老师的感受、同学的感受，可以不用为考试担心……

所以，青春期的女孩要学会给自己释放精神高压，想变坏这种混乱情绪需要及时引导，多与父母谈谈心，让自己用正确的方式宣泄不良的情绪；在学习上，不用把自己当成模范，给自己一个犯错误的可能，你不用强制自己做"乖乖女"！

解决方案

人总有情绪低落的时候，也有想放纵的欲望。情绪的低落会影响日常的生活，也会影响工作和学习。当你感觉你正在被一些问题所困扰时，不妨试试下面的方法，也许会有所帮助。

1.接受不能改变的事实

生活中，我们有太多无法改变的事实，对于这样的现状，你可以做的除了接受别无他法。想让自己开心，首先就要让自己不那么极端，不去钻牛角尖。一味地对抗或批判世界不仅无法改变世界，还会伤害自己，让自己远离快乐。

2.简单的生活中也有无限的乐趣

俗话说，欲望无止境，对于别人的生活，我们不必羡慕，也不必攀比，每个人有自己的生活方式，简单的生活中也有无限的乐趣，就看你会不会发现。

3.做有意义的事

确定几件你认为一生中最有价值的事情，然后专心去做，做有意义的事情总会激发你努力向上的动力。

4.控制自己的恶念

人的思想是复杂的，不是只有善念。有时一些恶念，还可以帮助人发泄心中不满。比如被人欺负，就可能会产生想报复的恶念，但这些恶念往往是一瞬间的，你不必担忧，但也不能任由这恶念腐蚀你的思想，你要学会控制自己的恶念，让它不去左右自己的行为。恶念不可怕，只要运用得当，反可以帮人疏导压力！

■ 有了心事该告诉谁

小故事

　　两位妈妈在社区门口闲聊，她们都有一个女儿，谈的就是女儿的话题。

　　"您最近还好吗，你们家甜甜怎么样？也没机会找您聊天。"

　　"都挺好的。你呢？"

　　另外一位妈妈叹着气说："孩子大了最让家长操心，小时候就算打她一顿也一会儿就没事了，现在说她几句就和你赌气几天。我都不知道我女儿具体是什么时候突然变得古怪了，平时稍微说点什么吧，她还顶撞，甚至直接不理睬你。小时候叽叽喳喳地说个没完，现在长大了却是难得听她说点关于学习和生活上的事。我们做家长的试图跟她讨论了解点什么吧，她就牛头不对马嘴地敷衍几句。她对她最好的几个朋友也不像以前那么热情友好了。放学回家就把自己反锁在房间里听音乐，一待就是几个小时。问她为什么总是沉默不语地不理会人，她就没好气地回答：'我想安静，沉默说明我在思考问题，我已经长大了，需要把很多事情考虑清楚。'哎，阿芳今年才14岁，根本还是小孩子。我真不知道这孩子怎么了。"

"估计是有心事吧，她们这个年纪都开始有自己的心事了，一般还不跟父母说，我们家甜甜还好，不过最近也开始有脾气了，感觉有什么心事，不过，一般情况下，她都会和我说的，要不，你最好和阿芳好好谈谈吧。"

"是啊，我也希望阿芳能敞开心扉，把心里的事情跟我们说说，憋在心里会憋出病来的。可是，我和孩子真的有代沟了，她根本不听我的话，要不，麻烦您哪天帮我劝劝她，她经常去您家，好像和您的话比我多好多呢。我这个妈妈做得不合格呢。"

"好的，你就放心吧，有机会我会劝劝她，希望我们的女儿都能身心健康地成长啊！"

 **分　析**

十几岁的女孩，开始结束童年的生活而渐渐长为成年人。过渡期的女孩，除了每天紧张的学习外，还会面临很多成长的烦恼，这些都给她们的身心造成极大负担。因此，这个时期的女孩开始变得不再依赖父母和老师，变得心事重

重，即使无法解决的问题也自己闷在心里。其实，有心事闷在心里对于身心发展是不利的，善于与周围的人沟通，这才是解决心事的正确方法。

但在情绪方面，这时期的女孩子却喜欢把什么都挂在脸上，情绪变化快，刚才还阳光灿烂，一会儿就"晴转多云"，甚至"电闪雷鸣、暴雨倾盆"了。她们把情绪的强烈和不稳定都表现出来，实际上，这对成长期的女孩来说是好事。如果女孩闷闷不乐，把情绪都闷在心里，反倒对女孩的成长不利。

因此，女孩们，当你有心事时，要学会和别人分享，不要自己硬扛。缺少有效的沟通会造成很多心理压力和心理疾病，比如抑郁症、焦虑、强迫等。这些心灵的创伤很大一部分就来自不能释放自己的情绪，当内心的情绪被锁定在心中无法释放时，生命的动力、创造力、智慧、人际关系都被压抑在其中。

生活中，很多女孩出了学校回到家中，房门一锁，"与外界隔绝"，只通过网络与外界联系，似乎只有在网络里才可以找到能听懂她的话、了解她的人，所以许多女孩沉迷网络。她们通过错误的方式发泄自己的心事，有的通过身体，有的通过沉默，有的通过幻想，更有甚者通过打架、行凶、吸毒来释放。其实这一切的表现都来自人需要释放的本能。一些女孩一生起气来就不能控制自己，做了过火的事情后才有了天大的悔恨，然后就又寻求其他方式发泄自己的内心感受，如此循环，却始终找不到排解内心能量的出口。

解决方案

其实，当你有了心事时，最需要的是有效地沟通，也就是我们常说的要说出来，没有什么解决不了的事情，没有什么大不了的问题。有时候，可能你以为无法解开的心结，倾听者的一句话会让你茅塞顿开。通常情况下，你的心事可以和父母、老师以及关系较好的朋友沟通。

1.父母是你永远的依靠

现代家庭中，很多女孩和父母之间有代沟，这不仅仅是因为父母工作忙、没时间，也和女孩的拒绝沟通有关。一些女孩在遇到事情时选择独自承受，不愿意和父母分享。殊不知，当你们有话不能讲、不愿讲时，距离就产生了，这是人为制造出来的距离。其实，父母毕竟是过来人，人生阅历比你多，你遇到的一些心事，也许父母能给你解决的方法，敞开心扉交谈，远比你一个人闷在心里好得多。

2.老师也是你的朋友

事实上，你的心事只不过是老师遇到的一个个案而已，他能为你提供最好的解决办法。

3.同龄人是良好的倾诉对象

当你无法和师长沟通时，或许同龄人可以理解你，因为她可能也会有同样的体会。

☀ 小贴士

　　总之，女孩们，别让心事压垮自己，学会倾诉，学会沟通，心事才会随风而去，你才会快乐。

2

情窦初开的年纪，收起那份青涩的触动

　　女孩永远对爱情有着美妙的幻想，希望有灰姑娘的爱情，希望有白雪公主的爱情，希望……青春期，她们对爱情有了一些懵懂的向往和憧憬。那种被追求的感觉，那种羞涩的暗恋的感觉，让女孩快乐不已。可是，当被拒绝时，当网络爱情发生在自己身上的时候，女孩又茫然甚至伤心了。这就是早恋，女孩别为早恋烦恼，要正确地处理与异性之间的关系，把握好友谊的尺度。

■ 收到"情书"，请悄悄收起

小故事

　　女生们凑到一起，所聊的内容无非是哪个女生被追、学校新选的校花是谁、哪个女老师的衣服很好看等。

　　一名叫林芳的女孩对自己的闺蜜说："有一天，我翻开语文课本，突然发现里面有一封信。我吃了一惊，谁会写信给我呢？并且是夹在书里？我急忙拆开了信：'芳，也许你没有注意到我，但我却一直默默地喜欢着你……'我的脸马上涨得通红，心里也不免有些激动，脑海中浮现出有'数学天才'之称的林廓那高大的身影和睿智的眼睛，我该怎么办呢？回绝他？会不会伤害他呢？不回绝？可是现在我们都还是学生，并且学习压力这么大。我该如何面对这封'情书'呢？"

　　林芳说完，脸还是红扑扑的，林芳还说这是她收到的第一封情书，她自己也很意外，自己这么普通，林廓怎么会喜欢自己呢？

　　闺蜜说："芳，我能明白你的心情，你确实是个很有魅力的女孩子，你性格好、温柔，而且学习也很努力，但你还是要理智，要把这份开心和情书一起收起来，这才是最明智的做法。"

分析

　　女孩一旦到了青春期，身体发育逐渐成熟，很容易吸引周围的男生，于是，她们会被男孩追求，会收到男孩写的情书。"情书"是许多中学生表达爱的一种方式，一个情窦初开的女孩，当接到异性递来的"情书"时，脸红心跳是正常的现象，也许在成长过程中，很多女孩都会遇到这样的问题——面对情书时的不知所措。

任何一个女孩在被人追求的时候，心情都是很复杂的。也许会很惶恐，但是更多的是开心，毕竟有人追求证明自己是有魅力的。于是，有些女孩会禁不住甜言蜜语，接受了男孩的追求；也有一些女孩，出于好奇心，抱着"也不损失啥"的态度试一试；更有女孩出于"这么出色的男生追求我，看我多有本事"的心理而四处炫耀。这些都是感情堤坝的缺口，这个缺口一旦被打开，势必给自己带来摆不脱、甩不掉的烦恼和痛苦。

青春期女孩，面对给自己写情书、闯进自己平静生活的男孩，有着欲拒还迎的矛盾心理是正常的，但一定要理智，把这封情书收起，当你收到"情书"时，千万不要因为不好意思或怕伤害对方而敷衍了事，态度一定要坚决。

解决方案

青春期的孩子对于感情尚未形成一个比较全面的认知，而且青春期是学习的最佳时期，最好不要涉及情感的纠葛。作为青春期的女孩，如果你遇到了收"情书"这种情况，应该怎么办呢？当然，根据不同的情况，要采取比较适当的方法解决。

（1）如果给你写约会纸条或情书的对方，是一个道德品质很不错、很正派、很有自尊心的同学，你最好不要公开这个事情，冷处理，不予理睬，可能他就明白了。如果以后他还写约会纸条或情书给你，你可以给对方回个信，感谢对方对你的感情，但是你的态度要坚决，不要给对方造成误会，断然表明态度，到此为止，今后仍是同学、朋友。

（2）如果对方是一个道德不高尚的同学或校外人，要坚决回击，明确告诉对方不要纠缠，不要无理取闹，你不要给他回信，不要赴约，冷淡地对待他，不要给他任何机会和可乘之机，有机会就警告他。

（3）如果你碰上的是难缠的同学，甚至采取威逼利诱等手段，如用纸条恐吓你，半路拦截你或故意在同学中玷污你的形象，你可以求助同学、老师、家长甚至学校领导，对此不要害羞，更不要胆怯，你越害羞，越胆怯，对方的胆子会越大，所以一定要勇敢些。

当然，更重要的是应反思一下自己，自己是否对此问题有不坚决、不明朗的地方，有意识提醒自己注意和改正，接到约会纸条、情书后要做好自我心态的调节，要理智思考问题，做感情的主人，抑制自己的冲动，使自己的青春更丰富、更灿烂。

女孩们，被追求证明了你的魅力，的确值得高兴，觉得很甜蜜、骄傲，可是又不敢轻易答应他，害怕恋爱会给学习带来影响，但不答应，这份美好又将失去，这是一种矛盾的心理。其实，最正确的办法是把这份羞涩的喜欢放在心底，兴奋过后一定要把情书收起，把那份美好埋在心底，你们正处在长知识、长身体的黄金时代，世界观还未形成，缺乏必要的社会知识与经验，如果过早地陷入爱情的旋涡中，势必会影响自己的学业和身心健康。你要做的是明确自己在青春期的奋斗目标，把精力重新投入学习中。

■ 被异性追求，女孩如何拒绝他

小故事

周末的一个晚上，莉莉写完作业打开了电脑，然后登录了自己的社交账号，显示她有一封未读邮件，莉莉一点开，是一个男生写给她的，内容大致是："在别人眼里，可能你是个大大咧咧，甚至连裙子都没穿过的女孩，但我正是喜欢你这点，毫无掩饰、不拘小节，和你在一起的每一秒，我都很快乐。自从和你接触以后，我发现你比其他任何女孩都可爱，我也不知道为什么，我觉得自己如果不把这些说给你听的话，我会窒息，请你做我女朋友。我知道，让你一时接受这些很难，但请你好好考虑。"

莉莉看到这封信后，心乱如麻，不知道怎么办，为此，她将这件事告诉了自己的好朋友菲菲，菲菲听完后笑了半天。第二天一大早，莉莉就来找菲菲："这事儿就你知道，可别告诉别人哦，你说我怎么办啊？"莉莉很苦恼。

"那你接受呗。"

"什么，你开玩笑吧，这时候还拿我寻开心，我爸妈还不知道这事儿呢，要是知道，我不完蛋？"

"拒绝是肯定的，但我觉得你不能直接拒绝他，毕竟你们以前的关系那么铁，他人也很好，人家写这份情书，也是需要巨大的勇气的，要是直接拒绝，肯定会伤害他，你们就连朋友都做不成了。"

"是啊，我担心的就是这个，他经常帮我忙，我真的拿他当好朋友，那你说我怎么办？"

"写一封信，拒绝的信，但一定要注意，态度要坚决，语气要委婉。"

"对哦，这样很好，能避免见面拒绝的尴尬。可你知道，我的文笔很差劲，该怎么写？"

"拿笔来，我帮你，有我出手，还怕搞不定？"

分 析

作为女性，当我们得到所期望的求爱时，内心会感到莫大的满足和幸福，但当求爱的人是自己不满意或不能当作恋人来喜爱的对象时，就会感到莫大的苦恼。苦恼的根源在于我们既想拒绝这一爱情表白，又怕伤了对方的心。尤其在对方与自己有深厚友谊时，这苦恼就来得更为强烈。因为一旦拒绝，友谊很可能会随着一句"对不起"而消逝。然而，不管多么困难，不能接受的爱情总是要加以拒绝的。

解决方案

对青春期的女孩来说，拒绝别人的求爱更是件不容迟疑的事。只是，要选择好方法和时间。

（1）态度要坚决，不能模棱两可。拒绝对于对方来说是一种伤害，但不能因此而犹豫不决。犹豫不决会造成误会，这样，对彼此双方都会造成伤害，既然是对你有好感、追求你的人，对你的言行都非常敏感，因此，不要给他任何希望，他才会知难而退。

（2）学会不伤自尊地拒绝对方。当然，这也是要根据对方的性格和人品而言的。如果对方是道德品质好、真心实意求爱的异性，如果你希望能维持彼此间的友谊，你就要注意自己说话的方式，尽量减少拒绝给对方的心理伤害，也使对方更易于接受。要让对方明白，你拒绝他并不是因为他不够好，而是因为自己的原因。具体说来，你不妨先对对方的人品和才华等加以赞许，然后说明你为什么不能接受求爱的理由；说出的理由要合乎情理，最好从对方的角度提出有利的方面，让对方觉得拒绝也是为了他好。

（3）选择恰当的方式。应该考虑到你们平日的关系和对方的个性特点，选择或冷处理，或面谈，或书信等方式，但建议你不要采用托人转告的方式，也不要在公共场合回应，因为这显得对对方不够尊重，还可能带来麻烦。

（4）选择合适的时机。合适的时机是对方求爱一段时间后，一般来说，不要在对方刚表白时立即加以拒绝，因为此时对方会很难接受；但也不可拖太久，给对方造成误会。当然，具体选择什么时机，要视具体情况而定。

■ 我暗恋一个男生，怎么办

小故事

有个爱好文学的女孩在她的日记中这样描写关于暗恋的感受：

"暗恋很美，是因为可以为自己编一个梦，像一只辛勤的小蜘蛛，结一张晶莹的网，这网的猎物是什么呢？空空的网，疼疼的心。认了，就把自己粘在上面吧。每天每天，任自己在网心中守着、念着、思着、恋着、痛着、甜着，静静地等着——也许这等待真要有上万年那么长，有什么办法呢？苦笑着想，许是前世欠他的，今生，要用痛苦来偿还。

"暗恋很涩，因为可以不为人知，一天一分牵挂，一天一分惦记，时间的沙漏里，那千万粒冰冷的小东西，细细密密的，将心无声地划出道道血丝。别人看不见，它们只在自己平静的眼神后面，只在自己微笑的面孔下边。别人，看不见。

"暗恋很甜，只因为可以独自享受那种甜与痛交织的奇妙感觉。谁说痛不是甜？"

分 析

暗恋的感觉，很多青春期的女生都经历过，很难用语言来表达，但很甜、很美也很涩。暗恋真是一种美丽的错，就像四月里雨中的丁香，结着自己心绪的愁结。

解决方案

那么，女孩该怎么对待暗恋呢？

其实，无论是谁，喜欢上异性都是难以自控的，尤其是成长期的女孩，更为是否告诉对方心中的小秘密而烦恼，不说自己心里很想念，说出来又怕对方不接受，于是辗转反侧，心烦意乱。

事实上，大多数情况下，女孩心中的男孩也许并没有想象的那么完美，俗语说"情人眼里出西施"，这些说法都说明喜欢一个人的感觉主观而片面，听不进他人的意见和建议，一定是她认为的好就是好，你说不好也听不进去，当家长持反对意见或者试图阻止时，她就表现出逆反心理，不然就转入"地下恋情"，这是最让家长感觉头疼的地方。十几岁的女孩，可能会有自己心仪的男孩，但是由于各种原因，很多女孩都只是暗恋，并不敢说出口。

一个情窦初开的女孩，青春期时对异性产生好感，甚至有与之交往的冲动，这是正常的，这都是成长过程中的必经之路。因此，进入青春期后异性同学之间交往是每个同学都要面对和学会处理的新课题。任何事情都一样，不能简单地划分"好"与"坏"，而是要学会把握"合理"与"失控"的分寸。

总之，女孩们，你要明白，你要学会对自己的情感负责，最好不要

早恋，不要把过多的精力放在"单相思"上，而应该把精力集中到学习中来，找准自己的位置，多积累人生的经验和知识才是关键。当发现了自己暗恋某个人的时候，应该多和老师、同学、家长沟通，把心事说出来，也就能做出选择了。

■ 把喜欢埋在心底，不要踏进"早恋"的旋涡

小故事

一对母女因为女儿的早恋问题而争论起来。

女儿一直反驳："我没有在学校谈恋爱，信不信由你！"

"那书包里的信是怎么回事，为什么抽屉也锁起来了？"

"什么，你检查我书包？你怎么能这样？"

"孩子，妈妈是担心你啊，有多少女孩因为早恋误入歧途，耽误学习，妈妈看得太多，你就听我一句劝吧。"

"我没有早恋。"

"那每天早上来接你上学的那个男孩是谁？"

"我们班同学，我一个朋友，男女同学难道就不能成为朋友？"

"真正的男女同学之间的友谊是不会这么亲密的，妈妈明白，你这个年纪需要友谊，可是你要把握好分寸。"

"你真是草木皆兵，你是不是管我爸也这么严？"女儿一气之下说了这句话，"啪"的一声，一记耳光打在了女儿脸上。

 **分 析**

　　早恋，即过早的恋爱，是一种失控的行为。青春期的女孩可以对异性爱慕，但必须学会控制这种心理的滋长和蔓延，更不要早恋。

　　青少年时期是精力最旺盛、求知欲最强的金色年华。但生理和心理发育都不够成熟，待人处事还比较幼稚，性知识比较缺乏，性道德观念还未形成，中学阶段的爱情是情感强烈的，却也是认识模糊的。相爱的原因往往极其简单，没有牢固的思想基础，比如有的是受对异性的好奇心、神秘感的驱使；有的是以貌取人，为对方的外表风度所吸引；有的是羡慕对方的知识和才能；有的是由于偶然的巧遇对对方产生好感；等等。她们没有认识到思想感情的一致是真正爱情的基础，观念、信念、情操是否一致是决定爱情能否成功的最主要的因素。青春期的女孩思想未定型，她们不可能对这些复杂的因素有科学、深刻的思考，也不可能真正了解自己和对方在这些方面是否真正一致。中学生的早恋好比没有罗盘、没有舵的船，随时有触礁沉没的危险。这些女孩一旦坠入情网，往往难以克制自己情感的冲动，一旦彼此表达了爱慕之情，便立即亲密地交往起来，常因恋爱占去不少学习时间，分散精力，而严重影响学习和进步。她们中的大多数对集体活动开始没有兴趣，与集体背离，和同学的关系渐渐疏远。加上舆论的压力和家长、老师的反对，早恋者往往有一种负疚感，思想上背上包袱，矛盾重重，忧心忡忡。这种情况给女孩的身心发展造成了很大障碍。早恋，不仅成功率极低，而且意志薄弱者还可能犯下贻害终身的错误。

　　当然，青春期的女孩们需要与异性的交往，喜欢交友，重视友谊，这有益于女孩的身心发展和自我完善，男女同学喜欢在一起踏青、划船、过生日，渴望交上知心朋友，可以互相倾吐内心的烦恼，取得真诚的理解，寻找心灵的慰藉，共同探讨人生的奥秘，切磋学习中的疑难。男女同学之间的这种正常交往是一种纯洁的友谊，是值得鼓励的。但女孩一定要有清醒的认知，这种友谊应该小心加以呵护，不能往"谈情说爱"方面联想，这种关系也绝对不可越轨。女孩在早恋面前一定要保持绝对的理性。

解决方案

第一，要有清醒的头脑，认清是非，做事也要有原则，什么事该做，什么事不该做，全面稳定地把握自己，不贪图一时的感情宣泄，而着眼于光辉灿烂的未来。

第二，处理感情上的一些纠葛要坚决果断，应该把自己的意愿向对方说清楚，崇拜、羡慕、同情、帮助是一回事，感情是另一回事，二者不可混淆。

第三，要戒除自己的一些性好奇、性模仿心理，认清自己的现实情况和小说、银幕上的人物是有区别的，不能在好奇、模仿的心理支配下做出不该做的事来。

第四，和父母、老师、好友进行思想沟通，参考他们的意见，争取得到他们的支持与帮助。

小贴士

中学时代是打基础时期，将来从事何种事业还没有定向，对每个女生来说，今后的生活道路还很长。中学时代的早恋十有八九不能结出爱情的甜果，而只能酿成生活的苦酒。相信每个女孩都能把握好人生的舵，不要过早去摘青春期的花朵。

■ 表白被拒绝了，我好伤心

小故事

　　妞妞从小到大都比较听话，父母们也认为她和周围那些"问题少年"不一样。可是，当她的妈妈看到那张纸条时，开始担心了，正当妈妈准备找妞妞谈时，没想到妞妞"不打自招"，和妈妈坦白了。

　　"在我遇到他之前，我还可以把自己埋在书中，一心要上所好学校。现在不行了，那个男孩一走到我身旁，尽管我的视线没有移动，可全身所有的神经只在他身上。早晨临行前，我下定决心，绝不分心，可一进教室，我就知道他还未来。那天，我鼓足勇气问他去不去春游，他说：'不去，那天我有事。'他拒绝我了，我的心跌入谷底，有时我想，人长大了有什么好？做事反而不如小时候专心，写着作业忽然哭起来。这个男孩真的很出色，可是他不喜欢我，难道我很差劲吗？我该怎么办？"

分 析

　　这里，妞妞就是情窦初开了，而且在表白后被拒绝了，她感到挫败，并且对自己产生了怀疑。这是很多青春期女孩鼓起勇气向喜欢的男生求爱失败后的心情，大多数女孩能正确对待和处理这种恋爱受挫现象，愉快地走向新生活，然而也有一些女孩不能及时排除这种强烈情绪，因此心理失衡，性格反常，具体到不同的人，常有如下几种心态：

第一，羞愧难当，陷入自卑与迷惘，"从此无心爱良夜，任他明月下西楼"，心灰意冷，走向怯懦、封闭，甚至绝望、轻生，对生活失去希望。

第二，对拒绝自己的人仍一往情深，对逝去的爱情充满美好的回忆与幻想，自欺欺人，否认被拒绝的事实，而陷入了单相思的泥潭，也有人会出现一种既爱又恨的特殊感情矛盾。

第三，绝望暴怒，失去理智，产生报复心理。或攻击对方；或自残；或从此嫉俗厌世怀疑一切男性，看什么都不顺眼；或从此玩世不恭，得过且过，寻求刺激，发泄心中不满。

这种消极情绪应当及时排解，走出心情郁闷的阴影，否则会给学习和生活带来一些不利影响，女孩在遇到这种情况时，应当学会自我心理调整，下列方法可供参考。

解决方案

1.倾诉

被拒绝、精神遭受打击，应该找人倾诉。被悔恨、遗憾、留恋、惆怅、失望、孤独、自卑等不良情绪困扰，应当找一个可以交心的对象，尽诉自己胸中理不清的爱与恨，以释放心理压力，并听他们的告解与劝慰；或用文字把自己的苦闷记录下来，留给自己看，寄给朋友看，这也能释放自己的心理负担，求得心理的解脱。

2.移情

及时适当地把情感转移到的其他人或事上。可与其他同学发展更为密切的关系，可积极参加各种娱乐活动，释放苦闷，陶冶性情；可投身大自然，把自己融入大自然的博大胸怀中，以得到心灵的抚慰。

3.摒弃"爱情至上论"

爱情固然是每个少女所渴求的，但没有绝对顺利的爱情。别林斯基曾经说过："如果我们生活的全部目的仅仅在于我们个人的幸福，而我们个人幸福又仅仅在于爱情，那么，生活就变成一个充满荒唐枯燥和破碎心灵的真正阴暗的荒原，炼成一座可怕的地狱。"少女应从这些先哲的箴言中受到启发，抛开恋爱至上的观点，使自我得到更新与升华，用奋斗去积极地转移求爱被拒的痛苦。

能明白以上这些道理，那些求爱被拒的青春期少女应该能以正确的心态面对新生活，也就能把目标重新转移到学习上来。

的确，无论男孩女孩，到了青春期后，都会情窦初开，都想有一段浪漫的青春经历，谁都想在自己最美好的年纪遇到一个最好的人，面对爱情，很多青春期女孩往往是手足无措，心里小鹿乱撞……很多青春期的女孩都认为，或许这就是爱，但爱是非常抽象的东西，青春期这个阶段，年龄、生理和心理都发育不成熟，对于两性关系还没有一个比较全面的认识，更谈不上能严肃地选择陪伴一生的伴侣。

但少年时代在感情方面还是属于萌芽时期，心理品质、价值观等都还未定型，可能今天认为不错的到明天就认为不好了。从现实的例子看，青少年的这种爱，没有几个能做到坚贞持久的，往往是游移、不确定的多，白白浪费了感情、时间和精力，更重要的是耽误了学习。

☀ 小贴士 👧

因此，青春期的女孩应该以学习为重，要把对异性的爱慕感情藏于心灵深处，把这爱慕转化为互相尊重、互相鼓励、互相推动、互相学习的动力。并且，青春期的女孩即使有爱慕的对象，也应该要矜持自控，要注意培养自爱、自重、自尊、自强的观念。爱，也不能轻易说出口。

■ 友情与爱情的区别在哪

小故事

　　如今的很多学校，都会为学生举办学生心理知识的讲座，其中早恋问题早已是个老生常谈的问题。

　　这次，某中学举办的讲座议题就是分清爱情与友情，理性对待青春期的情感问题。

　　到了互动环节，有个大胆的女孩子主动问专家："当别人向我求爱时怎么办？"

　　专家当即回答："女孩接到男孩的求爱信并不是坏事，这说明你已经成熟并能引起男孩的兴趣和好感。你应该首先向他表示感谢。但是学生时代谈恋爱有许多不利的方面……"

　　另外，还有一个女孩失恋了，正处于痛苦中，她也求助专家，专家告诉她："早恋的成功率本来就不大，青年学生没有社会经验，不知道如何了解人，也分不清什么是真正的爱情，随着年龄的增长和社会生活条件的变化，必然会重新考虑这个问题，因此，你没必要为此而苦恼，你应该为这种解脱而高兴，赶紧把精力用在学习上，将来一定会有合适的爱情在等待你。"

分　析

　　"他到底是不是喜欢我呢，一会儿跟我很亲密，一会儿又拒我于千里之外，我们之间是爱情吗？"这是很多青春期女孩遇到的问题，在友情与爱情之间产生错觉，这主要是因为女孩没有正确地区分友情与爱情。

女孩到了青春期，对异性好奇和向往的现象是正常的。但不是所有男女孩直接的交往都应该发展为爱情，异性之间也可以有友谊，青年男女之间的正常交往有益于健康成长。那么这种友谊和爱情又是一种什么样的关系呢？

首先，要明白的是，爱情的基础是异性间的友谊，但异性间的友谊并不一定能发展到爱情。从友谊到爱情，不仅要有思想、志趣上的一致，还要有脾气、性格等多方面特殊的要求。爱情本身还有许多友谊不能到达的地方，这并不否定友情为爱情开拓了道路，但要真正走到爱情的道路上去，还有爱情本身所应有的许多特殊的条件。

其次，爱情是高层次的异性间的友谊，爱情关系应该包括友谊关系。纯洁的友谊是恋爱发展的生命力所在。恋爱的过程，是一个友谊不断深化的过程。爱情的成功，往往是友谊和恋爱互相交融，互相促进。当爱情占主导地位时，友谊也不会从此退出自己的地盘。可以说，友谊伴随着爱情始终，友谊失却之时，正是爱情萎缩之际。

日本有位心理学家为区别友情与爱情提出了五个指标：

一是支柱不同：友情的支柱是"理解"，爱情的支柱则是"感情"。

二是地位不同：友情的地位"平等"，爱情却要"一体化"。

三是体系不同：友情是"开放的"，爱情却是"关闭的"。

四是基础不同：友情的基础是"信赖"，爱情却是纠缠着"不安"。

五是心境不同：友情充满"充足感"，爱情则充满"欠缺感"。

小贴士

　　绚丽的友谊之花，可以向一切知己奉献，可能结成爱情之果，但爱情和友谊之间还是有一定界限，青春期的女孩要把握好这中间的界限，才能正确对待和异性之间的交往。

■ 保护好自己，女孩千万别和老师"谈恋爱"

小故事

　　小娟是一名农村女孩，哥哥在城里打工供她上城里的重点中学，她竟然喜欢上了自己的物理老师，当她向老师表白后，老师委婉地告诉她，她年龄太小，应该安心读书。女孩在遭到老师拒绝后，竟然不去上学也不回家，家人非常着急，四处寻找，好不容易在一家超市找到她，家人并没有责怪她，女孩哥哥还劝她先好好读书，等将来学业有成，再谈感情也不迟。可谁能想到，女孩在家里人不知道的情况下，又一次偷偷地离家出走,哥哥在出来寻找的途中恰好在路上遇到了她。女孩坚决不跟哥哥回家，于是，哥哥就动手打了她，还强行拉她回家。

　　她在出走前，还写了一篇日记："我确实长大了，我今年15岁了，一开始我问自己是不是疯了，真的觉得太不可思议了。现在我明白了，这是人生的必经之路，我不再迷茫了。经过反复思考，我发现我真的爱上他了。因为他有一颗善良的心。我是从初一就发现的，我刚来这个城市，在黑暗里挣扎的时候，是他把我拯救了出来。在我没有信心的时候，是他给了我信心，他让我重新站了起来。在我有危险的时候，他会不顾一切地帮我。为了我，他付出了很多。一开始我只是感激他，渐渐地对他一点点产生了依赖，我发现我离不开他了。可那时，我只把他当作我的一个长辈。不过，现在我发现我不只把他当作老师，我爱上了他。"

分　析

青春期是每个少女情窦初开的年纪，与之接触最多的除了同学就是老师。这个年纪的女生很容易对稍长几岁的男老师产生一种爱慕之情，因为他高大、帅气、讲课慷慨激昂、语言幽默生动，而那些年纪稍大的男老师，也容易吸引年轻女生的眼球，因为他儒雅、绅士，即使最枯燥的课也能讲得生动有趣。于是，很多女生感叹：爱上男老师该怎么办？

解决方案

基于这个问题，女生首先要让自己清楚，这只是一种爱慕并非爱，爱与喜欢之间有很大的差距。那么，青春期女孩该怎样分清对老师的情感是爱还是崇拜呢？这就需要冷静地思考一下下面的几个问题：

（1）爱一个人或许不需要理由，但必须知道爱他什么，也就是他有什么特质吸引了你。

（2）爱是相互的，爱一个人从某种角度讲，其实是将自己的情感强加于被爱者，必须明白对方的感受或意愿。你清楚老师被你"爱"的感受或意愿吗？

（3）爱除了是一种感觉外，更需要责任心。爱一个人说白了是要对对方的一生负责，包括生老病死，包括贫穷与灾难，包括可能的他的移情别恋。谁都有权利爱或被爱，但必须清楚自己爱的储备是否足够对方一生的消耗。请认真清点自己的储备是否充足。

　　（4）爱情也需要经济基础。在经济社会，几乎没有除经济、社会地位、人文环境外的"纯粹的爱情与婚姻"，爱的双方必须拥有相对平衡的社会平台。

　　当明白这些以后，女孩你还要明白，他并不是适合你的人。

　　首先，你们年龄上就有一定差距，人生经验和社会阅历上有差距，人生观、价值观也不同。

　　其次，青春期的喜欢并不稳定。你们之间并不是相互了解，你之所以喜欢他，是因为你把他想象得比现实中还要完美。而你也许是情窦初开，等心理成熟以后，就会发现其实你所选择的他并不是你想要的那种人。

　　最后，在学校里容易受到周围人的影响，可能你并不想谈恋爱，但是别人都在谈，你也许就会去留意某个人，而实际上他并不一定就是你心目中的那个白马王子。

小贴士

　　青春期的女孩要把对老师的爱慕转换为学习的动力，如果你把这种喜欢的感觉用得恰到好处，你会发现这是你学习的动力，还能促进你学习的劲头，但如果你执意沉浸于爱慕中，往往会使你成绩下滑，心力交瘁。喜欢老师没什么可怕的，相反，这是正常的。这表明你已经开始注意异性，并有了爱的能力，但你要把握一个度，这就是你日常学习生活中的一抹彩色，照亮你的心，把你的心映成彩色的！

3

正确对待性萌动，不要试着尝禁果

　　青春期的女孩朝气蓬勃，身体也逐渐发育成熟，青春期的女孩开始关注异性，也渴望被异性关注，一些女孩甚至开始谈恋爱，但这对女孩来说其实是危险的。青春期的孩子很容易冲昏头脑而偷尝禁果，而因为身体构造的原因，受伤最深的往往是女孩。任何一个女孩，到了青春期，有性懵懂很正常，但无论如何，不要轻易献出自己的童贞，不可让自己的青春之花过早凋零。

■ 青春期有性萌动和性幻想很正常，不必有负罪感

乐乐是个很听话的女孩。乐乐很小的时候，妈妈就让她养成了每天晚上洗下身的习惯，先是妈妈帮着洗，大一点儿后就换成了她自己洗。对于这个习惯乐乐从未在意，只是把它当成一件跟洗脸、洗脚一样每天必做的差事。直到 14 岁的一天，她来月经了，妈妈告诉她已经长大了。那之后，乐乐每次洗下身都觉得很羞涩。

最近，她和班上一个叫风的男孩子走得比较近，慢慢地，她开始做一些奇怪的梦，"当晚我躺在床上，满脑子都是风的影子，白天那种触电般的感觉像毛毛虫一样刺激着我，我还开始做和他在一起的梦。为了把风从我的脑海里赶走，我强迫自己读书，往往眼睛看着书本却不知道看的是什么内容。可也奇怪，对于一些描写爱情的小说、诗歌及恋爱指南书籍我又特感兴趣。在这种矛盾心理的折磨下，我的学习成绩下降了。"这是乐乐日记的内容。

那天吃过晚饭，乐乐端了一盆温水径自走进卫生间。当下身接触温热的水的一刹那，乐乐感到身上一阵发麻。随着手的不停搓动，乐乐情不自禁地发出满足的声音。正当她陶醉于身体的快感时，突然听到背后一声大喊："你在干什么？"乐乐转过身看见妈妈愤怒吃惊的眼神，只觉脑袋"嗡"的一声，瘫坐在地上……

分 析

其实，乐乐的故事，在很多女孩身上都发生过。当女孩步入青春期，在性激素的影响下，开始有性的萌动，甚至有性幻想。

很多青春期女孩和父母通常都认为，那些学习成绩好，听父母和老师话的孩子就是好孩子，反之，一做出让父母或者老师不中意的事情就变成了坏孩子。很多女孩在有了性幻想的体验后，就觉得自己是个坏孩子，羞愧、自责甚至无心学习。实际上，性和吃饭一样，是人体必需的。因为，从生理角度看，性冲动不受大脑支配，而是由血液中的激素水平决定的，是一种不以人的意志为转移的自然现象，也是一种自然能量的积累过程，当它积聚到一定程度就应该有一个合理的宣泄途径。于是，性幻想就产生了。

那么，性幻想一般是怎么产生的呢？

在一般情况下，处于青春期的女孩是不会产生性幻想的，但如果受到内外环境的刺激，如窃窃私语、异性体味体貌、抚摸、想象等，就会产生神经冲动，这种冲动传导到大脑的有关中枢会形成性兴奋，并通过神经系统作用于生殖器官，导致生理和心理的变化。

对女孩来说，性兴奋一般表现为阴蒂和阴道壁的充血膨胀，黏液分泌增多。在发生这些变化的同时，心理也会产生激动和快感。

性幻想是青春期的正常表现。女孩不必惊讶，这是女性发育到一定阶段的正常生理现象，但也应该加以控制，以免影响学习和生活。因为频繁的性冲动会使人对学习的兴趣下降，如不加控制，会使神经系统在短时间内失控，使人做出不理智的事情。

解决方案

为避免这样的局面出现，女孩除了从小树立生活的理想和奋斗目标外，还要把心思多放在学习和健康的生活上。多参加一些有意义的公共活动，让生活更充实，兴趣更广泛；尽量让自己远离情色资料；让自己养成有规律的生活习惯。这样，你对性的关注就会减少。同时，要和异性正常地交往，以消除异性的神秘感。

■ 青春期女孩，绝不能偷尝爱情禁果

小故事

有天，课间的时候，菲菲去上卫生间，结果听到让她震惊的一段对话，其中有个女孩说："我怀孕了，我该怎么办？"

"赶紧告诉家里人，请求爸爸妈妈的帮助。"

"我不敢啊，我还这么小，就发生这样的事，我怎么敢让爸爸妈妈知道呢？"

"那你当初怎么那么糊涂呢，我们还是学生，不能做那种出格的事的，你看现在没法收场了吧。"

"我知道，我现在也后悔了，可是我该怎么办呢？"

"这样，我跟你一起回家，陪你把这件事告诉你爸妈，无论发生什么事，我都会帮你的。"

"谢谢你，要不是你，我真不知道怎么办。"
"我们是好朋友，别说这些了，以后别傻了。"

 **分　析**

　　青春发育期的女孩子，年龄一般在13～18岁。这个年龄的女孩正在上初中、高中，或者刚刚步入大学。这正是长身体、学知识的黄金时代。然而有些女孩子在这人生的十字路口，由于不能理智地控制感情，划不清友情与爱情、恋爱与婚姻的界限，常常陷入早恋的泥坑，甚至发生性越轨和未婚先孕的情况。性越轨和未婚先孕不仅摧残少女的身体，而且往往给她们心灵带来巨大的创伤。因此，每一个女孩都应当自尊、自爱、自重、自强，珍惜自己的青春年华，千万不可"一失足成千古恨"，让青春之花过早凋零。

　　有人说，春天是用心播种的季节。经过春天的孕育和夏天的成长，终于等到金灿灿的秋，尽享人生的喜悦和甘美。这些丰硕的果实，是对我们春夏两季的慷慨回馈，也是帮助我们度过寒冬的食粮。如果你按捺不住自己，在夏天果实还很青涩的时候就摘取，那么等到金秋，看着别人收获，你却一无所有；等到寒冬，看着别人享受果实，你却忍饥挨饿。这就是自然的规律。其实，不仅万物在一年四季之中如此轮回，人生也是如此。母亲含辛茹苦地把每个女孩抚养长大，十六七岁的女孩就像是朝阳中顶着露珠的花骨朵。我们必须耐心地等待盛夏的到来，等到金秋的收获。如果在朝阳时分就把花骨朵摘下来，那么它这一生将不会再有机会绽放。很多女孩都有过一失足成千古恨的经历，她们懊悔不已，却恨这个世界上没有卖后悔药的。

　　人生，是一趟旅程。确切地说，人生是一趟没有回程的旅程。如果把人生比喻成一张白纸，我们每个人都是画家，那么人生的画板是不允许更改的。错

 041

了，就错着继续画下去。正因如此，每一个过来人都曾经劝诫我们，一定要慎之又慎地对待人生。人生，不能着急。如今，很多女孩都迫不及待地想要长大，可以自由地决定自己的人生，可以穿最好的时装，做最放荡不羁的事情。然而，女孩们啊，不要着急。等到你真正长大，你就会发现最好的光阴原来在昨天。

十几岁的年纪，原本是最无忧无虑的时光，若是因为偷尝禁果而把自己的人生搞得一团糟，总让人扼腕叹息。古人曾说，食色性也。性在成年人的生活中的确有着至关重要的地位，甚至是不可或缺的。然而，含苞待放的花蕾必须耐心地等到属于自己的季节，才能得到最美的绽放。那些过早沉浸爱河、偷尝禁果的女孩们，等到最美的时节，你会发现自己的世界早已凋零。不要心急，我们曾经说过，早恋、初恋往往都是不能结果的花朵。既然如此，就把最美好的绽放留给你生命中最爱的那个人。很多时候，我们以为自己爱得死去活来，恨不得为对方付出生命，却在时间的流逝中不小心暴露了真相：他只是你生命的过客。

女孩们，不管我们多么痴迷于爱情，都必须保护好自己。禁果不能偷尝，必须等到人生相应的季节，这个果实才能成熟，才能给我们的人生带来更加美好的体验。退一步说，如果真的无法避免，也一定要做好相应的措施。不合时宜的妊娠，会给女孩的身体带来无法逆转的伤害，也会给我们的人生带来不可估量的损害。

■ 保持清醒的头脑，坚决抵制黄色诱惑

小故事

某中学要举行一次"抵制黄、赌、毒"的讲座，在讲座上，专家

讲了这样一个真实的故事：

　　"有个初一的学生叫小青，是本市某中学的学生。她原本是一个聪明伶俐，品学兼优，被很多大人称为'才女'的小姑娘。自从迷上网络后，每天一放学，她就往网吧里钻，双休日则更是无所顾忌，全天泡在网吧，有时还和同学们在网吧里"包夜"，十分痴迷。学习时，黑板上的字、课本上的练习题，在她的眼里全变得毫无趣味。后来，她的父母发现，她每天在网上和一些成人玩网络黄色游戏。有时候，还主动去购买一些黄色书籍，甚至还传阅给周围的同学，为此，学校警告了很多次，但不起作用，在家长同意下，小青只好办了退学手续。"

分　析

　　当今社会，商品经济大潮的冲击，人们的经商意识、价值观念甚至道德感、责任意识都在发生重大变化。就有那么一些人，利令智昏，唯利是图，不顾结果，只顾盈利，大肆销售低级趣味甚至黄色书刊、磁带、影碟，有的还拍摄、放映黄色影视作品，就连一些影视片也要安排一些涂脂抹粉、搔首弄姿的性感美女招摇过市，或穿插一些床上镜头。而这些黄色信息不知不觉就流进了纯净的青春期女孩的生活中。

　　女孩长到十几岁，进入青春期，就会产生性的萌动，会对性知识产生强烈的好奇。很多女孩在这种情况下，往往不知所措，充满好奇，缺乏自制力，稍不注意，就被黄毒危害。因此，青春期女孩要学会正确分析黄毒的危害，把握好自己，顺利度过"暴风骤雨"般的青春期。那么，青春期的女孩该怎样抵制黄色诱惑呢？

解决方案

1.在黄色诱惑来临时，多考虑后果

做任何一件事，都会有其直接和间接的后果，同样，对于同一件事，做与不做也会有不同的结果。青春期的女孩，无论遇到什么事，在无法做决定的时候，都要经过深思熟虑，从多个方面考虑，学会运用后果联想法。对于黄色诱惑，你可以想象一下，如果你不能拒绝，成绩下降，辜负了老师和家长的期望，考不上理想的大学，影响了自己的发展，甚至断送了自己美好的前途，将与美好的未来失之交臂。而如果你能克制住自己，通过自己的努力学习，考上比较理想的大学，毕业后从事自己感兴趣的工作，幸福、愉快地生活。这样想，你就能做出明智的决定了。

2.寻求帮助

青春期女孩毕竟社会阅历浅，人生经验浅薄，对待诱惑没有自制力或者自制力低。在这种情况下，女孩可以请求别人的帮助，如父母、老师、同学和朋友的帮助和监督。慢慢地，你就能坚定自己拒绝和抵制黄色诱惑的决心，增强自己拒绝和抵制黄色诱惑的毅力。

3.远离黄色诱惑源头

最好把引起诱惑的实物隐藏起来，比如黄色书刊、黄色光碟等，眼不见心不动。女孩在日常生活中，要多参加积极健康的集体活动，多与同学交流谈心，避开黄色话题，这也是让自己身心健康发展的重要方法。

4.从正面渠道接受性知识，消除性的蒙蔽

青春期女孩如对某种知识感到好奇，最好的方式莫过于在课堂上聆听老师的教导，破除羞怯，树立正确的性观念，养成健康的性行为，合理地处理与性有关的事物、信息，以及伴随出现的性问题，这些才是抵抗不良性刺激和性诱惑的有效武器。如果没有从正面学习到这种知识，年少轻狂的因子将鼓动女孩们开始寻求心中疑惑的答案，可是自律是最不可靠的约束，一旦女孩们在对未知世界的探索之路上稍有偏差，恐怕就会"一失足成千古恨"了！

小贴士

　　青春期，女孩的世界是丰富多彩的，生活是复杂多样的，欲望是多种多样的，每个人的人生之路都会有许许多多的十字路口，都会遇到许许多多的选择，都会面对人生的种种诱惑，关键是看你会不会拒绝。

　　每个青春期的女孩都要保持清醒的头脑，在那些诱惑面前，懂得拒绝和抵制。对于性知识，你应该正视它，面对它，接纳它，应该和父母进行沟通，而不能采用逃避的方法。拒绝黄色诱惑，才能净化心灵，拥有一个健康的青春期！

■　喜欢他，不妨和他来一场浪漫的约定

小故事

　　这是一段母亲和女儿的对话：

　　"孩子，其实妈妈明白你的心情，妈妈也是过来人，在你这么大的时候，也喜欢过一个人，那时候，他经常来学校找我，并对我无微不至地照顾，我发现自己爱上他了。可事实上，他已经有了家庭，我伤心欲绝，学习成绩更是一落千丈。"

　　"后来怎样呢？"女儿好奇地问。

"后来，就在那段时间，我们学校转来了一个新同学，他开朗、乐观，成了我的同桌，我们无话不谈，一起学习、交流心得，很快，他帮助我走出了那段情感的阴影。你知道这个人是谁吗？"

"不知道。"

"他就是你爸爸啊！我们很快相爱了，但是我们并没有沉浸在爱情的幸福中，而是约定要一起考大学，一起追求梦想，后来，我们大学毕业后就结婚了……"妈妈沉浸在甜美的回忆中。

"爸爸太棒了！"女儿赞叹地说。

"是啊，不然我不会喜欢他，那你认为他呢？"

"我不知道，但他长得很帅气。"女儿脸红了。

"孩子，妈妈也给你一个建议：你不妨和他做个约定——你们要一起考上大学，等你考上大学之后，如果你还是这么认为，那么你不妨开始一段美丽的爱情。在这之前，你可以跟他做很好的朋友。"女儿点点头答应了。

分　析

这位家长的做法值得很多父母学习，但从青春期女孩的角度看，你可以从中获得一点启示，在被异性追求时，也可以和故事中的母亲一样，和异性进行一场约定，比如，共同考上某大学，学习同样的专业，或者共同完成一个梦想，这是将青春期情感转移到积极正面的焦点上来的好方法，当彼此走过青春期、蜕变成为成熟的成人时，再去经营爱情和婚姻为时不晚。

青春期的孩子会很容易搭上早恋这班列车。因为青春期的女孩青春靓丽，很容易受异性青睐，但女孩一定要有清醒的认识，要认识到早恋是没有结果的，青春期还处于人生的萌芽阶段。此时，对爱情和婚姻的理解依然稚嫩，更不懂得经营爱情和婚姻，一旦做出错误的决定，很可能会悔恨终生。事实上，我们看到了不少本该在学校读书的少女因为早恋怀孕生子，甚至所托非人，将自己一生的幸福都葬送进去。那么，可能一些女孩会产生疑问，他真的很优秀，我很喜欢他怎么办？此时，你可以和对方来一个约定，设置一个积极的、有意义的奋斗目标，如果对方也真心喜欢你，那就一定会努力，努力让自己变得更优秀和美好，一定会等到彼此成熟时再来谈爱，因为真正的果实要到成熟了再来收获才更香甜！

女孩们，你要明白，中学时代是打基础时期，将来从事何种事业还没有定向，今后的生活道路还很长。中学时代的早恋十有八九不能结出爱情的甜果，而只能酿成生活的苦酒。当孩子能正确处理青春期的"爱情"时，也就能把握好人生的舵，不会过早去摘青春期的花朵。

总之，女孩们，青春期想接近异性的身体并不可耻，但一定要把握分寸，大胆、大方地与异性交往，即使对异性有好感，也只能让它们作为一种美好的愿望，珍藏在心底，等自己真正长大成熟时，他会以百倍的力量、热情、成熟来迎接你！

■ 洁身自爱，女孩不要掉入男人的爱情陷阱

小故事

暑假时，某小区来了一对母女，在一户人家吵闹，原来是一个17

岁的女孩被一个四十多岁的已婚男士骗了，这个男人是有家室的人。女孩妈妈气得不得了，找上门来闹。

而已婚男士在被女孩妈妈质问时表现出一副云淡风轻的样子，似乎根本不在乎，并提出让女孩拿出证据，这下，周围的人都围过来了，七嘴八舌，女孩气得一直哭，最后警察都来了。

 分 析

这一事件很快成了当地的新闻，很多家长不明白我的女儿学习优秀，为什么会在恋爱问题上被人骗呢？不得不说，现在的女孩缺乏社会经验、思想单纯、缺少防备，不懂得识别坏人，太相信人家，人家说什么就是什么，总觉得人家不会做坏事，很容易在感情上被俘虏，最后上当受骗的很多。

尤其是当她们遇到挫折的时候，一旦遇到所谓关心、爱护自己的男人，就很容易掉进陷阱之中。女孩上当受骗，与轻信他人、社会经验不足有很大关系。她们从小到大，在成长过程中，父母只重视学习，没有告知她们对突发事件的自我保护方法。

年轻女孩总是倾慕成熟男人的，她们认为他们成熟稳重，并且有稳定的生活来源。他的见识学问、为人处世，一切都充满着魔力。当错误发生后，她才意识到事情的严重性，才知道后悔，可对于一个花一样的女孩来说，这会给她留下永不消退的伤痛。

在遭遇欺骗和伤害时，女孩要勇敢地拿起法律武器保护自己。热恋中的女孩，往往会被甜言蜜语冲昏了头脑，一旦落入情感的陷阱，就难以自拔。一些孩子接触社会比较少，缺乏社会经验，很容易被坏人欺骗利用。

这些骗子善于把自己装扮成有钱的花花公子、高学历的成功人士，骗术其实并不算高明。如果女孩能够多增长社会经验，树立正确的爱情观和价值观，

就能在很大程度上避开这种骗局。

女生在青春期不要早恋，即使以后谈恋爱也要保持清醒的头脑，要睁大你明亮的眼睛，认清你面前的男人，到底是能够相伴你一生、珍惜你一生的真爱，还是骗你财利、谋你身体的假意。

女生受骗上当，不仅当前的教育制度需要反思，自己也应该自我检讨。作为家长，除了要求自己的女儿洁身自爱以外，更为重要的任务是要教会她们，如何在性开放时代保护好自己。

父母不仅是孩子的第一任老师，也是孩子从青春期走向成熟的导师。希望每一位家长都能和孩子一起成长，做合格的家长，希望这样的悲剧不要再重演。家长不要只关注孩子的学习，在恋爱上要给予正确的指导。提前对孩子进行预防性侵犯方面的教育，防止女孩受伤害。

作为女孩自己要记住，不要被男人的甜言蜜语迷了心窍，不要被男人的温柔体贴迷了眼睛，不要被男人的海誓山盟蒙蔽了理智，不要被男人的美丽承诺蒙蔽了头脑。

4

防患于未然，青春期女孩绝不给"大灰狼"侵犯机会

　　青春期是指由儿童逐渐发育成为成年人的过渡时期。青春期是人体迅速生长发育的关键时期，也是继婴儿期后，人生第二个生长发育的高峰期。青春期的女孩身体发育渐趋成熟，因此，会成为很多"大灰狼"下手的目标。据调查，在强奸案中，遭受侵害的对象主要是未成年女孩，为此，每个青春期女孩都要学习一些保护自己的技巧，做到防患于未然，不给"大灰狼"侵犯的机会。

■ 青春期女孩要增强自我保护意识

最近，某中学开展了一次女生安全意识培养的讲座，在讲座上，学校聘请的专家为全校女生讲解如何防止"大灰狼"的伤害，他说："现在，每年遭到性侵的青春期女生数目令人震惊，女孩一定要提高自我保护意识，在平时行为举止要得体大方，不穿着暴露，也不要贪图小利，接触对自己另有所图的异性。当遇到性骚扰时，更要严词拒绝，不可因为害怕而妥协……"这一番话说完后，在座的女生都若有所思，原来女孩这么容易面临危险，如果不提升自我保护的意识和能力，随时都有可能受到伤害。

分 析

的确，每个女孩，一旦走出家门，就要进入学校和社会，昨天的你还依在父母的怀里听他们的叮嘱，今天却要独自去面对人生风雨，但女孩毕竟还是孩子，面对周遭的危险，她们很容易成为受害者，每个青春期女孩都要趁早增强自己的保护意识。

解决方案

为此，女孩们，要记住以下几点：

1.保持警惕，一身正气

女孩在展示自己美丽的外表的同时要注意保持警惕，不要穿过于暴露、挑逗的服装，而要服装得体，符合各种场合的规范。

2.明确态度、正告对方

女孩在第一次受到性骚扰时，就应当向对方明确表明态度，这种态度的表明方式，可以是无声地断然拒绝，也可以是有言在先，要求对方检点自己的行为。有些女孩反复遭受性骚扰，原因之一就是对外界的性骚扰态度暧昧，或是不敢严词拒绝，这客观上助长了对方的性骚扰心理。在这里应当告诉女孩的是，对于性骚扰者，女孩不要过分羞涩，应勇敢地揭发，寻求警察、家长的帮助。

3.疏远关系，减少接触

当女孩发现有人不怀好意，有性骚扰行为时，应主动回避，尽量疏远他，减少接触和交往。如果因为师生关系、亲戚朋友关系等，确有必要继续来往的，也应该在公开场合，尽量增加交往的透明度和公开性。

4.光明正大，不贪小利

女孩要消除贪小便宜的心理，不要靠色相来谋取个人私利。例如，在外面不要轻易接受异性的邀请，不要随便接受别人的馈赠等。要明白，天下没有免费的午餐，贪小便宜往往事后要付出更加沉重的代价。

5.敢于求助，断绝往来

被骚扰的女孩应该及时向家长、老师或警察反映，依靠外界的力量来教育、警告对方，依靠亲友的力量来保护自己，及时制止性骚扰。同时，也可以求助其他同学，让大家相互照应。也许有的家长担心女儿在这种特定的环境和从属关系下依然会成为性侵害对象，也可以采取转学、搬迁等方法，以断绝与对方的往来，从根本上防止被性侵害。

6.以智取胜，保护自己

女孩要警惕那些行为不端的成年男性的骚扰，一旦发现有异常，可及时报告有关部门和人员。外出时，尤其在陌生的环境中，若有陌生的男性搭讪，不要理睬。要注意那些不怀好意的尾随者，必要时采取躲避措施。对于不可避免接触的人，如发觉他有性骚扰的企图时，要采取各种措施予以抗拒。如果性骚扰达到一定的程度，而女孩孤立无援或忍无可忍时，应该主动向公安机关报案，依法制裁违法犯罪行为。

异性提出性要求，女孩要坚决说"不"

小故事

小文18岁了，刚上高三，她从小家教严格，是个很传统的女孩，从来没有考虑过在结婚前与男友发生更进一步的关系。她说她非常爱自己的男友，男友对她也很好，可以说呵护备至。但最大的问题是，最近两个月来，几乎每次独处的时候，男友都要求和她发生关系，她不知道该怎么拒绝。

小文说，起初男友只是暗示，她假装听不懂，把话岔开。可是由于小文性格温柔，从来没对他强硬过，所以，男友越来越"放肆"，经常用动作赤裸裸地表达自己的欲望。

一天晚上，男友约她到家里看电影。约会时，她打扮得很漂亮，穿了短裙配长靴。果然，他的眼神炽热而欣喜，拥抱、接吻、抚摸，她全盘接收，希望亲热到此为止。

然而，当屏幕上出现性爱场面时，男友突然把她扑倒，差点强暴了她。小文哭了，从来没有哭得那么厉害。男友被吓住了，才没成功。

事后，男友神色非常痛苦，反复对她说："如果不想给我，为什么还这样诱惑我？我爱你，为什么你不信任我？"小文哭了一夜，感到很无助。她不想跟男友分手，却又不知道该怎么让他明白自己现在真的不想要。

 **分　析**

恋爱中，情到深处难免会有肌肤之亲。男孩一句义不容辞的"爱我就给我"，女孩便犹疑不定、进退两难。直接拒绝吧，怕伤了他的心和彼此的感情；不拒绝吧，又违了自己的意愿。到底该怎么拒绝？恋爱的时候，男人的生理机能让他很快就不满足于牵手接吻这样的简单动作，他会向你提出更进一步的要求。这时，如果你的心里还有一点疑惑，比如你不确定他是否适合你，或者你担心他和你有了肌肤之亲后就变了样，或者你对性还没有起码的了解，你还不想以身相许……只要你还有一丁点顾虑，那么你就不要半推半就地依了他。每一次开始亲密关系都值得你慎重考虑，务必要等到能够确定再说。要知道，你永远都可以等到明天再说"好"。可是，今天的"不"该怎么说出口呢？许多女孩都面临过这种情况。男人最怕被女人拒绝，如何将"不要"两字说出口，倒成了一门艺术。

苏娜在这方面可谓是一个高手，恋爱的时候，她知道男友对此"蓄谋已久"，但她严肃的一席话把男友说得哑口无言，不仅让他打消了"邪念"，还对她肃然起敬。

她说："新婚之夜是我一生最美好的一刻，我希望能在那时和你互相拥有。既然你爱我，能不能帮我实现这个愿望？"男友从那以后，就没有再提出这方面的要求。

如果你板着面孔说不，甚至指责、嘲讽男友的这种要求，结果不外乎是你坚持了原则，他丢了面子，你们的感情蒙上阴影或者直接就散了。

解决方案

那么，当你的男友过早提出性要求时该怎么应对呢？ 以下是几种拒绝的表达。

（1）对不起，我不能这样做。因为我们的了解还不够深入，不能这样随便，那样对彼此都是一种伤害。

（2）我现在只想和你做朋友。希望能从朋友顺其自然地走到一起，你能等待吗？

（3）若真有缘分，我们总会属于彼此，为什么不把最美的一刻留到新婚之夜呢？

（4）我很爱你，如果你也真的爱我，请尊重我的选择，让我们一起在约束中走向成熟，好吗？

上述表达温柔却坚决，相信只要对方真的爱你，会因你的坚持而接受你的拒绝。当你们能够用言语和思想表达感情，而不是仅以身体的接触为表达方式时，说明两人之间的情感更深了。

并不是所有的女孩都能如上述般坚决，很多人在这种情况下会不知所措，在内心极矛盾的情况下糊里糊涂把自己交出去。这样的女孩太在乎对方的感受，不忍心说出拒绝的话，现在教给这样的女孩子几招。

首先从恋爱初开始，当他牵你手的那一刻，你最好与他来个君子协定或约法三章，日后如果他有控制不住的时候，你会坚决拒绝，这样于情于理都占了优势。

其次是交往的过程中，要尽可能少地制造容易越轨的环境氛围。

最后说一招应急措施。万一到了紧要关头，你既不好义正词严，温柔地说

"不"又不管用，你不妨把"大姨妈"搬出来。对方信则信，不信估计也不好说什么，拒绝的目的自然达到。

■ 性保护的十条忠告，不给坏人"下手"的机会

星期天，爸爸妈妈去加班了，家里只有13岁的妞妞在家看电视。

"咚咚咚，咚咚咚……"上午十点的时候，家里突然有人来敲门，妞妞从门镜里往外看，发现是个陌生人。

她正准备开门，突然想起来爸爸妈妈出门时叮嘱过的话："如果有你不认识的人敲门，你不要出声，也不要给他开门。记住了吗？"

于是，妞妞就没有出声。不一会儿，陌生人就离开了。

爸爸妈妈回来后，妞妞把陌生人敲门的事告诉了他们。爸爸妈妈竖起大拇指："妞妞，你很聪明啊！"

分 析

未成年少女都是单纯的，如果不学习如何保护自己，很容易发生一些意外状况，特别是受到性侵害。据调查，在强奸案中，侵害对象主要是25岁以下的女性，而14岁以下的幼女也占相当比例，所以青春期女孩注意性保护已刻不容缓。

解决方案

为此，有识之士提出如下十条忠告。

（1）家长应让女孩明白什么是性侵犯和受到性侵犯怎么办，使孩子懂得自己的身体任何人都无权抚摸和伤害，受到侵犯应向信赖的成年人和警察求助。

（2）女孩外出，应了解环境，尽量在安全路线行走，避开偏僻和陌生的地方。

（3）晚上女孩外出时，应结伴而行。衣着不可过露，不要过于打扮，切忌轻浮张扬。尤其是年幼女孩外出，家长一定要接送。

（4）女孩外出要注意周围动静，不要和陌生人搭腔，如有人盯梢或纠缠，尽快向人多处走，必要时可呼救。

（5）女孩外出，随时与家长联系，未得家长许可，不可在别人家夜宿。

（6）应该避免单独和男子在家里或是宁静、封闭的环境中会面，尤其是到男子的家里去。

（7）在外不可随便享用陌生人给的饮料或食品，谨防有麻醉药物；拒绝男士提供的色情影视录像和书刊图片，预防其图谋不轨。

（8）独自在家，注意关门，拒绝陌生人进屋。对自称是服务维修的人员，也告知他等家长回来再说。

（9）晚上单独在家睡觉，如果觉得屋里有响声，发觉有陌生人进入室内，不要束手无策，更不要钻到被窝里蒙着头，应果断开灯尖叫求救。

（10）受到了性侵害，要尽快告诉家长或报警，切不可因害羞、胆怯而延误时间丧失证据，让罪犯逍遥法外。

■ 女孩学点防身术，能保护自己

　　萌萌刚上初三，这一年要参加中考了，萌萌的学习基础本不是特别好，所以学期一开始，妈妈就让她报了学习班。学习班时间安排在周六周日晚上，本来爸爸妈妈说接送萌萌，但萌萌坚持说自己已经长大了，知道如何保护自己，爸爸妈妈才答应让她自己上下学。

　　这一周六晚上十点，萌萌和往常一样，和学习班的老师、同学道别后，她就匆匆往家赶。也许是下雨的原因，路上的行人特别少，路过小吃街的时候，萌萌发现自己肚子饿了，她翻了翻自己的书包，里面还有点零钱，就准备去买点烤串。可正当她准备进入小吃街时，一个男子从背后窜出来，拿着一把匕首，小声对她说："别动，不然现在就杀了你。"萌萌点了点头，随后，歹徒将萌萌拖入巷子里，萌萌表现出害怕的样子，歹徒一看萌萌胆子这么小，更肆无忌惮了，准备对萌萌上下其手。此时，机智的萌萌发现对方将匕首放下了，趁这个空当，她抬起腿使劲踢到歹徒的私处，当对方猝不及防之际，再踢走地上的刀，然后飞快跑起来，大声喊："救命啊！"由于距离小吃街不远，很快有人聚了过来，萌萌所幸逃过一劫。

■ 分　析

　　案例中的萌萌是个聪明机智且勇敢的女孩，面对色狼，她一开始没有反击，因为对方有匕首，而当对方放松警惕的时候再给予出击，并趁机逃跑。

从萌萌的经历中，我们发现，对女孩来说，懂一点防身术，能有效地让自己免于侵害。

解决方案

女子防身一般从守势开始。除非受过专业训练，徒手主动攻击歹徒是很危险的。敢于侵犯青年女子的歹徒一般都比较强壮，所以，女方应尽量避免实力较量。最好的对策是：等歹徒抓住你时，趁机攻击他！如果歹徒从侧面抱住你，建议你用靠近他的那只手猛击他的裆部，不管效果如何，迅速用同一只手的肘部猛撞歹徒的肋部。这一招就叫作"迎风挥袖"，足以使歹徒肝胆俱裂！

如果歹徒从前边抓住了你的肩，建议你用同侧的手轻轻地搭在他的手臂上，然后朝被按的方向转身，头一低，即可咬住他的小臂，咬紧不要松，摇头，好了，趁他大声嚎叫时，你再朝他的脚尖上猛踏一脚，你就可以走了！

如果你被歹徒抱了起来，要牢记挣扎是徒劳无益的，那只会使歹徒更冲动。

正确的做法是："温柔地"用双臂抱住他的脖子，认准部位，比如是耳朵或脖子，狠狠一口咬下去，准疼得歹徒两眼发黑！咬紧，拼命摇头，歹徒就会松手。他松手你也不要放过他，咬紧不要松，用腿缠紧他的腰，挂在他身上，用一只手摸索着抠他的眼！这样一来，歹徒就一定甘拜下风了！如果被歹徒面对面地抱住，特别是手不能动时，你平静地毫不犹豫地咬他一口，是最便捷最有效的招数！没有谁能逃脱这一招！

如果歹徒从后面抱住了你，你同样不要挣扎反抗。你要明白，只有把他"劝"到你面前，你才便于对付他。

不管手中有什么物品都可以用来做武器对付歹徒，这样可以给自己留出一定的逃脱时间。但千万不要逞能，危急时刻，走为上策。

这些防身术没有固定的动作顺序，有可能攻击脸部、胸部，也有可能是搂抱等，它不仅要求女性熟练地掌握格斗技术，还要有敏捷的应变能力、良好的心理素质，而这些都要经过长期的练习和至少多次的模拟训练与实战才可以熟练掌握，单纯的几次练习是不可能掌握这些复杂的技术的。

近年来，女孩出门在外遭遇不法分子抢劫的事件层出不穷，女孩学会保护自己是一件非常重要的事。很多不法分子就喜欢在晚上下手，这时环境黑暗，而且街上人少，很容易营造"叫天天不应，叫地地不灵"的环境。所以如果一个人出门，一定要选热闹的地方。

另外，女孩在晚上最好不要穿得过于暴露，这确实能让你的回头率暴增，但也极容易招惹"野狼"。

女孩出门在外，一定不要随意相信人。陌生人跟你说话不要随便搭理，但是也不要恶言相向，礼貌摇头就行。平时要多了解一些防身的手段，看一些实际案例，要时刻有犯罪预防意识。

如果晚上比较晚需要回家，一定不要选择走路，搭公交是最安全的，如果没有公交，也可以选择正规的出租车，这样才能避免自己处在危险中。

如果发现有人尾随自己，立即走到热闹人多的场所，这样他们不容易下手，自己也能更快逃离他们的视线。逃到安全的地方给家里人打电话，叫他们来接。

总的来说，青春期女孩遇到麻烦时，一定要保持冷静。如果这时与歹徒对着干，很容易激怒他，从而受到人身伤害。

■ 青春期性知识，一定要从正面渠道了解

小故事

　　16岁女生王雨是个学习不错的孩子，一日，她的朋友张强来她家讨论功课，当时王雨的父母都不在家，两个孩子说要在家看电影，接着，张强找到了一部略带色情意味的电影，两人出于好奇，看着看着，一时冲动的张强一把推倒了王雨，这时王雨才意识到事情不妙，挣扎起来……

分 析

　　不得不说，黄毒是青少年性犯罪的直接诱因。随着网络技术的普及，越来越多的青少年经常会接触到一些黄毒，它们冲击了青少年纯洁的心灵，淡化了其对社会、对他人的责任感，降低了其道德水准，令他们产生了畸形的价值观念和心理需求。

　　当然，青少年性犯罪的产生，原因是多方面的，社会的、学校的、家庭的、自身的，各种因素混合在一起，互相影响，互相催化，步步吞噬着青少年纯洁的灵魂，随着从量到质的转变，行为人既摧残了别人也毁了自己。而从外部来看，不利于青少年健康成长或者促使其性犯罪的因素主要就是黄色诱惑。

　　当然，自控能力差是青少年性犯罪的内在因素。现在的青少年身心发育提前，性意识觉醒较早，但是生活在家庭保护中心思更加单纯，容易受到诱惑，这些特点都决定了青少年如得不到正确引导和科学教育，很容易染上恶习并误

入歧途。所以，正处于青春期的女孩一定要远离黄毒，并且要学习性知识，一定要从正面途径了解。

现代社会，网络和通信技术的发达，给青春期的女孩带来强烈的视听刺激，改变了当下很多女孩的性观念和性行为。在很多初中、高中女孩还没来得及消化和吸收生理课本上有关性的内容时，当很多教师还羞于讲解有关性的知识时，淫秽色情网站悄无声息地揭开了青春期女孩那层羞答答的"红盖头"，具有强烈冲击性的性信息冲击着她们的每个神经细胞，让她们感觉到异常的刺激和新鲜。很多女孩从最初害羞、不好意思看，到后来看上了瘾；从最初看时感到恶心，到后来习以为常；从最初仅仅是看，到后来模仿……

黄毒使很多青春期女孩出现了扭曲、危险的性心理和行为。有的女孩甚至从学习成绩好、性格开朗活泼演变成沉默寡言、整天精神恍惚，因为她天天看着色情网站手淫；有的女孩14岁便怀孕了，因为她忍受不了色情网站的性刺激，好奇心迫使她与别人发生了性关系……

这告诉青春期女孩，接受健康科学的"性教育"刻不容缓。青春期女孩如对某种知识感到好奇，最好的方式莫过于在课堂上聆听老师的教导，破除羞怯，树立正确的性观念，养成健康的性行为，合理地处理与性有关的事物、信息，以及伴随出现的性问题，这些才是抵抗不良性刺激和性诱惑的有效武器。

5

识别假象，青春期女孩要有清晰的洞察力

　　观察力在人们的生活中起到尤为重要的作用，在科学研究、生产劳动、艺术创作、教育实践、人际交往等领域，都需要人们拥有敏锐的观察力。对于十几岁的女孩来说，此时是她们各项能力训练的关键时期，通过观察，女孩可以获得感知世界和学习的机会，可以提升思维能力和创新意识。任何一个成长期的女孩，都要在日常生活和学习中有意识地培养自己的观察能力，让自己成为认真、细心且聪明的人，这样不仅能提升自己的智商，而且能让自己在人际交往的各方面免于伤害，处于主动地位。

■ 心明眼亮，女孩要有识人察人的能力

小故事

　　小张是一名大学毕业生，来到一家外企面试。面试她的人事部经理说话很客气。半小时后，面试终于结束了，人事经理握着小张的手，对小张说："请回吧，我们研究一下，会告诉你消息的，再见。"

　　小张当时心里很没底，因为在谈话时，经理的右手总是撑在脸上，中指封在嘴上，食指伸直指向右眼角，左臂又横在胸前，目光很少对着自己。这种体态就是表示：我对你讲的不感兴趣，你不是我们所需要的人。

　　果不其然，小张没有等到这家公司的录取通知。

　　小张之所以有如此"慧眼"，得益于她从小就喜欢看心理学书籍，了解如何通过一些细节观察他人内心。

分 析

　　中国有句俗语："人心隔肚皮。"特别是一些老于世故的人，喜怒不形于色，我们很难单从语言上看出其内心活动。若非学习一些识人察人的技巧，是很难了解他们的想法的。

　　清末大将曾国藩最令后世称道的是其识人用人能力。曾国藩一手创立湘军，在清末的一些战役中，虽然他吃了不少败仗，但是他却一手培养了很多大将，比如左宗棠、李鸿章、刘坤一与沈葆桢等，个个都是人才，影响了清末50

年的历史发展。

　　曾国藩的识人之道在于，用不同的情境来考验对方，找出真正沉稳内敛、德行佳的人才。在他的门生里，他很看好李鸿章这个人，为了考验他的耐心，一次，面对前来求教的李鸿章，曾国藩故意洗脚一刻钟，当时的李鸿章才三十多岁，自觉受辱，气急败坏地拂袖而去了。看到此景，曾国藩心想，李鸿章还年轻气盛，暂时难以委以重任，便决定再对其考察一段时间，于是将其放到身边给予调教和磨炼。

　　每天中午，曾国藩都会和固定的幕僚一起用餐。一次，细心的曾国藩看到了这样一幕场景：

　　当时的米粒中有还没去壳的稻谷，而曾国藩看到，其中有一位姓戚的幕僚，居然用筷头将碗中带壳的米粒一点点挑出来，曾国藩并没有说什么。

　　饭后，曾国藩差人拿来20两白银给这位幕僚，然后让他回乡。幕僚吃了一惊，不知道发生了什么事，曾国藩义正辞严地说："你才刚从农村来到我们的湘军总部，但才不到一个月的时间，你就忘本了，'谁知盘中餐，粒粒皆辛苦'的道理你难道也忘了吗？这样的人我不能留在军营里，恐怕迟早会见异思迁。"不过，在其他幕僚的求情下，曾国藩将此人留下，但从参谋部门调去负责管理菜园。此人在曾国藩的这番话后如梦初醒，知道自己行为上的缺失，从此放下身段，每天与菜园的仆役一起耕作，起早贪黑地努力做事，重新赢得了曾国藩的青睐，一年以后，曾国藩将其调到自己身边，重新起用了他，其后，戚某从一个乡下人，一路做官至观察使。

　　这就是"一粒稻谷见真知"的故事。从以上两个例子中可以看出曾国藩对属下考察之严厉，用人之谨慎。同样，在社交生活中，尚未进入社会的女孩们，在识人过程中，也要学会"窥一斑而知全貌""一滴水看见海洋"。学会观察别人，能帮助我们看透别人的行为动机，把思想和注意力引向正确的方向，排除摆在眼前的交际诱惑，看清眼前的形势，从而妥善规划自己的交际策略。

"刚开始，我以为他是一名优秀的管理人员，但那天我在他办公桌上看见那盒吃了一半的便当和几包吃了一半的零食时，我立刻开始考虑适合这个岗位的其他人选了。"说这话的是某大型外企的人力资源部总监，她一向做事谨慎，公司每个人的言行举止都逃不过她的法眼。最近，她就将一个刚刚在市场部干了一个星期的市场部主管"炒"出了公司。她说："我的理由有两个：第一，我们是跨国公司，把食物放在办公桌上太影响公司的形象了；第二，一个爱在办公室吃零食的男人给我的印象是办事犹豫拖拉，立场不坚定，这样的人不适合在一个代表公司形象的部门工作。当然，如果这件事出现在产品设计部或是创意部，我会假装没看见，过后提醒一下就够了，但在市场部，这样的细节绝对不能原谅。"

一些女孩可能会说，这个总监也太不近人情了，但许多人都认可这种说法：一个职员在"吃"上的行为举止，甚至他的口味爱好，都暗示着这个人的性格，以及对待工作的态度。

当然，社交生活中，女孩们也要学会眼观六路、耳听八方，更要火眼金睛，注意体察他人的内心世界。这不仅是保护自己的一种手段，更是一种社交策略。

■ 凡事留点心，做个有眼力见儿的女孩

小故事

　　静静今年刚上初一，就在今年夏天的一天，她在公交车上做了一

件善事。

　　这天是周末，妈妈答应带静静去新华书店买课外资料。中午的时候，静静和妈妈吃完午饭后就出发了。上了公交车后，静静发现，车上已经没有座位了，她和妈妈只好站着。在冷气很足的情况下，乘客都迷迷糊糊睡着了。静静也戴上耳机听起歌来。

　　就在此时，她看见站在车中间的一个男人用刀划开了一位女士的皮手袋，静静当然想立即就指出来，但她转念一想，万一对方否认怎么办，一定要拿到证据，等对方将女士的钱包掏出来以后，静静赶紧大叫：“大家抓小偷，就是他，穿黑色 T 恤的那个男人。旁边的阿姨，你看你的手提袋……”

　　“小丫头片子，你胡说八道什么呢？”很明显，对方紧张起来了。

　　“你不要抵赖了，大家要是不信的话，可以让司机叔叔把刚才车内的录像带拿出来看看。另外，那个阿姨的钱包是长款的，你的裤子口袋似乎装不下吧。”静静在说这句话的时候，大家瞟了一下男人，发现他的裤子口袋果然露出半截皮夹。

　　“这是我……我老婆的钱包。”

　　“是吗？那你说说里面都有什么东西？”

　　男人这下子不知道说什么好了，而此时，这位被偷的女士说：“其实，我的钱包里只有一百元现金，哦，对了，还有张我和我女儿的照片。”

　　此时，男人哑口无言了。不到几分钟的时间，警察就过来了。

分　析

　　故事中的静静是个机灵的女孩，在车上，她一下子就看到了站在人群中的小偷，而且，她并没有直接指出来，而是在证据确凿后才喊抓小偷，此时，对方已经无法抵赖了。生活中的女孩，看完静静的故事，你是不是也对她倍感钦佩呢？

1983年，美国心理学家丹·基利曾经在他的书中描述了这样一类群体："这类人似乎永远长不大，他们希望自己永远是孩子，而不愿成为父母，这类人有一些特点，比如，缺乏自我保护意识、不果断、害怕被人拒绝等。因此，我们不难发现，他们的行为是与他们的年龄不相符的。当然，很多时候，这种情况并无大害，但事实上，终有一天，他们需要面对残酷的社会竞争，生活也并不是真的那么无忧无虑，当他们意识到这一点时，也许已经晚了。"现实生活中，的确有这样一些女孩，她们在父母的宠爱、庇护下成长，无法面对社会的残酷竞争，不愿成熟，这种心态如果发展到极端，就可能成为一种心理疾病。

然而，现实生活中，我们发现，还有这样一些女孩，她们在家长的培养下，认知能力得到发展，而情感因素却未得到开发。为此，作为女孩，在成长的过程中，一定要培养自己敏锐的观察力和细心的习惯，凡事多留点心，做一个有眼力见儿的女孩，你的自我保护意识在无形中自然会得到提升。

解决方案

你若想成长为一个有自我保护能力的女孩，你就必须先让自己成为一个有眼力见儿的女孩。具体来说，你需要做到的是：

1.善于观察

女孩的心思都是细腻的，她们更善于发现生活中一些容易被忽略的问题。一个善于观察的女孩也总是能先人一步察觉到一些危险因素。因此，女孩们，当你发现你的周围有一些可疑人物时，你一定要提高警惕。

2.走出学校，多接触社会

有社会经验的女孩才是真正的智者，因为她们有更多的阅历，而且更懂得如何保护自己和他人。相反，一个整日把精力都放在书本上的女孩是和社会脱节的，当自己遇到危险时，她也可能束手无策。

3.学会察言观色，做一个善解人意的女孩

人际关系好的女孩一般都能照顾到所有人的情绪，因为她们善于察言观色，能察觉到交往时的一些不安分因素，并懂得见机行事。

■ 细腻的观察力，体现出智慧

小故事

12岁的小美是个很聪明的女孩，从小她就对周围的事充满了好奇。还在上幼儿园时，她就总是喜欢问爸爸妈妈"为什么"，后来，被她问烦了的爸爸妈妈就对她说："如果你不明白，你就自己去求证，这样不是更有意思吗？"小美点了点头，她觉得爸爸妈妈的话很有道理。

上中学的时候，她发现数学题中有个错误，她想找爸爸妈妈问问，但是她想起爸爸以前说的让她自己求证的话，便关起门来自己演算起来，经过多次推算，她确定是题目有问题。第二天，她将自己的推算结果交给老师，老师将其整理成论文，并以小美的名义发表了，小美为此还获得了市里颁发的奖励。

爸爸妈妈知道后，都为小美感到自豪，而老师也在班上表扬了小美，说小美是个观察力强的好孩子。

 分 析

一位教育名家曾充满深情地说过："我最爱孩子熠熠发光的眼睛，因为那是求索的眼睛，是追问的眼睛，是善于思考与观察的眼睛。"可是，在今天，许多女孩眼神涣散，做起事来漫不经心，对生活缺乏敏锐感知力与观察力。

有人说，人的成功来自智慧的运用。而智慧的产生又和人对客观事物的观察分不开。没有观察，就没有正确的思考，就没有新事物的发现，也就没有了智慧与成功。要获得智慧，首先应该做的事情是：打开观察力的宝库。达尔文曾经讲过："我既没有突出的理解力，也没有过人的机智，只是在觉察那些很快就要消失的事物，并且对它们仔细观察方面，比一般人强些罢了。"另一位杰出的科学家，俄国的巴甫洛夫则在自己的实验室门外，工整地刻上了这样的话："观察，观察，再观察。"生活中的女孩们，只有从现在就开始培养自己的观察力，留心身边的事物，才能有所发现，有所成就。

孩子都想成长为优秀的大人，然而，不少女孩在做事与学习过程中有粗心大意的习惯，认为那些细枝末节的小问题没有必要花费精力去对待。但是，正是由于我们的粗心大意，我们失去了许多原本属于自己的机会，给自己的事业和人生造成了意想不到的损失。

一个人的观察力如何，直接影响他的一生。因为观察力是我们获取信息和资料的重要途径。不会观察者，不可能拥有杰出的智慧，也不可能成就非凡的事业。每一个学习阶段的女孩，要想让自己的思维更敏捷，要想提高自己的学习效率，要想探索科学的奥秘，就得仔细观察，在生活中有意识地提高自己的观察力。

 解决方案

观察力的训练并不是毫无章法的，为此，你可以从如下几个方面入手。

1.明确观察目的，提高观察责任心

生活中，人们做任何事、说任何话都是有目的的。在观察的过程中，你也只有带着目的进行观察，才会对自己的观察力提出较高的要求，从而提高观察力。

明确观察目的，包含两层意思：第一层是认识到观察力的重要性，认清观察对自身职能发展的好处；第二层是在观察事物前，要有明确的目的，即观察什么，为什么观察。比如，在家中，你可以找出一件工艺品，观察其颜色、形状、大小、用途、特点等，在观察的过程中，你还可以边观察边用语言描述。

2.明确观察对象，制订观察计划

这样就可以将观察力集中到要观察的对象上，并按部就班，从容观察，从而有助于提高观察力。比如，你可以自己种一盆花，然后每天观察其变化，还可以写观察日记。这样的观察活动，既有趣味，又有丰富的内容，效果很好。

3.观察时要全神贯注，聚精会神

注意力是观察力的重要品格之一。只有提高注意力，对观察对象全神贯注，才能做到观察全面而具体，才能了解对象的细节。

4.培养浓厚的兴趣和好奇心

兴趣和好奇心是提高观察力的重要条件。一个人具有好奇心，对其观察的对象有浓厚的兴趣，他就会坚持长期持久地观察而不感到厌倦，从而提高观察力。

5.要有丰富的知识和经验储备

只有这样才能在观察中捕捉机遇。科学家巴斯德说过："在观察的领域里，机遇只偏爱那种有准备的头脑。"

6.掌握良好的观察方法

如要坚持观察的客观性，要注意被观察对象的典型性。

不懂得观察的方法，这样的观察是不会发现什么的，对学习和工作也不会带来益处；相反，却会浪费时间，影响学习、工作的效率。因此观察事物必须掌握不同的方法。

常用的观察方法有：全面观察和重点观察；在自然状态下观察和实验中观察；长期观察、短期观察和定期观察；正面观察和侧面观察；直接观察和间接观察；解剖（或分解）观察和比较观察；有记录观察和无记录观察；等等。观察不同的对象，出于不同的目的，应事先考虑用什么样的观察方法。有时候，需要几种方法配合使用。

小贴士

总之，观察事物是为了认识事物，感知是认识的第一步。观察力的提高也是一个循序渐进的过程，在生活中留意一事一物，能帮你提高观察能力。

■ 察言观色，女孩开口前要了解对方想听什么

小故事

菲菲的妈妈王女士是一名职业女性，但是经常会和菲菲谈一些工作中的事，以帮助菲菲了解未来的职场。这不，今天她又告诉菲菲一件自己搞定工作难题的经历。

她最近要写一份市场报告。但这篇报告的资料确实很难寻找到。通过打听，她得知，有一家工业公司的董事长拥有她需要的资料。于是，王女士便前去拜访。秘书告诉王女士，这些机密的资料，董事长是不

会交给她这个陌生的推销人员的。随后，王女士听到秘书对董事长说："今天没有什么邮票。"打听后，王女士得知，原来董事长在为儿子收集邮票。

王女士走进董事长办公室之后，刚开始并没有提及资料的事儿，而是先从儿子谈起。

"您办公桌上照片里的人是您的儿子吧，我也有个这么大的女儿，很活泼，不过有个很安静的爱好，她喜欢收集邮票。"

听到这话，董事长两眼放光："是吗？现在的孩子真是不好伺候，除了要给他充足的物质生活，还要时刻关注他思想动态，稍不留神，他就会闯祸，甚至在学校不听课、打架，尤其是男孩子，越来越不好管教了。"

"是啊，我昨天还被老师叫到学校了。"仔细听完这些后，王女士点头回答道。

"对了，你说你的女儿也喜欢收集邮票，她通常都是自己收集？"

"是的，董事长。"

"那你比我好多了，我每天都要叮嘱秘书为我留意邮票呢！那你什么时候能把你女儿的邮票带给我看看吗？"

"当然可以，我还可以送您一些！"

"真的吗？真是谢谢！我儿子一定会喜欢，准把它们当无价之宝。"董事长连连感激道。

接下来的时间里，王女士一直和董事长在谈邮票，临走时，秘书稍微提及了一下资料的事，没想到，还没等王女士开口，董事长便把她需要的资料全部告诉了她。不仅如此，董事长还找人来，把一些事实、数据、报告、信件全部提供给了王女士。

王女士告诉女儿菲菲："社交中，想要知道对方想听什么，你先要察言观色，先了解对方想听什么，这也是一种保护自己底牌的好方法，和盘托出在现在的商战中是很危险的……"

分 析

我们可以看出，菲菲的妈妈王女士是个观察力强的女性，她之所以能拿到自己需要的资料，是因为她从董事长最关心的问题开始谈起——收集邮票。当她激发起董事长的谈话欲之后，她转变谈话方式，把谈话主动权交给对方，自己充当倾听者的角色，在倾听的同时，她对对方的谈话内容，表达了赞同的意见，从而引发了共鸣。

现实生活中，相信不少女孩都陷入过和交谈对象"话不投机半句多"的境地，然而，那些细腻认真、观察力强的女孩懂得察言观色，总是能让听者喜笑颜开。

解决方案

事实上，在人与人沟通中，说话投其所好是一种高超的沟通技巧。要想和他人顺利交往，首先你就要学会察言观色，针对对方感兴趣的地方说话。一般而言，当人们的意见、观点一致时，彼此就会相互肯定、信任，反之，就会彼此否定，产生防备心理。所以，那些高手在与他人沟通之前总是先细细观察、揣摩对方的喜好，然后尽量迎合他人，满足他人的欲望。

卡耐基曾经说过，如果想要和他人顺利沟通，并成功地获得他人的好感和认同，最好的方法就是和对方谈论他感兴趣的话题。事实也是这样。谈话中，没有人会对自己不感兴趣的话题投入过多的热情，而如果遇到自己感兴趣的话题，他们常常会情绪激昂地参与进来。因此，在与人沟通中，女孩也可以抓住对方的这种心理，深刻了解对方，并与对方和谐相处，从而实现进一步的交流。

生活中的女孩，要想在沟通中得到对方的认同，并取得良好的沟通效果，就要先彻底地了解对方的所"好"，懂得察言观色。

此外，在交流过程中，女孩也要学会通过对方的手势、姿势、表情以及当时的整个反应，去分析对方的感情变化，体会对方的话语意义。要知道对方说话时的体态、动作比他的话语本身更重要。

■ 机智敏锐，女孩要善于识别谎言

小故事

今年高三毕业的女孩丹丹趁着放暑假的空当，来某商场专柜当兼职化妆品推销员。

一天，专柜来了一位顾客。

顾客："我看我还是不买了，我刚在隔壁商场买过一套差不多的。"这位顾客还是放下了刚刚试过的一套化妆品。为其介绍产品的丹丹听到顾客这样说，并没有放弃推销，因为她发现了一个很小的细节：顾客在说这句话的时候，下意识地用手遮住了嘴。曾钻研过心理学的丹丹明白，顾客其实并没有说真话，而同时，顾客进店后并没有再看其他产品，这更让丹丹确信了自己的判断。

于是，她尝试着问："小姐，您是不是觉得这款护肤品贵了呢？"

顾客："是有点贵。"

丹丹："那您认为贵了多少钱呢？"

顾客："至少是贵了 500 元吧。"

丹丹："小姐，您认为这套化妆品能用多久呢？"

顾客："这个嘛，我比较省，怎么也要用半年吧。"

丹丹："如果用原来牌子的化妆品，能用多久呢。"

顾客："原来那个两个月要买一套吧，因为效果不太明显。"

丹丹："这样吧，您看原来那个牌子的化妆品是 200 元一套，可以用两三个月，我们按照三个月计算，您半年需要花 400 元，但是小姐，实不相瞒，我们这种化妆品如果您比较省，至少可以用一年，这是所有顾客共同得出的经验，由于它所含的营养成分比较多，所以只要稍微用一点，就可以了。"

顾客："真的是这样吗？"

丹丹："这是我的顾客共同的见证。这个周末您有时间吗？我已经约了所有顾客举行一个联谊，希望您也能参加。"

顾客："这样啊，好，我相信其他女孩子的眼力……"

 **分 析**

这则案例中，女孩丹丹的销售方法值得很多人学习。这里，她之所以能判定出客户的反对意见"我看我还是不买了，我刚在隔壁商场买过一套差不多的"并非真实想法，是因为她观察到客户的一个下意识动作：用手遮住了嘴。一般来说，这是人们没有说实话的表现。行为心理学家德斯蒙德·莫里斯博士做过这样一个观察：他让研究人员把护士作为测验对象，要她们有意识地对病人谎报病情。通过录像观察，这些护士在说谎时，比平常实话实说时使用了更

多的用手掩饰嘴部的动作。

的确，撒谎时表现最显著、最难掩的部分，不是语言，而是下意识行为。人人都会说谎，但世界上没有不能被看穿的谎言。

行为心理学家认为，我们不仅可以从一个人的面部表情识别其话语的真实性，更可以通过其肢体动作看出其话语的真实性。因为说谎是一种复杂的行为，要做到让人相信，需要动员全身的器官共同"演戏"。一般来说，无论一个人的说谎技术如何高明，为了掩盖谎言，他都会无意中做出一些小动作，因此，善于观察的人，光看一个人的动作就可以断定对方是否在说谎。

解决方案

那么，具体来说，人在说谎时会有哪些下意识动作呢？

1.搓耳朵

有些人在说谎时，会不停地用手拉耳垂或将整个耳朵朝前弯曲在耳孔上。

2.揉眼睛

一般来说，男女说谎时揉眼睛的动作不同，男人说谎时，常常转移视线，如用眼睛看着地板。而说谎的女人，一般都是在眼的下方轻轻地揉。

3.摸鼻子

摸鼻子的姿势是护嘴姿势比较世故、隐匿的一种变化方式。它可能是轻轻地来回摩擦着鼻子，也可能是很快地触碰。女性在做这种动作时，会非常轻柔、谨慎，因为怕脸上的妆被弄花了。曾有心理学家称：当不好的想法进入大脑之后，人们下意识就会用手遮着嘴，但到了最后关头，又怕表现得太明显，因此，就很快地在鼻子上摸一下。摸鼻姿势在说话人使用时表示欺骗，在听者来说则表示对说话者的怀疑。

4.掩嘴

当人们用手遮嘴，拇指压着面颊，那么，他的潜意识中是大脑指示手做这样的姿势以压制谎言脱口而出。有时只是几根手指，有时整个拳头遮住嘴巴，但意思都一样。遮掩嘴巴，是想隐藏其内心活动的特有姿势。

总之，聪明的女孩在与人交往时绝不会只听对方说什么，还会细心观察，她们深知下意识动作的真实性比话语高得多。

■ 谨慎小心，时刻不忘提防小人

小故事

我们来看看琳琳的辛酸经历：

琳琳刚满 19 岁，学美术的她在专科毕业后，经人介绍进入了一家艺术设计公司，具体工作是给舞台礼服设计花样图案。但她的老板却是个抠门的人，每天都会看着办公室的员工们干活，看见谁偷懒，就会严格扣除工资，而他给琳琳的工资本就不高，除掉房租勉强只够吃饭。因此，琳琳并不能和其他女孩一样大手大脚地花钱，即使想约朋友，也是把他们带回家里来，然后亲自下厨做菜招待。

琳琳刚来公司的时候，认识了一个比她稍长一点的姐姐。她们从同一个学校毕业，而那个同事比她资深，算是个小领导，平时在公司对琳琳也算照顾，所以琳琳就死心塌地对人家好。

有一天，那位女同事因为和男友分手，心情不好，看到琳琳在工作，便不分青红皂白把琳琳骂了一通。琳琳虽然也生气，但知道原因后，从那同事的角度想想，也就原谅了那个同事。次日，她还是满面微笑地和那位同事打招呼，就当作什么矛盾也没发生过。

而那位女同事压根儿就是个小人，看见琳琳没有生气，反倒觉得奇怪："我这么对她，她居然没有一点记恨的表现，肯定是装的！"于是，这个女同事就心生恨意，准备先下手为强，将琳琳赶出公司。终于，她等到了机会。

不久两人去外地出差，客户选中了琳琳设计的几个方案，却没有挑中那位同事的任何一个。琳琳还好心把样稿让一部分给那位同事做，没想到对方压根不念好，更对琳琳记恨在心。

第三天，琳琳被公司一个电话提前召回，等待她的是放在桌子上的辞退通知信。她流着眼泪读信，感觉自己是不明不白地被辞退的。后来，有个心眼好的同事告诉她，原来是那位女同事在老板那儿说了坏话，说琳琳在外出差不好好干活，设计的图案一幅没被选中，还抽空溜出去玩。老板当场大怒，下令把琳琳立刻开除，其他人怎么劝也没用。

这时，琳琳才知道原来自己是被陷害了，还是被自己一直信任的人，她真是哭笑不得，她也不想解释太多，就收拾东西离开了公司。

 **分 析**

琳琳的那位女同事，可以说是一个"以小人之心度君子之腹"的小人，这样的小人生活中自然不少，其实，琳琳落得如此悲惨的下场，也与她自己交友不慎有莫大的关系。她错就错在太善良，对人不留一手，把饿狼当知己，到头来还被饿狼咬了一口。在与那位同事共事的过程中，琳琳早该看出来她是个嫉贤妒能、心术不正的小人。这种人，你越是对他掏心掏肺，他就越是不念你的好，反而认为你是假作好心。职场如战场，在面对竞争和利益的时候，你不懂

得保护自己，不懂得趋利避害，你的路将会走得很辛苦，像琳琳那样，试图委曲求全、夹缝里求生存依然会被人排挤。

中国有句古话："害人之心不可有，防人之心不可无。"这句话不无道理，毕竟社会之大，不是每个人都能行事光明磊落、坦坦荡荡的。生活中，就是存在那样一些小人，喜欢搞阴谋，让人防不胜防。生活中的女孩们，人生阅历尚浅，做事冲动，很容易得罪人，尤其是那些心胸狭窄的小人。对于这些小人，你一定要谨慎小心，时刻提防。

解决方案

女孩做人要大气、坦荡，但不能毫无心眼，尤其是在涉及利益关系的时候，更要小心谨慎防范别人的陷害。因此，你要注意以下两点：

1.逢人只说三分话，未可全抛一片心

女孩，要把握好藏与露之间的度，当你需要表现的时候，一定要展现自己的才能，从而得到别人的肯定，但切不可锋芒太露、得罪人。日常工作和生活中，不要过于暴露自己的一些个性弱点，勿太坦诚。这样做就能让人摸不清你的底细，别人摸不清你的底细，自然不会随便利用你、陷害你，不给人放冷箭的机会，也就能有效地保护自己。

2.善于观察，洞察人心

面对利益的争夺时，有些人会不择手段，女孩，你可以保证自己不对别人放"暗箭"，却决定不了别人不对你放暗箭。但只要你聪明一点，细心地观察，冷静地判断，不要相信别人的花言巧语，人们在"良言美语"和"糖衣炮弹"的"贿赂"下，会更容易失去抵抗"暗箭"的能力，从而容易任人摆布。

当然，女孩们，提防小人很有必要，但不要戒备心过重，从而失去朋友！

6

快乐好心情，青春期女孩要有掌控自己心情的能力

　　我们都知道，人是情绪化的动物，七情六欲，人皆有之。高兴时开怀大笑甚至手舞足蹈，愤怒时咬牙切齿甚至暴跳如雷。同样，每个青春期的女孩，随着身体的急速成长、学习压力的加大，更容易情绪化。但女孩要明白，成长的第一步就是要掌控自己的情绪，这也是快乐的秘诀。另外，人生本身就如天气，不但会有晴天，还有阴雨天。你无法改变天气，但可以拥有一颗坦然之心，学会掌控情绪，也就掌控了自己的命运，否则，命运只会被情绪掌控。

■ 大气为人，心胸开阔的女孩天天好心情

　　小欣是个很听话的女孩，13 岁的她并不像同龄女孩那样叛逆，但就是爱告状，一点小事就去找老师或者父母，比如谁偷了她的铅笔，谁将墨水洒到她的书上了等。

　　一天，同学们正在外面玩，上课铃响了，大家都往教室赶，忽然，彤彤不小心踩了小欣一脚。看到刚买的白球鞋上有了一个大大的黑脚印，小欣生气地跑到彤彤的身旁，狠狠地回踩了她一脚。当别人问小欣为什么要这样做时，她理直气壮地告诉老师："我妈妈说了，不能受别人的欺负，别人打我，我就要打别人。彤彤踩了我，我当然也要踩她。"

分 析

　　社会变化加速，新生事物层出不穷，价值取向出现了多元化的趋势，人们的个性也更加鲜明。但女孩不能失去其重要的品质——心胸宽广，从小欣的那些话中，我们可以发现，父母的一言一行都是女孩效仿和学习的榜样，宽容的品质也需要父母的细心教导，宽容心对于女孩个性品质的发展，以及良好人际关系的建立，都有着非常重要的意义。富有宽容心的孩子往往心地善良，性情温和，惹人喜爱，受人拥护。而缺乏宽容心的孩子，往往性情乖张，易走极端，不易与人亲近。

　　我们都知道，包容是一种无私的气度和博大的胸怀，是一种智慧和境界。

包容的精神为历代圣贤所推崇，在传统的道、儒、佛家文化中多有论述。《尚书》中说"有容乃大"，心怀有多大，包容的世界就有多大。一旦我们具备了这种包容天下的心，那么，任何小事都会显得不足挂齿。

青春期的女孩正处于人生品质、性格的形成期，也是躁动的年纪，在日常学习和生活中很容易因为与人产生摩擦而冲动，但无论怎样，都要豁达一点，你会因为拥有宽广的胸襟而更快乐，生活会因为宽容而变得更加美丽。

人们常说，心态造就品质人生。女孩在成长初期就要注意培养自己积极的心态，如积极、乐观、自信、平和、谦逊、勤勉、知足、取舍、宽容、豁达等，你会终身受益。

对青春期的女孩来说，她们接触到的人和事相对于以前来说都有明显的增加，与人产生矛盾的概率也会大很多。这时，她们会很自然地产生一些情绪反应，如东西被他人偷走、走路不小心被他人撞倒等，往往就会郁闷。但无论如何，女孩都要学会调整自己的心情，学会以善良之心看待与他人的摩擦，并且，你要明白生活中难免会发生不愉快的事情。为此，每个女孩，在你人生成长之路上，也应该警醒自己，豁达为人，如此，你人生旅途就会越走越宽。为此，你需要做到以下几点。

 解决方案

1.善待周围的每一个人

善待他人要从点滴小事起步，从细微处入手，这样才能做到不以善小而不为，不以恶小而为之。

2.学会换位思考，也就是要理解对方，理解爱

每个人都有自己的情感世界，都希望得到别人的理解，也希望理解别人。理解是一座桥梁，是填平人与人之间鸿沟的石土。比如，在你和他人发生争执的时候，特别想驳倒对方，或者希望对方自己承认缺点，总之，在解决类似的

问题时，是否"体谅"对方会直接导致不同的结果。

3.多阅读，培养宽广的胸怀

杨女士在谈到自己上五年级的女儿时，很自豪地说："我的孩子喜欢阅读，经常自己拿着书蹲在家里的地板上津津有味地看书。孩子最喜欢看故事书。一次，孩子在读到《将相和》故事时问我：'妈妈，如果是我，我可不会背着荆条去认罪。'孩子说的是廉颇负荆请罪的事情。我告诉孩子，廉颇之所以负荆请罪，是因为蔺相如心胸宽广，以大局为重，所以，秦国才不敢侵犯赵国。还有一次，孩子读到韩信后来做了元帅，竟然宽恕那几个当年侮辱他的人的时候，不解地说：'这么欺负人，怎么还饶了他们呢？'我问孩子：'你不是想当一个好孩子吗？你不是希望自己将来能做大事吗？要成就大事，必须有一个宽广的胸怀'。"

4.养成为他人着想的习惯

比如，你兴致勃勃地参加同学的生日聚会，却遭到他人的冷落或者冒犯，此时，你要尽可能以博大的胸怀宽容对方，原谅对方，而不是无论对谁、无论对何事都要针锋相对，都要斤斤计较。当然，能够原谅对方的前提是，你必须是一个习惯为他人着想的人。

■ 女孩成长的第一步是学会掌控自己的情绪

小故事

静静的妈妈在一家医院当护士，一天下班回来，她谈到自己上班时的遭遇：

"早上来了一个女人带一个小孩来输液，那女人穿得还有模有样的，没想到素质很差。那天天气一点都不热，大概只有 27 度。她一来就把输液室的空调打开了，也不顾及其他病人。开就开了，我也没讲什么，但是她倒好，开空调却把我们的门窗全开了。我就说：'你开空调至少要把我们窗户关一下。'我也没觉得我说得有什么过分，那女人立马来一句'好玩呢，不是你来关了吗？你自己的事情不做，要我做啊？'听到这话，我真气得够呛，但是我还是忍了，毕竟有其他病人在，吵起来对其他病人也不好，我就没讲话走了。过了 10 分钟陆续有病人换地方输液了（都嫌冷），有的病人就讲那女人素质差。可能是她听到了病人的议论，也可能是自己冷了，她又把空调关了。关了之后，刚好我在给一个病人输液，她趾高气昂地来一句：'哎，等你弄好，过来给我开开窗户。'我听得气死了，她一副命令的口气，好像是应该的。刚好那会儿很忙，我自然是没理她。我也生气，凭什么帮她开窗户啊，她又不是病人，何况那么傲气。又过了 10 分钟，她居然很没修养地冲到我们治疗室来了，冲着我就来了句：'你忙好了吗，忙好了还不来帮我开窗户。我们客人到你家来还要我开窗户啊！'我当时真的很想骂她，想想算了，跟这种没有修养的人计较只能显得我的修养也不高。说实话，上班这么多年，这种女人还第一次碰到，素质太差了。"

"妈妈，你真是个修养好的人，换我早发脾气了。"静静说。

"妈妈像你这么大的时候，也是个火爆脾气，但随着年龄增长，慢慢发现很多时候发火根本没用，控制自己的情绪，反而能大事化小、小事化了。静静，这一点你也要学习。"

分析

静静的妈妈的确很生气，可是她没有对那个女人发火，没有愤怒，从而保全了自己的形象。相反，如果面对这样一个素质差的人，与她"对着干"，或许她能泄一时之气，可是事后呢？医院的人会认为她的修养不好，品质不好，也给人留下一个"泼妇"的形象。

很多人说修养是一个女性综合素质的重要部分，女性的美丽需要外衣来包装，而她的气质和品质则需要修养来包装，修养好的女孩总能让人眼前一亮，似春风般温暖着周围的人，而一个让情绪的野马肆意乱闯的女孩就像是一颗不定时炸弹，随时会爆炸，炸到别人也伤着自己。

可见，一个成熟的女孩应该有良好的情绪控制能力。无论遇到什么事情，哪怕是违背自己本意的事情，都得控制自己的情绪，不能有过激的言行。唯有如此，才能成就大事，从而达到自己的目标。

我们都知道，情绪是人与生俱来的一种心理反应，如喜、怒、哀、乐，易随情境变化。人在日常生活中免不了会出现好情绪和坏情绪，如果不能很好地调节并保持情绪平稳，势必会陷入痛苦的泥潭。事实上，一个人成熟的标志就在于能够控制自己的情绪，比如，不少二十来岁的女孩，没有什么社会经验，根本就不知道什么对自己是有利的，什么是有害的，于是，她们高兴了就笑，伤心了就哭，生气了就闹。然而，等她们成熟了，能对自己所做的事情负责以后，如果仍然不明白这一点，那么，女孩的麻烦就会越来越多，她们也会经常生活在苦恼里。

弱者任思绪控制行为，强者让行为控制思绪。任何一个初入社会的女孩，你必须知道，在通往成熟的路上，管理情绪可是一个重要关卡，情绪的把关也是你修养的一个重要部分。很多时候，情绪的失控成了女孩修养和品质的败笔。

生活中的青春期女孩们，若能控制好自己的情绪，操纵好情绪的转换器，不仅会显其大家风范，获得尊重和敬仰，也会收获到很多快乐。

解决方案

可能一些女孩会问，我们如何提升自身的情绪管理能力呢？以下是专家提的几点建议：

1.要愿意观察自己的情绪

不要抗拒做这样的行动，以为那是浪费时间的事，要相信，了解自己的情绪是重要的领导能力之一。

2.要愿意诚实地面对自己的情绪

每个人都可以有情绪，接受这样的事实才能了解内心真正的感觉，更合理地去处理正在发生的状况。

3.问自己四个问题

我现在是什么情绪状态？假如是不良的情绪，原因是什么？这种情绪有什么消极后果？应该如何控制？

4.给自己和别人应有的情绪空间

给自己和别人停下来观察自己情绪的时间和空间，这样才不至于在冲动下做出不适当的决定。

5.替自己找一个安静身心的法门

每个人都有不一样的方法使自己静心，都需要找到一个最适合自己的安心方式。

一个善于管理情绪的女孩，更容易保持平静和愉快，即使遭遇低潮

也会乐观地应对，能承担压力，而成为自己生活的主宰。她们容易理解别人，能够建立和保持和谐的人际关系，即使与人产生矛盾，也能有气度地以建设性的方式解决。这样的能力，决定了她一生的幸福和成功。

■ 告别羞怯，女孩要落落大方展现自己

小故事

在朋友的眼中，13 岁的小宇是一个特别自信的女孩。每当有人问起"你为什么这么自信"时，小宇都要讲起小时候的故事——从小到大，父母都特别宠爱她，他们觉得自己的女儿是个很优秀的女孩：小宇嫌自己个子高，父母说正好可以做模特；小宇一当众说话就脸红，父母说害羞是一种美德；小宇学习画画，却画得乱七八糟，父母满不在乎地笑笑说："可你的歌唱得特别棒啊，每个人都有长处。画画你再练练，如果不行，就不画了。"小宇想当记者，父母的第一反应就是："以后准备去央视，还是凤凰卫视？"就这样被"宠"到现在，小宇已经在一家知名的文化单位找到了满意的工作，她始终是个特别自信、特别阳光、性格开朗、人缘好的女孩。

分 析

小宇就是个自信、落落大方的女孩，这样的女孩在以后的人生道路中会更加优异出色。我们都知道，相对于男孩来说，女孩倾向于更加内敛、害羞，她们多半不喜欢表现自己，但无论如何，女孩也要自信，自信的女孩才美丽。生活中，一些女孩因为长相不佳、成绩不好等方面的原因而自卑——上课时，她们不敢大胆发言、不敢阐述自己的观点；生活中，她们做事犹豫，缺乏胆量，习惯随声附和，没有自己的主见……这样的女孩，永远只能躲在角落里，又怎么能活得精彩呢？因此，从现在起，培养自己自信的性格吧！你会成为一个受人欢迎的女孩。

生活中的女孩，你是个自信的人吗？自信是我们生命里的一根顶梁柱，而自卑必将让我们一事无成。自卑的人，总哀叹事事不如意，老拿自己的弱点比别人的强处，越比越气馁，直至比到自己无地自容。一个人若对自卑心理处置不当，无法解脱，长期被自卑感笼罩，总是自惭形秽，就无法以一种正常的、健康的心态与人交往。

华裔女主播宗毓华曾说过："不要怀疑自己的才华。"她之所以能够跻身人才济济的美国电视圈，受到大众的肯定和喜欢，凭借的就是她的才华和自信。因此，女孩，你也要自信起来，只有自己相信自己，才能在挫折连连的时候努力走出自己的路。没有任何人可以放弃你，除非你先放弃了自己。

当今中国，十几岁的女孩大部分时间都生活在学校集体中，自然很容易把自己和周围的朋友、同学相比，当自己的某一方面不如他们的时候，容易滋生自卑感，甚至不愿意与朋友、同学相处。为此，女孩们，你可以这样帮助自己解除自卑的枷锁。

 **解决方案**

1.昂首挺胸，快步行走

许多心理学家认为，人们行走的姿势、步伐与其心理状态有一定关系。懒散的姿势、缓慢的步伐是情绪低落的表现，是对自己、对工作以及对别人不愉快感受的反映。步伐轻快敏捷、身姿昂首挺胸，会给人带来明朗的心境，会使自卑逃遁，自信滋生。

2.学会微笑

我们都知道笑能给人自信，它是医治信心不足的良药。如果你真诚地向一个人展颜微笑，他就会对你产生好感，这种好感足以使你充满自信。正如一首诗所说："微笑是疲倦者的休息、沮丧者的白天、悲伤者的阳光、大自然的最佳营养。"

3.以自己的方式追求自我

青春期是个性张扬的时期，因此，你完全可以有自己的爱好、偏爱的音乐风格、创新的社交模式……

4.告诉自己"我能行"

生活中，许多女孩常常说"我不行"。而之所以她们会有这样的意识，是因为两个方面的原因：一是自我意识，二是外来意识。后者其实和很多父母的教育有关系。有些父母总认为女儿这个不行，那个不行。有个女孩在谈到这点时说："我想学游泳，我妈妈说，你不行，你从小体弱，下水会淹着的！我想学炒菜，我妈妈又说，你不行，会烫着手的！我想学骑车，我妈妈说，你不行，会摔着的！……不行，不行，我什么时候才能行？"要摆脱这种种恐惧，作为女孩的你，必须在内心反复暗示自己："我能行！"

5.多参加一些活跃的活动

在合理的范围内，积极地鼓励自己去做想做的事情，包括激烈活跃的活动。一个缺少自信的女孩，又怎能激发自身的潜质，成就未来呢？

值得一提的是，攀爬、蹦跳、奔跑乃至一些竞技类的游戏可以刺激、发展你的协调能力。当然，活动中安全必须是第一位的。

6.从小为自己树立理想和目标

这个目标，必须适合你的兴趣、爱好，凡事要学会自己思考，别什么事都去问父母、老师，相信你无论做出什么决定，你都会为之付出努力。

■ 多点体谅，随意发脾气的女孩惹人烦

小故事

欣欣今年毕业，是个很漂亮的女孩，左邻右舍、朋友、同学都很喜欢她。当她还是个孩子时，她的爸妈就教育她要尊敬长辈，还教她要有家教，要多听周围人的意见，因此，她事事都是先想到别人，即使现在刚进入职场，周围都是陌生的同事，但很快，她就和大家打成一片了。

一天中午，原本欣欣跟一个女同事商量去吃西餐，但这位同事突然说自己男朋友从外地来了，要去接，欣欣知道后，赶紧说："你去吧，我们什么时候吃饭都行。"

女同事很感激欣欣的通情达理，这件事被其他同事知道后，都纷纷夸欣欣是个善解人意的好女孩。

分 析

生活中的女孩们，如果你遇到故事中的情况，你会怎么做？会发脾气吗？很明显，故事中的欣欣是个懂得体谅他人的人。而正因为这一点，她受到了众人的喜爱。

然而，现代社会，不少女孩是家里的独生女，万千宠爱集一身，容易以自我为中心，一旦别人违背了她们的意，她们就会发脾气，不仅令他人厌烦，还会让自己陷入不良情绪中。

因此，每个女孩，如果你想保持快乐的心情，想获得朋友的支持，你就必须改正乱发脾气的缺点。你要明白的是，每个人都有发表意见的权利，任何时候，你都不能忘记尊重他人的意见，只有让他人感受到自己是个重要的人，他人才会从内心接受你。其实，这是有一定的心理原因的，因为人都有一种获得尊重的需求，即对力量、权势和信任的需求；对地位、权力、受人尊重的追求。而你若能表达出对对方的尊重，他的这一需求就得到了满足。

而同时你需要明白的是，无论是从知识储备还是人生经验上，你需要学习的还有很多，抱着这样的态度表达观点，你就能远离傲慢。

解决方案

为此，你需要做到：

1.说话时态度不妨诚恳一些

每个人都有心理戒备，尤其在没有确定对方的友善之前，这时候如果你太过高调，往往堵住了和别人建立平等互信关系的大门。因此，你说话不妨诚恳一些，口气缓和些，语调温柔些，不要引起别人心里的抵触和对抗，这样才能得到别人的欣赏和喜欢。

2.多为别人设想

在与人打交道的过程中，你要学会站在他人的角度着想，这样，你就能体谅他人的难处、说该说的话、做该做的事，他人也会感受到你的贴心。

3.不要卖弄你的口才

即使遇到意见不合的问题，也不可高声辩论，不要当面指责，更不要冷嘲热讽，甚至恶语伤人，而应语气委婉、各抒己见、求同存异。

4.注意声音的分贝

与人交谈时，不要认为高声谈笑就是真实自然的表现，声音分贝过大，不仅会影响别人，让别人觉得刺耳，还是一种无礼的表现，因此，你说话应轻声轻语，声音大小以对方听清为宜。

5.不要打断别人的谈话

别人讲话时，话题突然被打断，会让对方产生不满或怀疑的心理。认为你不识时务，水平低，见识浅；认为你讨厌、反感这类话题；认为你不尊重人，没有修养。

6.不着痕迹地夸大别人的优点

抬高别人，难免要说一些奉承话、恭维之辞，把对方的优点加以拔高、放大。这样的话有明显讨好之意，因此，你在抬高别人的时候，一定要说得巧妙，最高明的做法是自然而然，不露痕迹。

7.适当示弱

示弱是一种把优越感让给他人的表现。对此，在某些情况下，你可以装作自己没有把握或者没有能力去做一件事，例如："这道题我算了很久都不会，你能帮我看看我哪里出错了吗？"

当然，表达尊重、语言谦和也要把握好度，说话只是表达思想，说明事情，没有必要靠语言来乞讨怜悯，你不必唯恐别人不高兴，就极力表现出毕恭毕敬的样子，唯唯诺诺、点头哈腰，堆砌一大堆客套话，其实这只会被人瞧不起；而盛气凌人、出口伤人，摆出一副傲慢的姿态，会令人敬而远之，或觉得这人不知天高地厚，浅薄至极。正确的方法是不卑不亢、客气大方、讲究实在、有理有节。

小贴士

　　每个人都有自己的情感世界，都希望得到别人的理解，也希望理解别人。每个涉世未深的女孩都应该明白，理解他人的意见，不仅能让他人感受到尊重，也能让你避免陷入不良情绪中。

■ 装装傻，与人斗气只能平添无谓的烦恼

小故事

　　某天，小敏上学路上和自己的一位同学不期而遇。小敏最近和同学刚一起做过一次班会节目，节目是成功的，但这中间也免不了遇上一些小问题。其中，就包括费用问题。自然，他们就这一问题讨论起来。

　　同学主动说：“班主任还是很好说话的，即使这次节目钱用多了，老师也没说什么。”

　　听到同学这么说，小敏很不服气，于是，她辩解道：“你的意思是我的问题？要知道，一开始可是你们组算的啊。”

　　“我知道啊，可是我从没有过问，不是你一直盯着的吗？”同学也毫不示弱。

　　“你都不过问，那更是你的责任了。”小敏继续说道。

> "你说什么……"
>
> 就这样，两个人开始争吵起来。

 **分 析**

所谓"话不投机半句多"，小敏和同学就班会节目费用问题互相推诿，导致了无谓的争论，破坏了同学间的友谊。试想一下，如果她们中的一个人，试着先检讨一下自己，或者先退一步，对于自己不同意的部分保持缄默，也不会如此轻易地起争执。

生活中的女孩们，你是否有过这样的经历：与你的闺蜜一起逛街，两人因为对某件衣服的审美不同而争论起来，谁也不肯谦让，结果不欢而散，而你自己也独自生着闷气；某个同学开了你的玩笑，而你却当真，与其拌起嘴来，结果唇枪舌剑中，两人越说越较真，最后只得让其他同学来"劝架"。人都喜欢表现得聪明一点，好让周围的人更加肯定自己，尤其是对于十几岁渴望友谊的女孩们来说，她们更希望别人看到自己的优点，但真正聪明的人并不代表着能说会道，耍嘴皮子功夫，聪明也并不是说出来的。所谓"大智若愚"，聪明的女孩不与他人随意起争端。爱拌嘴是女孩们需要改正的一个缺点，要知道，谁也不喜欢被人反驳，爱拌嘴只会让你陷入和他人斗气的旋涡中。

解决方案

可能很多女孩会产生疑问，难道与人交谈中，只能保持沉默吗？的确，交际中，我们很容易遇到和别人意见不一致甚至是对立的情况，这时候，你应该主动绕开问题的焦点，正可谓："三十六计，走为上策。"暂时撤退、装傻充愣，避开他的锋芒，不仅能保全自己，还可以换来彼此间的和睦相处。

当然，装傻忍辱不是消极逃避，而是避免与对方正面的"交战"，伤了和气，是一种以退为进、以大局为重的表现。

当今社会，装傻是一种最高境界的交际哲学，装傻并非真傻，而是大智若愚。孔子也说："水至清则无鱼，人至察则无徒。"所以，女孩们，无论是在学校还是生活中，不妨糊涂点，表现得太过精明，他人只会远离你。比如，在与朋友或同学的谈论中只要不是大是大非的问题，其实你没必要做无谓的坚持。换言之，即使你坚持又能怎样？对方会按照你的意志行事吗？俗话说："兔子急了也咬人"，你把别人逼得丝毫没有退路，对方除了奋力反击之外还能有什么选择呢？

凡事要认真，这原本没错，但是女孩们，一旦认真到了较真的地步，眼里丝毫揉不得沙子，总是爱和别人拌嘴，那就是和自己过不去，到头来终究会自讨苦吃。

事实上，女孩们，现在的你每天都被紧张、忙碌的学习搞得晕头转向，你已经无暇顾及人际交往中的很多细节问题，可是，为什么我们还会与周围的同学、朋友或家人斤斤计较那些小问题呢？为什么说话的时候总是得理不饶人呢？其实，归结起来，这是因为你太过较真，太过较真只会让你身心俱疲。糊涂一点，能让我们免于很多工作和生活中的烦恼与麻烦，也能让你拥有一个好情绪。

■ 女孩要学习抑制自己发火的窍门

小故事

琪琪的妈妈是个很会教育孩子的母亲，她常教育琪琪要心胸宽广，要宽以待人，对待他人要热情等。在她的教育下，琪琪懂得了如何处理人际关系中的摩擦。

一次，楼上邻居晾晒的衣服上不断滴下的水把琪琪妈妈洗好快要晾干的衣服又淋湿了，害得妈妈又把衣服洗了一遍。琪琪爸爸很生气，并说要找邻居理论，这时琪琪说："人家不是故意的，你去提醒楼上的邻居就行，千万不要发火。"

还有一次，琪琪和妈妈走在马路上，琪琪被一辆自行车蹭了一下，手很痛，骑车人不断地说对不起，琪琪看着有些红肿的手背，只告诉骑车人要注意安全，就让他走了。妈妈对琪琪说："女儿真是懂事了，知道什么是包容了。"

分 析

故事中的女孩琪琪就是个很有包容心的女孩，对于他人的失误她能做到一笑了之，因此少了很多烦恼。

生活中的年轻女孩们，在你的身边，可能会有这样一些修养良好的人，他们总能掌控自己的情绪，即使面对他人的恶意攻击，他们也能在最短的时间内找到怒火之源，并将其彻底消灭，而这样的人也能得到他人的认可，因为他们不会让自己的负面情绪伤害到身边的人。同时，他们也就成就了自己美好的修养和品质。

人们常说，有修养的女人心胸宽广，自然也就不会因为一点点小事愤怒，她们会以微笑和包容对待冒犯的人，而相反的是，缺少修养的女人总是以牙还牙，骂得脸红脖子粗，还不肯罢休，其实她们不知道，背后已经有很多人在议论自己了，自己的形象早已荡然无存。

因此，女孩若是希望给他人留下良好的形象，就要学会管理自己的情绪，决不能让愤怒影响你的形象。

每个女孩都要知道，愤怒时随便发泄会损坏人际关系，也伤害自我形象。但如果强控愤怒，对身心健康不利。当自己怒火中烧，或者成为别人发泄愤怒的目标时，怎么办？

解决方案

你可以掌握几点抑制自己发火的窍门：

1.放慢语速，调整心情

如果你在说话，你可以试着让自己的呼吸均匀下来，然后做自我暗示："放松，冷静。"如果你的情绪很激动，那么，你不妨先闭上眼睛，然后想想让自己高兴的其他事情，并尝试着站在其他人的角度审视自己的行为，慢慢地你就能冷静下来了。

2.抑制怒火，冷静反应

当有人朝你大喊大叫或者用语言攻击你的时候，你怎么做？你是以牙还牙还是置之不理？对于这种情况，你无法控制对方的行为，但我们可以调整自己的行为。此时，你完全可以不作出任何回应。你的反击只会激发对方的挑战情绪，只会让事情更糟糕。而对其不予理睬，对方失去了愤怒的"燃料"供应，想燃烧也难了。

3.自我审视，找到愤怒原因

等你冷静下来后，你要问自己，是什么让你愤怒？找到原因，你就能想办法解决。如果每天让你产生坏情绪的是同样的人或者同样的事，那么，你就能避开很多头疼的问题了。

4.换位思考，加深理解

如果有人做了让你愤怒的事情，你必然会生气，但你若能站在对方的角度上想一想，那么，你会发现，事情完全是情有可原的。每个人都有自己的困难和压力，也许他正在应付紧张局面，也许家里发生了一些事情，正忙得焦头烂额……了解清楚了，同情加温情，把他看作有错的普通人，正在跟你一样努力活着，这样一想，你就能完全冷静下来，愤怒情绪就会不存在了。

当然，在你周围，有太多会令你生气的事，这很正常，但你不要把这些情绪压抑在心中，因为一味地压抑心中不快，只能暂时避开问题，负面情绪并不会消失，久而久之，它们可能就会填满你的内心世界，使你的身心越来越疲惫。因此，在愤怒时，你只有先找到怒火之源，并将其彻底消灭，才能避免因不当的发泄给自己和他人带来困扰。

小贴士

女孩的品质来自修养，一个有修养的女孩对世间万事万物都能泰然处之，即使"兵临城下"，也不会愤怒，她们能从"袭击者"的角度考虑问题，能宽容别人的冒犯，在别人心中留下一个心胸宽广的形象。

■ 心怀怨念，女孩怎会有好心情

小故事

果果在单亲家庭长大，一直跟着爸爸生活。她一直是个很努力的女孩，不过最近她很烦，数学竞赛失利、月考考砸了，然后又重感冒，接着又腹痛做了阑尾手术，她变得焦躁不安，经常向父亲抱怨，抱怨自己活得太累了。她的父亲并没有说什么，而是先把她带进厨房。

父亲先烧开了三锅水，然后在第一个锅放些胡萝卜，第二个锅里放一只鸡蛋，第三个锅里放入咖啡粉，然后继续开火、烧水、沉默，什么也没说。

二十分钟过去了，他关了火，然后他拿来三个碗，把煮好的胡萝卜、鸡蛋、咖啡分别盛出来放到不同的碗里。做完这些后，他才转过身问果果："孩子，你看见了什么？"

果果回答："胡萝卜、鸡蛋、咖啡呀。"

"你先摸一下胡萝卜。"果果照做了，她发现胡萝卜变软了。

"你再把鸡蛋剥开。"将壳剥掉后，果果看到的是枚煮熟的鸡蛋。

最后，父亲让果果尝了下咖啡，品尝到香浓的咖啡，女儿笑了。她问道"爸爸，这意味着什么呢？"

父亲解释说："其实刚才，这三样东西都面临着同样的逆境——煮沸的开水，但面对逆境，它们却有不同的反应，你也看到了，胡萝卜在下锅之前是多么的强硬，但被煮了之后就变软了；鸡蛋原本是易碎的，蛋壳虽然起到保护作用，却经不住摔打，但经过沸水后，它变得更具有韧性了。最特别的是咖啡粉，被倒入沸水中后,它却能改变水。"

果果若有所思，接下来，父亲说："哪个是你呢？当逆境找上门来时，你该如何反应？你是胡萝卜，是鸡蛋，还是咖啡粉呢？"

 分 析

从这个故事中，女孩们，你也应该有所启示，遇到烦心事有坏情绪很正常，而一味地沉浸在抱怨中，只会将自己的心情弄得越来越糟。女孩们，你若想获得快乐，就要远离抱怨。

的确，适度的抱怨也是一种舒缓内心不满的方法，但如果我们开始变得怨天尤人，把周围的每个人都当成我们抱怨的对象，你是否想过，其实，真的问题在你身上？

生活中，我们经常听一些女孩抱怨道："学习太累了，每天都有做不完的功课。""哎，我的台式电脑早就该淘汰了，跟爸妈说了多少遍，让他们给我换个笔记本，他们好像没听到似的。""我要是生在富裕人家就不用这么辛苦了。"……抱怨就像瘟疫一样在她们周围蔓延，愈演愈烈。这些女孩好像从来没有遇到顺心事的时候，无论什么时候和她们在一起，你都只会听到抱怨声。高兴的事情她抛在脑后，不顺心的事情总挂在嘴上。因为抱怨，她们不仅把自己搞得很烦躁，也把别人搞得很不安。而实际上，抱怨对于事情的解决毫无益处，它只会让你的生活和工作都陷入杂乱无章中，而相反，假如你能心平气和，那么，你就会获得快乐。

在我们的人生路上，我们无时无刻不在接受他人的帮助，接受他人的恩惠，自打我们出生，父母就在孜孜不倦地哺育我们，教我们做人做事的道理；跨入校门，我们的老师就无怨无悔地把毕生所学传授给我们；当我们遇到困难时，我们的朋友也会向我们伸出援助之手……女孩们，如果你有一颗感恩的心，那么，你还会抱怨老师的严厉、父母不能给你充裕的物质生活吗？

解决方案

"不要抱怨玫瑰有刺，要为荆棘中有玫瑰而感恩。"这句话成功地道出了一个深刻的人生哲理。因此，不管遇到什么事情，女孩们，你都要学会感恩，那样，你内心的个人偏见自然会慢慢减少，烦恼也就会慢慢消失。

1.逆向思维比较法

举个很简单的例子，你是一个普通人家的女孩，你可能穿不起名牌、吃不起山珍海味，上下学也没有司机接送，但反过来，每天回家，你都能吃上疼爱你的父母亲手做的饭，这不也是一种幸福吗？这次考试你失利了，你可能会难受，但你却从考试中找到了自己学有不足的地方，你还有很大的进步的空间，这不也是一种幸运吗？

2.把一切交给时间

时间是淡化、忘却烦恼和痛苦的最好方法。遇到烦恼之事，倘若你主动从时间的角度来考虑一下，心中对此烦恼之事的感受程度可能就会大大减轻。比如，如果你被老师当众批评了，面子过不去，心里难以承受，不妨试想一下，三天后、一星期后甚至一个月后，谁还会把这件事当回事，何不提前享用这时间的益处呢？

3.善于调整期望值

人们对新环境的适应性差，大都与其事先对新环境的期望值定得过高、不切实际有关，当你按照这个过高的目标来执行而最终落空时，难免会产生失落感，就会感到事事不如意、不顺心，必然影响情绪，想要抱怨。

4.主动适应客观现实

当自己对新环境不习惯的时候，最好不要首先埋怨客观环境，而应从主观方面想一想，看一看自己的认识、态度和方式是否有需要改进的地方，进而自觉地从自身做起，改变自己的旧习惯和旧做法，努力去适应环境的要求。

☀ 小贴士

如果你想成为一个快乐的女孩，你就要看到生活中美好的一面，抱着知足的心，那么，你工作生活起来都会开心、满足、有滋有味。

慎思笃行，青春美少女要走好人生每一步路

　　当今社会，很多女孩是家里的独女，她们被父母宠着、惯着，结果养成了依赖、自大、自满的个性，而很明显，这样的女孩是不受人欢迎的，也很容易做出一些错误的决定。实际上，每个女孩都要知道，到了青春期，就应该学会独立自主了，你的每一步都要认真走好，因为人生不可能重新来过，你必须从现在起，凡事慎思笃行，把自己历练成一个有自制力、豁达、心态阳光的女孩，只有这样，你才能做好在未来社会收获成功的准备。

■ 珍视自己，女孩要为实现自己的价值做准备

小故事

　　已经上初三的玲玲数学成绩还是不好，所以玲玲的妈妈就一次次怀疑自己的女儿。"数学是理性思维，女孩要学好基本不可能！"玲玲妈妈就是这样的想法，在她看来，如果玲玲中考考不上好高中，就让城里的表姐带她出去打工，也好贴补家用。

　　然而，玲玲的爸爸却不这么认为，他告诉玲玲要自信，相信自己能学好数学，得到鼓励后，玲玲果然"如有神助"，数学题在玲玲的眼中不再是难题，玲玲的数学成绩稳步上升。玲玲的妈妈以为是因为有了爸爸的帮助，玲玲的数学成绩才有起色的。

　　"你错了，这不是我的功劳，我什么也没做，我什么也没帮她。我只是让她对自己有信心，让她明白她可以做到一题不错。她做作业，我坐在旁边看着，如此而已。你应该对你的孩子有信心。"爸爸的一席话让玲玲妈妈明白，相信孩子，孩子就有自信做好。

分 析

　　父母固然不能给女孩贴上弱者的标签，而女孩自己也要珍视和相信自己，你同样能并且能出色地完成男孩能完成的事情，玲玲就是这样证明了自己的能力。

　　不得不说，十几岁的女孩正要以矫健的步伐向社会迈进，正要以其美丽的

青春气息创造女性的价值。不管是在生活中还是在职场中，并不只有男人才能有建树的。成功的女人在各行各业中都有出现，只要女人努力了，她同样可以成就事业。各行各业都有着大把精彩的世界等待着女人去追求。

解决方案

那么，女孩怎样为实现自己的价值做准备呢？

1.养成看书的好习惯

在书籍的海洋里，女孩可以大口地吸收营养。喜欢看书的女孩，她未必出口成章，但一定是优雅知性的女人。认真地阅读，可以让心情平静，而且书籍里暗藏着很大的乐趣，当遇到一本自己感兴趣的书时，会发现心情是愉悦的，而且每一本书里都有着很大的智慧，阅读过的书籍都会是女孩社交中的资本，相信没有人会喜欢与一个肤浅的女孩交往。合适的书本能够教会人很多哲理，让你学会以一种平和的心态去迎接生活里的痛苦或快乐。其次，书是女孩最好的指导老师，女孩可以从书中学到很多增加人生财富的知识。

2.交一些思想优秀的朋友

青春期的女孩对是非黑白已经有了一些认识和见解，应该有目的性地去选择朋友，社会中的人脉非常重要，而你选择加入的朋友圈也会对你的人生有很大的影响，如果你的朋友都是一些积极向上乐观的人，你也会被他们感染的，如果你的朋友是悲观主义者，整天只知道抱怨生活，却不会脚踏实地地工作，时间久了，你同样会被感染的。益友，一般也是良师，一个好的朋友可以助益你的人生，他们会让你变得乐观。女孩到了十几岁后，要多交一些朋友，尤其是积极向上的益友，你可以从他们的身上学到东西，但是想交朋友，你就要对他们付出真诚，不要只是为了想利用他们才与他们交往。

当然，实现自我价值的方法还有很多，拥有一些良好的习惯，就能为你多彩的人生积累砝码！

■ 青春期追星，也要理智

有一天周六的晚上，雷女士看到女儿在上网，便对女儿说："你能帮我找找邓丽君的歌曲吗？"

"老妈，不是吧，那么老的歌你还听啊？"女儿一副不屑的样子。

"妈妈那时候可是邓丽君的铁杆粉丝呢，现在的流行音乐我听不惯！"

"原来妈妈以前也有偶像啊！"

"有倒是有，可不像你们现在的孩子，还追星，为了一张演唱会的门票，可以省吃俭用，甚至等个通宵也要买到票！"

"您怎么知道有人这样追星啊？我们班就有几个女孩子这样，我可没那么疯狂！"

"我们单位好多年轻人也这样啊，还是我女儿理智啊。"

"但是妈妈，我们可以有偶像，可以追星吗？"

"什么事情都有个度啊，你有偶像没错，但要看是什么偶像，为了学习他优秀的品质、行为而把他当成偶像，这是没错的。'追星'要'追'得有意义，不可盲目去做一些'傻事'。就在 2006 年的时候，有位女士为了与明星近距离合影，不惜倾尽家产，甚至家败人亡！这种追星的方式就不对嘛！"

"妈妈说得对，我喜欢周杰伦的歌，也是有原因的呀，周杰伦在领金曲奖'年度最佳专辑'奖时曾说过一句：'好好认真读书，好好听周杰伦的音乐'，杰伦的音乐以公益歌居多，如《梯田》《听妈妈的话》《外婆》《懦夫》等，几乎每张专辑都会有！"

"女儿说得也有道理啊……"

就这样，母女俩就偶像这一问题聊到了深夜。

 **分 析**

随着娱乐行业的发展，校园里掀起了一阵阵的"追星潮"，就像热带风暴一样，吹得我们晕头转向。很多青春期女孩是狂热的追星族，她们花了大把的钱在追星上，并且对此乐此不疲，甚至在一言一行上尽量模仿明星。

而事实上，这些女孩心中的偶像大多都是影视歌星，只有少数人的偶像为艺术家或商人、作家等。一些女孩因为追星变得疯狂，为那些明星偶像着迷，她们盲目地"随大流"，疯狂地收集明星资料、相片和唱片，既浪费了钱财，又损耗了时间。

那么，这些女孩为什么会成为追星族中的一员呢？

1.崇拜心理

我们不难发现，女孩所追的星，女性大多羞花闭月、沉鱼落雁，扮演的也多是些娇媚可人的角色；男性也都英姿勃勃、气质逼人。这些难免让那些女孩们羡慕、迷恋、崇拜。

2.从众心理

在青春期女孩们中间，追星现象很普遍，以致本来没多大心思追星的人，为了不被看作"落伍"，也自觉不自觉地加入了。

3.时尚心理

"追星"在不少女孩看来，就是件时髦的事，只要有"星"可"追"就足够了。

青春期自我意识的发展，需要很多种宣泄和满足的渠道，而"追星"就是其中之一。当然，追星并不是一无是处。它可以让一个人拥有崇拜的对象，并朝他们成功的方向发展，努力追求属于自己的成功未来。

而过分或盲目地"追星"，会影响到女孩的学习。但是如果能适当地调节时间，"追星"也算得上是个不错的爱好。因为在"追星"的过程中，你会对那些明星产生敬仰之情，从而会不由自主地去学习他们身上的优点，例如他们敬业爱业的精神以及刻苦奋斗的优秀品质。总之一句话，"追星"有利也有弊，女孩在追星时要把握尺度，要正确追星，树立健康、积极的价值观。

总之，女孩切记，不要让自己做个狂热的追星族，更不要以当明星的翻版为荣，甚至模仿明星，因为你要明白，你本来就是美丽的，做真实的自己才是有价值的！

■ 积极起来，努力寻求改变而不是妄自菲薄

小故事

　　王女士比较胖，但她是个自信、开朗、人缘很好的人，大家都愿意和她来往。在读书的时候，她也曾被小伙伴嘲笑过，但如今想起来，都只一笑而过了。

　　可是最近，王女士仿佛看到了当年那些场景再现：有一天，下班后，她来学校接女儿，就在学校墙角那里，她看到一群男生在欺负女儿。

　　"小胖妹，又矮又胖，将来嫁不出去咯。"

　　"这么胖，也跟人家一样穿紧身牛仔裤啊，真难看。"

"我见过她妈，哈哈，他们全家都是胖子啊。"

听到这些后，王女士的女儿生气了，她捡起地上的木棍，朝这些男生打过去。看到这一幕，王女士赶紧走过去，准备拉女儿走开，但没想到女儿却对自己说："都是你的错，把我生这么胖，我才被同学们笑话！你走开！"女儿发脾气的样子，真的让王女士震惊。

"难道是我错了，我以为女儿和我一样自信，这个咆哮的女孩真的是我的女儿吗？"

分 析

事实上，和王女士的女儿一样，很多青春期女孩的心里都住着一个魔鬼——自卑。人们往往认为那些自卑胆小的女孩脾气会更温顺、更听话，但事实往往相反，女孩比男孩更敏感，但对于那些自信、外向的女孩，她们更善于抒发内心的情感，因而懂得自我排解不良情绪，而那些自卑、内向的女孩，她们会把内心的不快郁结在心中，当她们的自卑被挖掘出来的时候，她们的脾气就会爆发出来，甚至一反常态。

女孩大部分时间都生活在集体中，自然很容易把自己和周围的朋友、同学相比，当自己的某一方面不如他们的时候，自卑感油然而生。自卑感强的人往往很敏感，抱有很大的戒心和敌意，不信任别人，芝麻绿豆大的小事也会引发一场轩然大波。

事实上，"金无足赤，人无完人"，无论是谁，都有优点、长处，也都有缺点、短处，一个人只有了解自己的优缺点以及能力界限，看到自己的不足，才能有的放矢地进行弥补。处于青春期的女孩，可能现在的你身上有某些不足，你的学习成绩不佳，你不善言谈等，但无论如何，你都不能妄自菲薄，因为劣势并不可怕，只要你能积极起来，学会变劣势为优势，你就能完善自己。

解决方案

为此，你需要做到的是：

1.找到自身优势所在

首先要明确自己的能力大小，给自己打打分，通过对自己的分析，深入了解自身，从而找到自身的能力与潜力所在：

（1）我因为什么而自豪？通过对最自豪的事情的分析，你可以发现自身的优势，找到令自己自豪的品质，譬如坚强、果断、智慧超群，从而挖掘出我们继续努力的动力之源。

（2）我学习了什么？你要反复问自己：我有多少科学文化知识和社会实践知识？只有这样，才能明确自己已有的知识储备。

（3）我曾经做过什么？经历是个人最宝贵的财富，往往从侧面可以反映出一个人的素质、潜力状况。

2.挖掘出自己的不足

（1）性格弱点。人无法避免与生俱来的弱点，必须正视，并尽量减少其对自己的影响。比如，如果你独立性太强，可能在与人合作的时候，就会缺乏默契，对此，你要尽量克服。

（2）经验与经历中所欠缺的方面。"金无足赤，人无完人"，每个人在经历和经验方面都有不足，但只要善于发现，只要努力克服，就会有所提高。

3.自我反省，查缺补漏

日本学者池田大作说："任何一种高尚的品格被顿悟时，都照亮了以前的黑暗。"只要你具备了多一点自省的心理，便具有了一种高尚的品格！女孩们，当你取得了一定的成绩后，切不可自大，也不可自负，人最难能可贵的就是胜不骄败不馁，懂得自我反省。

女孩只有非常了解自己的优点和缺点，同时不断地改正自己的缺点，才能使自己的劣势变为优势，才能做到查缺补漏，从而不断地超越自己。

■ 谦逊一点，傲慢自大的女孩没人喜欢

小故事

有个女孩大学毕业以后，对自己的前途充满了信心，因为她在学校一直都表现得很出色，而且多次获得征文比赛的大奖。她一心想到贸易公司工作，并带着履历表前去应聘。

其中有一家公司写了一封信给她："虽然你自认文采很好，但是我们看了你写的简历，直言不讳地说，你的文章写得很差，甚至还有许多语法上的错误。"

受到打击的年轻女孩心底很不服气："我怎么可能在履历表上出错误呢？"但是，当她回头仔细查看了她的简历时，发现确实有些她没有察觉出来的错误，而这些错误的拼写和语法自己一直都这样用，却一直都不知道它们是错的。

于是她写了一张感谢信给这个公司，信上是这样写的："谢谢贵公司给我指出问题，我会更加细心的。"几天后，她再次收到这家公司的信函，通知她可以上班了。

分 析

人人都喜欢谦逊的人，而不会与自以为是的人为伍。即使是在提倡"毛遂自荐"精神的今天，谦逊依然不失为一种伟大的美德。持有谦逊精神的人如同持有一张通行证，可以畅通无阻地行走于社会，因为谦逊的人更知道进取，且

更受欢迎。

　　谦逊是一种智慧，是为人处世的黄金法则，懂得谦逊的人，必将得到人们的尊重，必将被人们认同和喜爱。相反，那些为人傲慢、瞧不起别人的人，也最终会被他人瞧不起。

　　因此，女孩们，如果你也能做到为人谦逊，那么，你一定会成为惹人喜爱的女孩。

　　天才作家卡里·纪伯伦在《贪心的紫罗兰》一文中讲了一则故事：玫瑰花和紫罗兰同住在一座花园中，一天，玫瑰花听到紫罗兰在哀叹，便笑着摇了摇头说："在百花群里，你最糊涂。你身在福中不知福。大自然赋予你其他花草都不具备的芬芳、文雅、美貌。赶快打消你这些奇怪的念头和有害的愿望吧！满足于天赐予你的福气吧！你要知道：虚怀若谷的人，地位无比高尚，贪得无厌者，永远贫困饥荒。"女孩们，如果你能把谦逊当作美德发扬时，你也必将具有感人的魅力。

解决方案

　　要做个谦逊的人，女孩们，你需要做到：

　　1.无论对错，认真听取别人的意见

　　如果有人当面对你提意见，请你不要不耐烦，而如果对方是你的长辈或者前辈，那么，你更应该认真倾听，并不是所有人都有这样的机会获得教诲。因此，你不要以为他在故意刁难你，也不要认为他讲的是废话。假如你产生了这样的念头，请压制下去，更不可将其形之于外，以免刺激他们，使他们心灰意冷，甚至真的对你转变为敌对立场。

　　2.看问题要经常调换立场、角度

　　不要总认为只有自己原有的观点才对，要求大家都赞同你。应该反过来想，认识到"参差多态才是幸福之源"，如果大家都反对你，那么，你应该从自身检讨，看问题出在哪了。

3.不耻下问

孔子有弟子三千，并有《论语》传世。孔子是个学识渊博的人，却一直很好学，并且常常"不耻下问"。

一次，他和弟子们去太庙祭祖。一进太庙，孔子就对很多问题产生了好奇心，于是，他就问这问那。

这时，有人笑道："孔子学问出众，为什么还要问？"

孔子听了说："每事必问，有什么不好？"

他的弟子问他："孔圉死后，为什么叫他孔文子？"

孔子道："聪明好学，不耻下问，才配叫'文'。"

弟子们想："老师常向别人求教，也并不以为耻辱呀！"

这就是孔子"不耻下问"的故事，一个学问如此渊博的人都谦逊，那么我们呢？

试想，有谁会喜欢高高在上的姿态、得意忘形的面孔、颐指气使的神情、专横跋扈的气势呢？

4.意见不一时，委婉指出

当你占据有理的一方时，你也不要得理不饶人，这样只会让你的同学、朋友远离你。其实，当彼此意见不一时，不妨采取一些委婉的方式来表达自己的观点。如果对方仍然坚持自己的观点，大可以一笑了之。

5.谦逊不是客套

无论是语言还是行为，只有发自内心，才能真正打动人。然而，我们发现，生活中，就是有这样一些人，无论与谁交流，都把"请""对不起"挂在嘴边，给人的感觉是过分客套，搞得别人难为情，这就很难说是真诚。这里缺少点什么呢？就是坦诚和直率！人们喜欢与谦逊的人交往，却不喜欢过分客套。直抒胸臆、坦诚待人，更能吸引他人。

■ 接纳自我，坦诚面对自己的不完美

小故事

　　某班有个古怪的女孩，她一般都独自躲在角落里，好像她从来没有朋友一样。实际上，她也希望自己可以和那些女孩一起玩，可是，她觉得自己就像一只丑小鸭：很矮小，脸上还有痘痘，皮肤也很黑。为什么妈妈在给自己生命的时候，把这些缺点都给了自己？在一次题目为《我的心事》的作文中，她这样写道：

　　"我是一个初中女孩，虽然年龄还小，但自卑心理已经很严重了，我有太多的缺点，唯一能让我稍微欣慰一点的就是我的学习成绩比较好，在班里能排前几名。小学的时候，我有两个很好的朋友，以前我是她们学习的榜样，可现在，她们很明显已经超过了我。而且，在学校，还有一些男生主动写情书给她们。为什么我这么差劲？现在，她们已经是学校光荣榜上经常出现的学生了，而我，成绩在一天天退步，她们也离我而去了。

　　"我很自卑，一开始我还不认为自己自卑呢，后来我忽然发现这三年来我的变化真的好大的时候，才注意到了这一点。我觉得从小我就没自信过。于是我装得很有特点，生怕在这个优秀的团体里，别人会遗忘我。我开始看那些我不喜欢的东西，开始看动漫，开始看小说，我的性格开始变得内向。我现在好茫然，不知道该怎么办。马上就要开学了，我已经不知道我该怎么面对中考、面对未来的学习了。"

　　后来，老师找她谈了几次话，希望她能以平常心看待学习成绩，也接受自己的不完美，慢慢地，这个女孩开朗了许多，周围也开始出

现了一些朋友。

分　析

　　每个女孩都会经受一个破茧成蝶的过程，从一只幼小的、不起眼的毛毛虫成长为一只美丽、优雅的蝴蝶。在短短的几年时间里，女孩的身体和心理都要经历一场巨大的变革。这项奇妙的变革称为青春期。但青春期的到来，也成为令女孩们头疼的问题，她们开始关注身体上的不完美，开始感到自卑。女孩要用平稳的心态接受这种暂时的不完美，不断充实自己的内在，让你的青春期度过得更充实、愉快！

　　如果女孩不能接纳自己，把眼光过度放在自己的缺陷和不完美上，就会对自己产生过低的评价，导致缺乏信心。自卑是个人对自己不恰当的认识，是一种自己瞧不起自己的消极心理。在自卑心理的作用下，女孩不能以正常、轻松的心态与人交流。青春期是我们走出家庭，走向社会的一个重要时期。每个青春期的女孩都希望有可以倾诉的对象，有关系紧密的闺蜜，但如果女孩对这一点没有清醒的认识，过分在意周围人的眼光，甚至自卑，那么就无法与他人正常交往并建立友情。所以，青春期女孩一定要学会接纳自我，然后完善自我、提升自我，在青春期充实自己，为未来打下基础。

解决方案

1.正确评价自我

　　每一个人都是特别的。这就和工艺品一样，有些工艺品之所以价值连城，就是因为特别，制作的人如果制作出一万件大小、形状、装饰都完全一样的工艺品，那么每件工艺品就值不了多少钱了。同样，青春期女孩，你之所以宝贵，是因为全世界再无人与你完全相同。是你的思想、情感、品位、才能构成了独特的你。

因此，女孩要本着实事求是的态度，学会用正确的、辩证的眼光看待自己，要充分认识自己的能力、素质和心理特点，在不夸大自己的缺点的同时，也不避讳自己的长处，这样才能确立恰当的追求目标。用这样的心态，你才能取长补短，在看清楚自己不足的同时，将自卑的压力变为发挥优势的动力。

2.提升自信和勇气

要相信自己的能力，学会进行积极地自我暗示：我并非弱者；我并不比别人差；别人能做到的，我也能做到，只要我付出努力；既然我选择了，我就要努力达到自己的目标，决不放弃；我不必自卑，人无完人，别人也不是完美的。

3.积极与人交往，发展健康的人际关系

（1）培养自己交往的品质。真正的友谊需要坦诚的沟通、尊重、同情与理解、负责、宽容，以及愿意为保持这种友谊而努力。当你考虑交往真正的朋友时，你就要懂得付出，不要只想着朋友能为你做什么。

（2）自重和尊重朋友。你可能会想：但愿我有这样一个朋友，他会听我的话，理解我，并且使我不会孤独，他不要有什么我不能接受的个性。不幸的是，你没有权利来改变他人。你不能迫使他人为了友谊来满足你的需要。如果你希望被爱和被尊重，你首先要做到的是自爱和自尊；如果你希望交到朋友，你就必须学会尊重他人个性的差异。

每个女孩都要能正确地认识自我，接纳自己的不完美，用正确的心态和品质去与人交往，这才能交到真正的朋友！

参考文献

[1]周舒予.女孩，你要学会保护自己[M].北京：北京理工大学出版社，
    2015.

[2]子晨.致青春期女孩[M].北京：北京理工大学出版社，2016.

[3]沧浪.女孩成长记[M].北京：中国妇女出版社，2016.

[4]章程.读懂青春期女孩[M].北京：化学工业出版社，2015.

[5]向阳.女儿,你要学会保护自己[M].北京：台海出版社，2018.